有色金属行业教材建设项目

U0642440

YINGZHI HEJIN

SHENGCHAN JISHU

硬质合金生产技术

主　编 ◎ 谢圣中　　徐尚志

副主编 ◎ 王红亮　　曾惠钦

中南大学出版社
www.csupress.com.cn
·长沙·

编 委 会

◇ **主　　编**

　　谢圣中　　徐尚志

◇ **副 主 编**

　　王红亮　　曾惠钦

◇ **参　　编**

　　刘　斌　　唐受捷　　秦文广　　姚曼萍　　张　颖

　　刘新辉　　江名喜　　陈燕彬　　罗　燕　　王　坤

　　李　上　　苏金英　　邱智海

前言

Foreword

硬质合金是由难熔金属硬质化合物和黏结金属组成的合金，具有很高的硬度、强度、耐磨性和耐腐蚀性，被誉为"工业牙齿"。株洲拥有国内最大的硬质合金材料产业集群，长期占据着亚洲最大硬质合金生产基地的头把交椅，但目前适合于培养硬质合金生产高技能型人才的教材还是空白，为此我们组织编写了《硬质合金生产技术》一书，既作为湖南有色金属职业技术学院与株洲硬质合金集团有限公司联合创办的"现场工程师"班的专业核心课程教材，也作为株洲硬质合金集团有限公司培训员工的蓝本。

本教材注重基础，突出工艺，引入了硬质合金行业新技术、新工艺、新设备，包括硬质合金概述、主要原料粉末制备与质量控制、硬质合金产品性能与金相组织、混合料制备与质量控制、粉末成形与质量控制、压坯烧结与质量控制、合金毛坯深加工与质量控制7个项目内容，阐述了硬质合金生产全流程各重要工序的基本原理及工艺要素，将有助于学员深入了解和全面掌握硬质合金生产的系统知识，为其今后的发展奠定坚实的专业技术基础。本教材适合于从事硬质合金生产、质量控制等工作的高技能型人才的专业基础培训使用，也可供专业管理人员、中高级技工学习参考。

本教材是湖南省职业院校教育教学改革研究项目(项目编号：ZJGB2024616)研究成果，编委由湖南有色金属职业技术学院教师和株洲硬质合金集团有限公司技术专家组成，由湖南有色金属职业技术学院谢圣中教授、株洲硬质合金集团有限公司原技术总监徐尚志担任主编，湖南有色金属职业技术学院王红亮副教授、株洲硬质合金集团有限公司副总工艺师曾惠钦担任副主编。教材编写分工如下：徐尚志、江名喜、邱智海编写项目一，刘斌、陈燕彬、刘新辉编写项目二，罗燕、张颖编写项目三，谢圣中、唐受捷、刘新辉编写项目四，曾惠钦、李上、刘新辉编写项目五，秦文广、王红亮、刘新辉编写项目六，苏金英、姚曼萍、王坤、刘新辉编写项目七。全书由谢圣中和徐尚志统稿、定稿，并得到了湖南有色金属职业技术学院副院长胡拥军，株洲硬质合金集团有限公司总经理姚兴旺，公司人力资源部部长陈芃以及科技质量部、人力资源部等其他工作人员的大力支持，在此表示衷心的感谢。

由于时间紧迫，加之编者水平有限，书中难免有疏漏和不足之处，恳请专家、广大读者朋友批评、指正，以便不断修订和完善。

编　者

目 录

Contents

扫一扫，
获取更多资源

项目一　硬质合金概述

任务一：硬质合金的主要性能

学习目标

【思政或素质目标】

1. 了解硬质合金在工业领域承担的攻坚克难的尖兵角色，树立责任意识。

2. 了解硬质合金在工业领域的广泛应用，树立为行业服务的意识。

【知识目标】

1. 掌握硬质合金的独特性能、晶体结构与化学成分。

2. 熟悉硬质合金的主要应用领域。

【能力目标】

1. 能概括硬质合金的独特性能、晶体结构与化学成分。

2. 能知晓硬质合金的主要应用领域。

1.1.1　独特性能

"硬质合金"顾名思义就是硬度很高的合金材料。众所周知，自然界最硬的物质是金刚石（钻石），但是天然金刚石稀少而且昂贵。硬质合金材料就是在人们寻找金刚石的经济适用替代品的过程中发现并逐步完善的。一百多年以来，在工业各领域对高硬度材料和工具强烈需求的推动下，硬质合金材料和工具获得了很大的发展。由于其同时具备高硬度、耐磨损、耐高温、耐腐蚀和较高强度等优异的综合性能，硬质合金材料和工具几乎在所有的工业领域都承担着攻坚克难的尖兵角色，因而它是名副其实的"工业的牙齿"。

硬质合金材料的高硬度等性能主要来源于钨（W）、钛（Ti）、钽（Ta）和铌（Nb）等难熔金属元素与非金属碳元素（C）相结合产生的 WC、TiC、TaC 和 NbC 等难熔碳化物的高硬度特性。由于难熔碳化物材料物理化学特性的限制，仅仅以难熔碳化物粉末为原料，通过高温高压方法生产的难熔化合物固体材料难以达到较高强度（一般在 300 MPa 至 500 MPa 之间），满足不了工业上的使用要求。一百多年前，欧洲的材料科学家和工程师们通过广泛的实验探索，找到了解决问题的主要方法——在难熔碳化物粉末中加入一些熔点较低的金属粉末（主要是钴、镍、铁等），使其在合适的温度下发生液相烧结，再冷却形成类似混凝土的多相材料结构。钴镍等低熔点金属充当了黏结剂的作用（类似水泥的作用），在基本保持材料硬度的同时大大提高了材料的强度(达到 1500 MPa 以上)。硬质合金的英文是 cemented carbide(其中 cement 就是水泥或结合剂的意思),准确描述了硬质合金材料的结构特征,见图 1-1 和图 1-2。

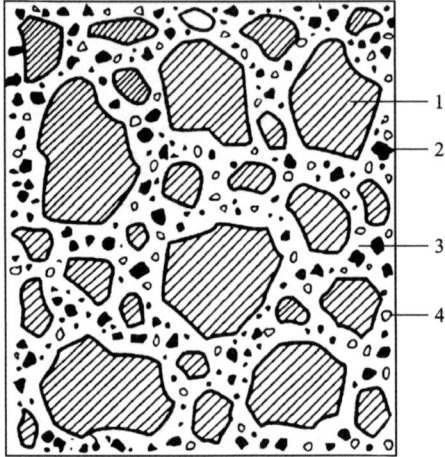

1—石头;2—沙子;3—水泥;4—气孔。

图 1-1　混凝土结构示意图

深色颗粒—WC;白色部分—钴黏结相。

图 1-2　硬质合金结构示意图

硬质合金材料主要性能:

(1)高硬度和高耐磨性,较高的高温硬度(也称红硬性好)。室温硬度 HRA 为 85~94,与钴含量呈负相关关系。600 ℃时的硬度超过高速钢的室温硬度,1000 ℃时的硬度还超过碳钢的室温硬度。

(2)高弹性模量,通常为 450~650 GPa。

(3)高抗压强度,高达 6 GPa(高强度钢材强度为 1.5 GPa 左右)。

(4)某些硬质合金(镍黏结相)有很好的化学稳定性,耐酸、耐碱,甚至在 600~800 ℃下也不发生明显氧化。

(5)较小的热膨胀系数,$(5 \sim 7) \times 10^{-6}$ K^{-1}(钢材为 12×10^{-6} K^{-1})。

(6)断裂韧性低,K_{IC} 值为 10~20 MPa·m$^{1/2}$(钢材 20~150 MPa·m$^{1/2}$)。

1.1.2　晶体结构

从化学成分来说,硬质合金材料主要有三大体系:WC-Co(Ni)、WC-TiC-Co、WC-TiC-TaC(NbC)-Co 等。每一个材料体系中,WC 等硬质相的不同粒度与 Co 等黏接相的不同含量相互排列组合,形成众多的硬质合金牌号系列,可以满足客户不同的使用需求。另外,通过添加少量特定的元素(稀土元素、铬、钒等)可改善各牌号的使用性能。在硬质合金表面通过化学气相沉积(CVD)或物理溅射(PVD)方法还可以涂覆厚度只有几微米或几十微米的不同组合的隔热层和耐磨层,从而提升其性能。该涂层合金能广泛应用于各种切削刀具材料。

大部分难熔金属化合物属于间隙相结构,具有金属的性能,较小的非金属原子填塞于金属原子的晶格间隙中。海格法则指出，间隙相中当非金属的原子半径与金属原子半径的比值小于 0.59 时，间隙相的结构比较简单，如果其比值大于 0.59，则间隙相的结构比较复杂。碳原子的半径与钨和钛等金属原子的半径比值都小于 0.59，所以，WC 和 TiC 等硬质合金常用的难熔碳化物的结构比较简单。WC 的晶体结构是简单六方结构，见图 1-3。

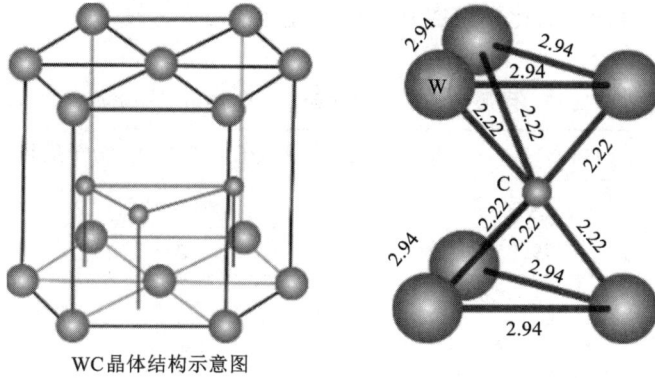

WC晶体结构示意图

图 1-3　WC 晶体结构示意图

常用碳化物的晶体结构，见表 1-1。

表 1-1　常用碳化物晶体结构

周期表族数	元素	元素晶体结构	碳化物	碳化物晶体结构
ⅣB	Ti	hcp	TiC	fcc
	Zr	hcp	ZrC	fcc
	Hf	hcp	HfC	fcc
ⅤB	V	bcc	VC	fcc
	Nb	bcc	NbC	fcc
	Ta	bcc	TaC	fcc
ⅥB	Cr	bcc	$Cr_{23}C_6$	complex
			Cr_7C_3	complex
			Cr_3C_2	complex
	Mo	bcc	Mo_2C	hex（非密排）
	W	bcc	WC	hex（非密排）

注：hcp 表示六方密排结构，bcc 表示体心立方结构，fcc 表示面心立方结构，hex 表示六方结构。

1.1.3　化学成分

硬质合金是由难熔金属硬质化合物和黏结金属组成的合金，是一种金属陶瓷。难熔金属硬质化合物通常是指元素周期表第Ⅳ、Ⅴ、Ⅵ族中的过渡元素（钛、锆、铪；钒、铌、钽；铬、钼、钨)的碳化物、氮化物、硼化物和硅化物。硬质合金中广泛使用的是碳化钨、碳化钛、碳化钽和碳化铌，这些碳化物的共同特点是熔点高、硬度高、化学稳定性好、热稳定性好。常温下，其与黏结金属的相互溶解作用很小。最好的黏结金属是钴，其次是镍和铁。黏结金属应当满足下列要求：在硬质合金的工作温度(如 1000 ℃)下不会出现液相；能较好地湿润硬质化合物表面；在烧结温度下不与硬质化合物发生化学反应；其他物理力学性能较好。

硬质合金主要原料粉末的化学组成和密度值见表 1-2。

表 1-2　硬质合金主要原料粉末的化学组成和密度值

元素或化合物	密度(20 ℃)/(g·cm⁻³)	相对原子质量或相对分子质量	碳质量分数/%
C	1.8	12.01	
W	19.25	183.85	
Ti	4.5	47.90	
Ta	16.68	180.95	
Nb	8.57	92.91	
WC	15.72	195.86	6.13
TiC	4.93	59.91	20.05
TaC	14.48	192.96	6.22
NbC	7.78	104.92	11.45
Co	8.89	58.93	
Ni	8.90	58.71	

1.1.4　主要应用

硬质合金主要应用领域如下。

(1)切削刀具。硬质合金常用于机械切削加工用各种金属材料、非金属材料和复合材料。经过表面涂层处理的硬质合金刀具是各种高精度数控加工中心的必配工具。在微电子加工领域，直径为 0.1 mm 左右的微型钻头，也是由硬质合金材料制成，见图 1-4~图 1-6。

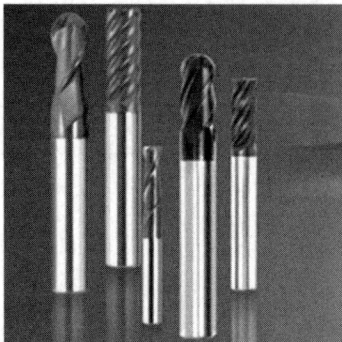

图 1-4　整体合金刀具

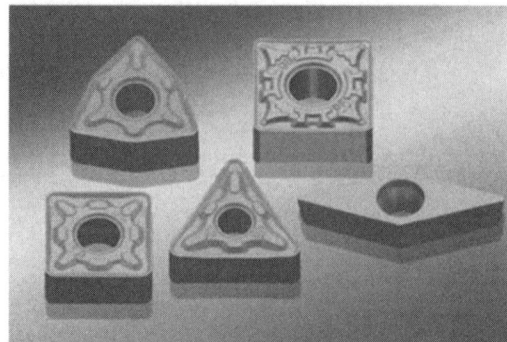

图 1-5　涂层硬质合金刀片

图1-6　装配了刀盘的各种硬质合金刀具

（2）地质矿山工具。主要用于制作冲击凿岩用钎头、地质勘探用钻头、矿山油田用潜孔钻、牙轮钻以及截煤机截齿、建材工业冲击钻等（图1-7~图1-8）。体型巨大的挖掘地下隧道的盾构机，其前端的工作部件也主要采用硬质合金材料。

图1-7　硬质合金钻齿

图1-8　钻具突出部位的硬质合金钻齿

（3）模具材料。硬质合金用作各类模具，如拉丝模、冷镦模、冷挤压模、热挤压模、热锻模、成形冲模以及拉拔管芯棒等（图1-9）。轧制线材用各类硬质合金轧辊用量也在逐步增加。

图1-9　硬质合金拉伸模具

（4）耐磨和结构零件。用硬质合金制成的耐磨零件有喷嘴、导轨、柱塞、球、轮胎防滑钉、铲雪机板等（图1-10）。用硬质合金作结构零件的制品很多，如旋转密封环、压缩机活塞、车床顶头、磨床心轴、轴承轴颈等。高温高压条件下生产合成金刚石用的顶锤、压缸等制品都是硬质合金材料。

图1-10 各种硬质合金耐磨零件

从目前来看，硬质合金材料还没有出现有竞争力的挑战者，超硬材料和高性能陶瓷材料与硬质合金材料正在形成事实上的互补关系。在未来相当长的时期内，硬质合金材料仍然具有不可替代的地位。

练习题

一、单选题

1. 生产硬质合金常用的黏结金属一般为（　　　　）。

A. 铁　　　　　　B. 钴　　　　　　C. 铜　　　　　　D. 锰

2. 下列属于简单六方结构的化合物是（　　　　）。

A. WC　　　　　B. TiC　　　　　C. TaC　　　　　D. NbC

3. 在微电子加工领域使用的直径为0.1 mm左右的微型钻头，属于硬质合金应用领域的（　　　　）。

A. 切削刀具　　B. 地质矿山工具　　C. 结构零件　　D. 耐磨零件

二、多选题

1. 硬质合金的独特性能主要包括（　　　　）。

A. 高硬度　　　　B. 高耐磨性　　　C. 耐腐蚀性　　　D. 耐高温性

2. 硬质合金化学成分可以包括（　　　　）。

A. WC　　　　　B. TiC　　　　　C. Co　　　　　D. C

3. 下列属于硬质合金主要应用领域的是（　　　　）。

A.刀具　　　　　　B.地质勘探用钻头　　　C.轧辊　　　　　　D.顶锤

任务二：现代硬质合金生产工艺特点

✎ 学习目标

【思政或素质目标】

1.树立精益求精的大国工匠精神。

2.树立智能化赋能硬质合金高质量发展的技术革新意识。

【知识目标】

1.掌握现代硬质合金生产工艺流程。

2.了解硬质合金设备智能化趋势。

【能力目标】

1.能绘制现代硬质合金生产工艺流程。

2.知晓硬质合金设备智能化趋势。

硬质合金生产属于粉末冶金范围，主要工艺流程如图1-11所示。

现代硬质合金生产工艺主要特点：

(1)硬质合金使用的碳化钨等粉末的平均粒度越来越细，达到10~20 nm级别，粒度分布要求更加严格。各类碳化钨粉末的还原温度和碳化温度普遍提高。

(2)各牌号硬质合金的化学成分，特别是碳含量，控制更加精确。

(3)喷雾干燥塔、精密自动压力机、压力烧结炉和气流粉碎分级机等成为生产设备的主流标配。

(4)毛坯产品普遍经过深加工处理。

(5)在单台生产设备自动化完成后，正在逐步实现全生产线的工艺控制智能化，使产品质量稳定性大大提高。

(6)硬质合金生产过程的绿色化要求越来越高，一般经过粉尘处理和热能回收利用等。

(7)钨原料的回收利用技术提升，回收利用率提高。

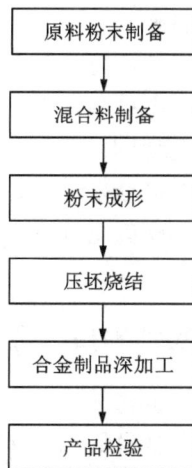

```
原料粉末制备
    ↓
混合料制备
    ↓
粉末成形
    ↓
压坯烧结
    ↓
合金制品深加工
    ↓
产品检验
```

图 1-11　硬质合金生产工艺流程

目前，全世界各个工业领域的信息化智能化技术升级方兴未艾。在这个大时代背景下，我国硬质合金生产设备的智能化趋势正在加速。生产钨粉的十五管还原炉和回转还原炉实现了全自动化，钨粉的配碳设备和碳化炉实现了部分自动化。各种类型的精密压力机配上多轴机械手实现全面自动化，小直径棒材的挤压自动化已经实现。在产品外观和尺寸检验中，图像识别和激光测量实现了自动化。物料和产品的仓储采用智能化控制的立体仓库，车间内的物料运输使用智能机器人。现在正在探索运用高速5G网络把各个工序的自动化设备连接起来，实现整个生产流程的智能化控制。硬质合金企业内部的 ERP 管理系统与生产工艺设备的控制系统，正在逐步实现互联互通，这将极大地促进生产效率的提高。

本书重点介绍硬质合金行业先进的工艺技术方法和目前主要硬质合金企业正在使用的主流生产设备，对已经淘汰的设备和使用比较少的设备基本上不涉及。根据《粉末冶金术语和定义》(GB/T 3500—2008)和国内硬质合金企业的一般习惯用法，本书对生产过程中各种产品名称的定义如下。

原料粉末——指硬质合金生产专用粉末。

混合料——指各种原料粉末和工艺材料按照硬质合金牌号技术要求配好，并混合均匀的中间原料粉末。

压坯——指混合料经某种成形设备压制成形后的压制品。

合金毛坯——指压坯经烧结炉高温烧结后的合金产品。

成品——指合金毛坯经深加工后，符合用户要求的硬质合金产品。

任务三：硬质合金行业发展概况

学习目标

【思政或素质目标】
1. 树立学习先进生产技术的意识。
2. 树立用技能报效国家的爱国情怀。

【知识目标】
1. 了解国外硬质合金行业发展概况。
2. 熟悉我国硬质合金行业发展概况。

【能力目标】
1. 了解国外硬质合金行业发展概况。
2. 熟知我国硬质合金行业发展概况。

1.3.1　我国硬质合金行业发展概况

硬质合金材料的主要原料是金属钨，地球上钨金属的储量稀少，钨金属是宝贵的战略资源。我国是全世界钨金属储量最大的国家，据 2024 年统计结果(按金属钨计算)，全球钨储量为 460 万 t，我国钨储量为 240 万 t，占 50%以上。现在，我国每年的钨矿产量占世界钨矿产量的 80%左右，同时，我国硬质合金产量长期保持世界第一(2024 年产量接近 6 万 t)，是名副其实的硬质合金生产大国。从 20 世纪 80 年代以来，我国的硬质合金生产技术水平在整体上实现了跨越式发展，但还没有达到世界一流水平，还有很大的技术进步空间。

1949 年，我国只有大连钢厂等四家工厂生产少量硬质合金。第一个五年计划期间，为了满足国民经济发展的需要，我国从苏联全套引进了硬质合金生产技术和工艺装备(从钨矿冶炼开始的全流程)，并组建了第一家硬质合金厂——株洲硬质合金厂(601 厂)。20 世纪 60 年代，我国工业生产部门提出了"工具硬质合金化"的口号，硬质合金的应用领域迅速扩大。随后，我国又先后在上海、江西、北京和天津等地新建了 18 家中小硬质合金企业。根据国家调整工业布局的需要，在我国西南地区(四川省自贡市)建设了第二家硬质合金厂——自贡硬质合金厂（764 厂）。到 20 世纪 70 年代末，我国硬质合金产量接近 4000 t，生产厂家有 100 多家。

20 世纪 80 年代，我国硬质合金行业开始大规模从先进国家引进技术和装备，实施技术改造项目，总投资为 5 亿多元。株洲硬质合金厂、自贡硬质合金厂、南昌硬质合金厂、天津硬质合金厂和江汉油田等企业先后从瑞典、美国、日本等国家引进先进的硬质合金生产技术和工艺装备。株洲硬质合金厂从瑞典山特维克公司全套引进的数控刀片生产工艺技术和装备项目最为成功，引领了我国硬质合金行业技术水平的跨越式发展。

进入 21 世纪，我国硬质合金行业的发展呈现出新的面貌，硬质合金企业大部分都从工厂制改为公司制，许多企业还成为了上市公司。在我国硬质合金企业走向世界市场的同时，世界上许多先进硬质合金企业都到中国建设生产基地和销售中心。在中国逐步成长为"世界工厂"的过程中，国内外的硬质合金企业在中国市场上展开了全面的竞争。激烈的市场竞争促进了我国硬质合金企业快速的发展，现在我国主要的硬质合金企业都是由上市公司控股，其资金实力和技术水平都大大提升。目前，我国硬质合金行业最大的两家上市控股公司是中钨高新材料股份有限公司和厦门钨业股份有限公司。另外，还有许多中小硬质合金企业，数量有数百家之多。

1.3.2　国内外先进硬质合金企业简介

现在国外硬质合金行业中，大家比较认同的技术水平领先的企业有三家：瑞典的山特维克（Sandvik）集团公司、美国的肯纳金属（Kennametal）公司和以色列的伊斯卡（Iscar）公司。国内硬质合金行业处于领先地位的企业是株洲硬质合金集团有限公司。下面分别对它们进行一些简要介绍。

1）瑞典的山特维克（Sandvik）集团公司

1862 年山特维克公司在瑞典的山特维肯诞生，主要生产钢材。1942 年山特维克开始涉足硬质合金行业。山特维克集团的优势业务包括硬质合金金属切削工具、建筑及采矿业设备设施、不锈钢材料和特种合金等。该集团业务遍及 130 多个国家，拥有数万名员工，2024 年销售额超过 1200 亿瑞典克朗（约 888 亿人民币）。山特维克集团 1985 年就开始进入中国市场，在中国有多个生产和技术服务基地。山特维克旗下的刀具品牌包括山特维克可乐满（Sandvik Coromant）、山高（Seco）、蒂泰克斯（Titex）、瓦尔特（Walter）、万耐特（Valenite）等，是世界硬质合金刀具领域的领军者之一。

2）美国的肯纳金属（Kennametal）公司

菲利普-麦克肯纳（Philip McKenna）在 1938 年发明了 WC-TiC-Co 硬质合金材料体系，并在美国的宾夕法尼亚州创立了公司，其创办初期只有 12 名员工。目前，肯纳金属公司分布于世界 60 多个国家，员工总数有 13000 多人，2024 年销售收入超过 20 亿美元。肯纳金属公司是全球最大的硬质合金专业刀具供应商之一，是采矿及道路建筑硬质合金工具领域中的领先者。1994 年 9 月，肯纳金属公司在北京成立凯南麦特（中国）有限公司，并于 1996 年在徐州设厂，主要提供采矿和公路刀具（采煤滚筒和截齿、公路面铣铇轮和铣铇齿、高速铁路建筑旋挖机用旋挖齿、油田开采钻齿）应用的全面解决方案。1995 年 7 月，肯纳金属公司在中国成立了肯纳飞硕金属（上海）有限公司，主要从事金属加工切削刀具业务，为国内客户提供全球化的服务，满足客户的需求。2006 年 8 月，肯纳金属公司在中国天津建成先进的生产基地——肯纳金属(中国)有限公司。

3)以色列的伊斯卡(Iscar)公司

以色列伊斯卡公司成立于1954年,是世界上最大的硬质合金金属切削刀具生产厂家之一,是伊斯卡金属切削集团(IMC)的领头企业。1978年,伊斯卡公司推出自夹式切断刀具系列产品,将切断的效率提高了5~10倍;1985年,又推出高速"霸王刀"等产品。伊斯卡公司在全球50多个主要国家和地区设有子公司或办事机构。20世纪90年代以来,一些在专业领域表现优异的刀具公司相继加入伊斯卡,如铣削镗削领域的领导者——德国英格索尔(INGERSOLL)等,这些刀具制造商的加盟壮大了IMC集团,并提高了IMC在市场上的竞争力。

4)株洲硬质合金集团有限公司(ZCC)

株洲硬质合金集团有限公司(以下简称株硬集团)于1954年筹建,1958年建成投产,是国家"一五"期间建设的156项重点工程之一,被誉为"我国硬质合金工业的摇篮",现为世界500强中国五矿集团控股的上市公司中钨高新股份有限公司的全资子公司,是国内大型的硬质合金生产、科研、经营和出口基地。

株硬集团目前拥有四家子公司、一家分公司,总资产达80亿元,年销售收入70亿元以上,现有职工近5000人,主要生产金属切削工具、矿山及油田钻探采掘工具、硬质材料等六大系列产品。其产品广泛应用于航空、机械、地质、石油等领域,出口到70多个国家和地区。株硬集团控股的深圳金州精工科技股份有限公司主要生产印刷电路板用硬质合金微钻产品,该产品处于世界领先地位。株硬集团控股的株洲钻石切削刀具股份有限公司是国内数控刀具领域的领军企业。

公司累计获得国家专利授权1000余项,国际专利26项,主导和参与制订(或修订)的标准占比达60%以上,曾获得"中国专利优秀奖""国家科技进步奖一等奖"等130余项荣誉。公司拥有行业内唯一的硬质合金国家重点实验室、国家首批认证的国家级企业技术中心等科研平台,引领带动行业技术进步。

✎ 练习题

一、单选题

1.世界硬质合金产量最大的生产国是( )。

A.中国 B.瑞典 C.美国 D.以色列

2.世界硬质合金产值最大的企业是( )。

A.中钨高新材料股份有限公司 B.山特维克集团公司

C.肯纳金属公司 D.伊斯卡公司

二、多选题

1.硬质合金主要生产工艺流程有( )。

A.混合料制备 B.压制成形 C.高温烧结 D.精加工

2.硬质合金设备智能化趋势包括( )。

A.生产钨粉的十五管还原炉和回转还原炉实现了全自动化

B. 各种精密压力机配上机械手后实现了全面自动化

C. 在产品外观和尺寸检验中，图像识别和激光测量实现了自动化

D. 运用高速网络把各工序的自动化设备连接起来，以期实现整个生产流程的智能化

三、判断题

1. 硬质合金混合料粉末的化学成分与粒度必须符合牌号的要求。　　　　　（　　）

2. 硬质合金各牌号的化学成分控制非常精确，特别是碳元素的控制达到了万分之几的水平。　　　　　（　　）

项目二　主要原料粉末制备与质量控制

硬质合金的主要原料是粉末状态，其生产过程属于粉末冶金的范畴。

硬质合金生产常用的原料粉末有氧化钨粉（不同的氧化钨呈现不同的颜色，包括蓝钨 $WO_{2.9}$、黄钨 WO_3 和紫钨 $WO_{2.72}$ 等）、钨粉、炭黑粉、碳化钨粉、多种复式固溶体碳化物粉、黏结金属钴粉和镍粉等。这里重点介绍主要原料粉末——碳化钨粉的制备与质量控制，以及其他原料粉末的制备。

任务一：粉末性能分析方法简介

学习目标

【思政或素质目标】

1. 培养分析问题的科学素养。

2. 树立精益求精的意识。

【知识目标】

1. 掌握硬质合金生产常用的原料粉末性能。

2. 熟悉粉末性能分析方法原理及仪器设备。

【能力目标】

1. 能描述硬质合金生产常用的原料粉末性能。

2. 能概括粉末性能分析的方法原理，认识其仪器设备。

在硬质合金生产中，粉末占有重要地位。因此，我们先要了解粉末性能的表征。粉末性能的表征主要体现在两个方面，其一是粉末的化学成分，包含粉末中主要成分的含量以及各种杂质元素的含量等，其二是粉末的平均粒度和粒度分布、粉末形貌、松装密度和振实密度、粉末流动性等物理性能。

2.1.1　粉末化学成分主要分析方法

粉末的化学成分包括主成分含量和杂质元素含量。根据粉末中待测组分的含量可将其分为痕量组分（<0.01%）、微量组分（0.01%~1%）和常量组分（>1%）。硬质合金生产中，根据质量控制的要求，需要分析主要原料粉末中的痕量杂质元素、微量元素、常量元素和气体元素（碳、氧、硫等）的含量，其中各种碳化物粉末中碳含量（总碳、游离碳和化合碳）的分析准确度非常重要。

不同的元素种类和含量范围，要采用不同的分析方法。现在分析粉末的元素含量基本上都是用仪器分析，很少用到传统的化学分析方法。

2.1.1.1　痕量组分分析(<0.01%)

根据硬质合金原料粉末(如氧化钨粉、钨粉、碳化物粉、钴粉等)技术指标的要求，需要分析 20 多种痕量杂质元素的含量，主含量则通过差减法获得。

1)K、Na 测定(原子吸收光谱法)

钨粉、碳化钨粉用过氧化氢溶解；三氧化钨用氨水溶解；蓝钨用过氧化氢及氨水溶解；仲钨酸铵、偏钨酸铵用水溶解，加柠檬酸络合钨，以氯化铯作消电离剂，再使用空气-乙炔火焰，在原子吸收光谱仪上选定的条件下测定其吸光度，根据工作曲线计算其含量，其测定范围为 0.0005%~0.010%。

2)P 测定(分光光度法)

三氧化钨、仲钨酸铵、偏钨酸铵、钨酸铵用氢氧化钾溶解。蓝钨用过氧化氢-氢氧化钾溶解。钨条、碳化钨用过氧化氢分解。于氨性溶液中，在乙二胺四乙酸二钠存在的条件下，以铍盐为载体沉淀磷，使其与主体钨及钴、锰、铁、钙、镁等杂质分离。在硫酸介质中，以酒石酸掩蔽砷等干扰元素，以钼酸铵为显色剂，抗坏血酸为还原剂，使磷生成磷钼蓝有色配合物，于分光光度计上波长 700 nm 处测其吸光度，根据工作曲线计算磷含量，其测定范围为 0.0002%~0.018%。

3)其他杂质元素的测定方法

(1)直流电弧原子发射光谱法。

将试样转化成氧化物，将一定量的碳粉和氧化镓、碳酸锂混合磨匀作为载体，直流电弧阳极激发，以直流电弧原子发射光谱仪进行测定。该方法采用与试样基体相同的氧化物粉末标准样品绘制工作曲线，计算试样中各杂质元素的含量。《钨的发射光谱分析方法》(YS/T 559—2009)中各杂质元素的测定范围见表 2-1。

表 2-1　各杂质元素的测定范围

测定元素	测定范围/%	测定元素	测定范围/%
Fe	0.0003~0.020	As	0.00005~0.020
Si	0.0004~0.020	Pb	0.00005~0.0024
Al	0.0002~0.010	Bi	0.00005~0.0024
Mn	0.0002~0.010	Sn	0.00005~0.0024
Mg	0.00015~0.010	Sb	0.00025~0.010
Ni	0.00015~0.010	Cu	0.00003~0.0070
Ti	0.00025~0.015	Cr	0.00025~0.015
V	0.00025~0.015	Ca	0.0004~0.015
Co	0.00025~0.015	Mo	0.0010~0.050
Cd	0.00005~0.0030		

（2）电感耦合等离子体原子发射光谱法（ICP-OES）。

钨粉用过氧化氢溶解，三氧化钨用氨水溶解，蓝钨用过氧化氢及氨水溶解，仲钨酸铵、偏钨酸铵用水溶解，用基体匹配法配制标准溶液系列，使用高分辨率的电感耦合等离子体原子发射光谱仪在待测元素的各分析线处测定标准溶液系列和试样的发射强度，绘制工作曲线，自动计算结果。该方法可进行 Ag、Al、Ba、Be、Ca、Cd、Co、Cr、Cu、Fe、Mg、Mn、Ni、Pb、Sr、Ti、V、Zn、Sb 等多种痕量金属元素的测定，测定范围为 0.0005%~0.01%。

（3）电感耦合等离子体质谱法（ICP-MS）。

钨粉用过氧化氢溶解，碳化钨氧化后用氨水溶解，蓝钨用过氧化氢及氨水溶解，采用标准加入法或基体匹配法配制标准溶液系列，使用电感耦合等离子体质谱仪在选定的工作条件下测定标准溶液系列和试样中各待测元素质量同位素的计数强度，绘制工作曲线，自动计算结果。该方法可进行 Ag、Al、As、Ba、Be、Bi、Ca、Cd、Co、Cr、Cu、Fe、Mg、Mn、Mo、Nb、Ni、Pb、Sb、Sn、Sr、Ta、Ti、V、Zn、Zr 等多种痕量元素的测定，测定范围为 0.00001%~0.0010%。

2.1.1.2 微量组分分析（0.01%~1%）

1）Co、Ni、Mn、Zn 等元素的测定（原子吸收光谱法）

试料用氢氟酸、硝酸溶解，以氯化铯为消电离剂，于原子吸收光谱仪上测定各元素量。

2）Cr、V、La、Ce 等元素的测定（电感耦合等离子体原子发射光谱法）

钨、钼试料用过氧化氢或硫酸-硫酸铵混合溶剂溶解，在电感耦合等离子体原子发射光谱仪上选定的工作条件下与标准溶液系列一同测定各元素的谱线发射强度，并自动计算各元素的质量分数。

2.1.1.3 常量组分分析（>1%）

1）W 测定（硫氰酸盐分光光度法）

该方法适用于复式碳化物、硬质合金粉末样品中钨含量的测定。

试料经过氧化钠-过氧化钠熔融，热水提取，让铁、钛、锰、镍、钴、铌、钽等形成沉淀而与钨分离。分取部分滤液，在 3.3~3.4 mol/L 的盐酸介质中，以三氯化钛-二氯化锡为还原剂将钨还原至五价状态，与硫氰酸盐显色剂形成黄色络合物，于分光光度计波长 420 nm 处测定吸光度。测定钨系列标准溶液的吸光度，以钨量为横坐标，吸光度为纵坐标，绘制工作曲线，计算出试料中钨量。测定范围：10%~95%。

2）Co、Ni 测定（滴定法）

该方法适用于硬质合金粉末样品中钴、镍含量及合量的测定。试料用酸浸出，分离钨后在 pH=5~6 时，加入过量的 EDTA（乙二胺四乙酸二钠）溶液，二甲酚橙为指示剂，用锌标准溶液返滴定过量的 EDTA，据此计算出镍和钴的合量。在氨性溶液中，用过硫酸铵氧化钴为高价钴，形成高价钴氨络离子（此络离子不被 EDTA 络合），据此单独测得镍的含量。按式（2-1）计算镍的质量分数：

$$w_{Ni} = \frac{C \cdot V_2 - C_1 \cdot V_3 \times 0.05869}{m} \times 100 \tag{2-1}$$

按式（2-2）计算钴和镍的合量：

$$w_{合量} = \frac{C \cdot V_4 - C_1 \cdot V_5 \times 0.05893}{m} \times 100 \tag{2-2}$$

式中：C 为 EDTA 标准滴定溶液的实际浓度，mol/L；C_1 为锌标准溶液浓度，mol/L；V_2 为测镍时加入的 EDTA 标准滴定溶液体积，mL；V_3 为测镍时消耗锌标准溶液体积，mL；V_4 为测合量时加入的 EDTA 标准滴定溶液体积，mL；V_5 为测合量时消耗的锌标准溶液体积，mL；0.05869 为 1.00 mL EDTA 标准滴定溶液 $[c(\text{EDTA}) = 1.000\ \text{mol/L}]$ 中镍的质量，g/mol；0.05893 为 1.00 mL EDTA 标准滴定溶液 $[c(\text{EDTA}) = 1.000\ \text{mol/L}]$ 中钴的质量，g/mol；m 为试料质量，g。

钴含量的计算：钴的含量从钴、镍合量中减去镍量（镍的换算因子：1%的镍 = 1.0041%的钴）而得出。

按式（2-3）计算钴的质量分数：

$$w_{\text{Co}} = w_{\text{合量}} - 1.0041 \times w_{\text{Ni}} \qquad (2\text{-}3)$$

3）Ti 测定（过氧化氢分光光度法）

试料经硫酸-硫酸铵分解，在硫酸介质中，钛与过氧化氢形成黄色过钛酸络合物，于分光光度计 420 nm 波长处测量其吸光度。

4）Ta、Nb 测定（纸上色层重量法）

该方法用于试样中的钽铌合量、钽分量、铌分量的测定。测定范围：≥1.00%。试料以氢氟酸、硝酸溶解，采用纸上色层分离法使钽与铌及其他杂质元素分离，喷显色剂单宁溶液，黄色钽带在上部，橙红色铌带居中，剪下钽铌合量色带或钽、铌分量色带，灰化并灼烧至恒重。

按式（2-4）、式（2-5）分别计算五氧化二钽铌合量或五氧化二钽、五氧化二铌分量，以质量分数表示。

$$w_{(\text{TaNb})_2\text{O}_5} = \frac{m_1 - L_1 \cdot K}{m} \times 100 \qquad (2\text{-}4)$$

$$w_{\text{Ta}_2\text{O}_5\text{或Nb}_2\text{O}_5} = \frac{m_2 - L_2 \cdot K}{m} \times 100 \qquad (2\text{-}5)$$

式中：m_1 为五氧化二钽铌合量的沉淀质量，g；L_1 为合量色带的色层纸长度，cm；m_2 为五氧化二钽或五氧化二铌的沉淀质量，g；L_2 为钽带或铌带色层纸长度，cm；K 为色层纸空白值，g/cm；m 为试料的质量，g。

5）X 射线荧光法测定金属元素含量

该方法适用于硬质合金和碳化物中 Co、Cr、Fe、Mn、Mo、Nb、Ta、Ti、W、V、Zr 含量的测定。先将试料溶解在合适的混合酸中，使其转化为硫酸盐，或者直接进行氧化；然后将该硫酸盐或氧化物和四硼酸钠和钡的化合物的混合物熔融制成玻璃片，于 X 射线荧光光谱仪上测定各元素量。测定范围见表 2-2。

表 2-2　各金属元素含量的测定范围

测定元素	测定范围/%	测定元素	测定范围/%
Co	0.05~50	Ni	0.05~5.0
Cr	0.05~2.0	Ta	0.10~30
Fe	0.05~2.0	Ti	0.3~30

续表2-2

测定元素	测定范围/%	测定元素	测定范围/%
Mn	0.05~2.5	V	0.15~4.0
Mo	0.05~5.0	W	45~95
Nb	0.05~15	Zr	0.05~2.0

2.1.1.4 气体元素分析

1) 总碳测定(重量法)

碳化钨中的总碳是指全部碳元素含量。碳化钨及复式碳化物中的总碳测定可采用燃烧-重量法或燃烧-气体容量法测定。燃烧-重量法测定总碳量是一种绝对方法,无须标样,准确可靠,在硬质合金特别是碳化钨总碳的分析中占有重要地位。

燃烧-重量法是指在高温的纯氧气流中,使碳氧化为二氧化碳,生成的二氧化碳由氧气带到已恒重的吸收瓶中被高效吸收剂吸收,测定吸收瓶的增量,其值即为生成的二氧化碳量。

总碳的质量分数以 w 表示,数值用%表示,按式(2-6)计算:

$$w_C = \frac{27.29 \times (m_2 - m_1)}{m_0} \times 100\% \tag{2-6}$$

式中:m_1 为空白试验测得的二氧化碳量,g;m_2 为燃烧试料测得的二氧化碳量,g;m_0 为试料量,g;27.29 为二氧化碳换算成碳的系数乘以 100 所得值。

2) 游离碳测定(容量法)

碳化钨中的游离碳是指以单质形态存在的碳元素。游离碳测定采用燃烧-容量法。试料以氢氟酸-硝酸溶解,过滤得到的沉淀物为游离碳,将沉淀物完全转入瓷舟中并烘干,将瓷舟置于高温炉中加热,并通入氧气燃烧,使碳氧化生成二氧化碳,将其收集于量气管中。使用氢氧化钾溶液吸收量气管中的二氧化碳,通过测量吸收前、后气体体积差确定二氧化碳的体积,并换算成碳含量。该方法测定游离碳含量的范围为 0.02%~0.5%。

3) 氧、氮测定(氧氮仪)

适用于钨粉、钨条试样中氧、氮量的测定,测定范围:O 为 0.0005%~1.00%,N 为 0.0005%~0.040%。

将试样置于已高温脱气的石墨坩埚中,在氩/氦气流中加热熔融,试样中释放的氧与石墨坩埚中的碳结合生成一氧化碳,氮热分解生成氮气。一氧化碳经加热的氧化铜转化成二氧化碳,由载气载入红外检测器进行氧的测定。氮气进入热导检测器测定氮量。

4) 碳、硫的测定(碳硫仪)

适用于钨粉、钨条或氧化钨中碳、硫量的测定,测定范围:C 为 0.0005%~0.5,S 为 0.0005%~0.30%。

将试样在高频感应炉的氧气流中加热燃烧,样品中的碳、硫与氧气反应生成二氧化碳和二氧化硫气体,经过气路处理系统进入二氧化碳和二氧化硫的检测室,利用二氧化碳和二氧化硫吸收特定波长的红外光能量的原理,测量气体吸收能,以此得到二氧化碳和二氧化硫的含量,计算得到样品中碳、硫的百分含量。

2.1.1.5 常用分析仪器简介

1）分光光度计

根据朗伯-比尔定律，当一束单色光通过透明溶液时，溶液的吸光度与溶液浓度和液层厚度成正比。分光光度计的光源发出的连续光谱经单色器分解成单一波长的光，其通过样品溶液后，部分光被样品溶液中的物质吸收，检测器测量出样品溶液的吸光度，经计算得到样品中物质的浓度。

分光光度计主要由光源、单色器、样品室、检测器、信号处理器和显示与存储系统组成。分光光度计见图2-1。

2）原子吸收光谱仪

原子吸收光谱仪从光源辐射出具有待测元素特征谱线的光，其通过试样蒸气时被蒸气中待测元素基态原子所吸收，通过辐射特征谱线光被减弱的程度来测定试样中待测元素的含量。

仪器由光源、原子化系统、分光系统和检测系统组成。原子吸收光谱仪见图2-2。

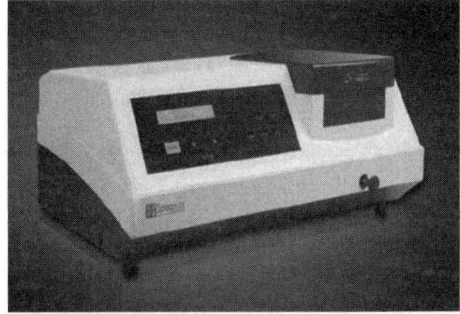

图2-1　分光光度计

3）电感耦合等离子体原子发射光谱仪（ICP-OES）

电感耦合等离子体原子发射光谱仪使样品溶液经雾化器雾化后以气溶胶形式进入等离子体火焰中去溶、解离、原子化、激发，并发射原子特征光谱，根据特征发射谱线可进行定性分析，根据谱线强度进行定量分析。

仪器一般由进样系统、高频发生器、分光系统和检测系统、控制系统五部分组成，见图2-3。

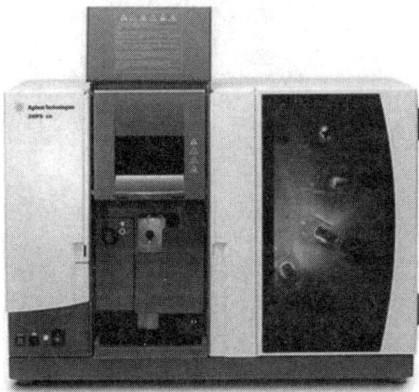

图2-2　原子吸收光谱仪

图2-3　电感耦合等离子体原子发射光谱仪

4）电感耦合等离子体质谱仪（ICP-MS）

电感耦合等离子体质谱仪使样品溶液经过雾化器由载气送入电感耦合等离子体焰炬中，去溶、电离后分别通过采样锥、截取锥进入三级真空系统，再经离子透镜聚焦进入四极杆，按离子的质荷比进行分离，进入离子检测系统由二次电子倍增器的计数计算痕量元素的含量。

仪器由进样系统、离子接口、离子透镜、四级杆和检测系统五个部分组成。电感耦合等离子体质谱仪见图 2-4。

5）直流电弧原子发射光谱仪

直流电弧原子发射光谱仪是以石墨电极间的直流放电产生的电弧为光源来激发电极中的粉末样品，使样品蒸发、分解或电离，然后发射元素的特征光谱，从而确定样品中元素的含量以及元素的化学状态。仪器由光源、分光系统、检测系统和数据处理系统四个部分组成。直流电弧原子发射光谱仪见图 2-5。

6）X 射线原子荧光光谱仪

X 射线原子荧光光谱仪利用高能量 X 射线或伽玛射线轰击试样，受激发的样品中的每一种元素放射出二次 X 射线，并且不同的元

图 2-4　电感耦合等离子体质谱仪

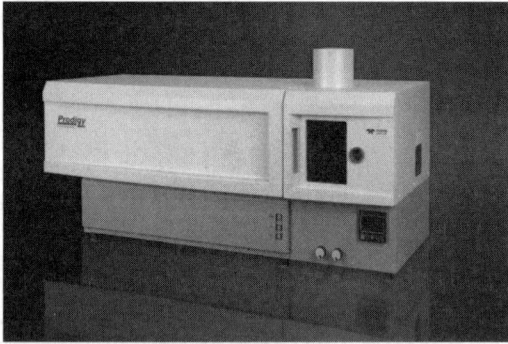

素所放射出的二次 X 射线具有特定的能量特性或波长特性。探测系统测量这些放射出来的二次 X 射线的能量及数量，仪器软件将探测系统所收集到的信息转换成样品中各种元素的种类及含量。

仪器由激发源(X 射线管)和探测系统构成。X 射线原子荧光光谱仪见图 2-6。

图 2-5　直流电弧原子发射光谱仪

图 2-6　X 射线原子荧光光谱仪

7）氧氮氢分析仪

氧氮氢分析仪在惰性气流中对石墨坩埚中的样品进行加热熔融，使样品中的氧与石墨坩埚中的碳反应生成一氧化碳，氮和氢则以分子形态释放出来。惰性载气将反应所生成的混合气体输送至转化炉和检测池分别进行检测，计算出氧、氮、氢的含量。

仪器由脉冲炉红外检测一体机、计算机、电子天平等组成。氧氮氢分析仪见图 2-7。

8）碳硫分析仪

碳硫分析仪将样品置于氧气气氛下的高频炉中加热至高温，样品中的碳和硫分别生成二

氧化碳和二氧化硫气体。这些气体随后被送入红外检测池，通过测量特定波长的红外吸收强度来计算碳和硫的含量。

碳硫分析仪由高频感应燃烧炉和微机控制系统组成，见图2-8。

图 2-7　氧氮氢分析仪

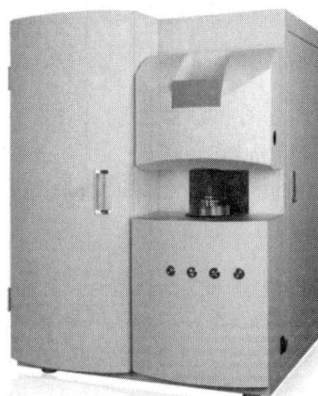

图 2-8　碳硫分析仪

2.1.2　粉末的平均粒度/粒度分布与形貌分析方法

2.1.2.1　平均粒度测定方法

测定粉末的平均粒度主要有两种方法：费氏法和气体吸附法。

1）费氏法（Fsss）

费氏法属于空气透过法，其基本原理是假定粉末为粒度均一、表面光滑无孔的球状颗粒，在恒定气体压力下，气体透过粉末的阻力（压力降）与粉末粒度的大小呈某种指数关系。粉末粒度越粗，这种阻力越小。建立此法的三个条件（假设）对于实际粉末而言是不存在的。实际粉末的形状和粒度分布与假设的条件相差越大，结果就越不准确。显然，它不适用于树枝状粉末。但是，实践证明，对于同一工艺生产的形状不太复杂的粉末，它具有相对的准确性。因此得到广泛而有效的应用。

根据上述原理，经过一系列的实验，建立了粉末费氏粒度公式，即式（2-7）。

$$d_{vs} = \frac{60000}{14} \sqrt{\frac{\eta C L^2 \rho M^2 F}{(AL\rho - M)^3 (P - F)}} = c \sqrt{\frac{L^2 \rho M^2 F}{(AL\rho - M)^3 (P - F)}} \qquad (2-7)$$

式中：d_{vs} 为粉末费氏粒度，μm；η 为空气黏度，g/（cm·s）；C 为针阀的通导率，cm³/（s·cmH₂O）；c 为仪器常数（c 定义为 $\frac{60000}{14}\sqrt{\eta C}$），cm³/²；$L$ 为粉末试样层的高度，cm；ρ 为粉末试样的真密度，g/cm³；M 为粉末试样的质量，g；A 为粉末试样层的横断面面积，cm²；P 为空气进入粉末试样前的压力，cmH₂O；F 为空气通过粉末试样后的压力，cmH₂O。

费氏仪由空气泵、调压阀、试样管、针阀、粒度读数板等部分组成，还包括如多孔塞、粉末漏斗、试样管橡皮支承座等附件设备。费氏仪装置简图见图2-9。

2）气体吸附法（BET）

硬质合金粉末的比表面积和粉末粒径的测定方法常采用《金属粉末比表面积的测定氮吸

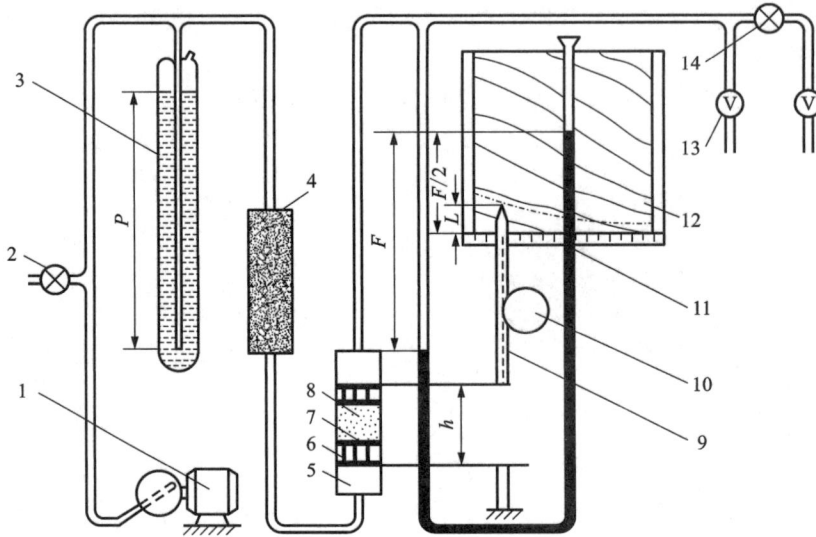

1—空气泵；2—调压阀；3—稳压管；4—干燥剂管；5—试样管；6—多孔塞；7—滤纸垫；
8—试样；9—齿条；10—手轮；11—压力计；12—粒度读数板；13—针阀；14—换挡阀。

图 2-9　费氏仪装置简图

附法》(GB/T 13390)。

　　氮吸附法是测定固体物质比表面积的一种常用方法，在一定的压力下，被测样品颗粒（吸附剂）表面在低温下对氮气分子（吸附质）发生物理吸附，当吸附达到平衡时，测量平衡吸附压力和物质表面吸附的气体体积，根据 BET 方程计算试样单分子层吸附量 V_m，从而求出试样的质量比表面积 S_w。

$$S_w = \frac{4.35V_m}{m} \tag{2-8}$$

式中：S_w 为粉末质量比表面积，m^2/g；V_m 为单分子层吸附体积，m^2；m 为试样的质量，g。

　　粉末的比表面积是指 1 g 质量的粉末所具有的总表面积，对表面致密的粉末来说，其粒度愈细，比表面积愈大，反之比表面积愈小。所以比表面积在一定程度上可以表示粉末平均粒度的大小，由比表面积换算出粉末的粒径。前提是假设粉末为球形颗粒，由球形公式便可推算出粉末的平均粒径。

　　根据质量比表面积，可计算平均粒径 d：

$$d = \frac{6}{S_w\rho} \tag{2-9}$$

式中：d 为粉末的平均粒径，μm；S_w 为粉末质量比表面积，m^2/g；ρ 为粉末的真密度，g/cm^3。

　　氮吸附法测定比表面积与颗粒的平均粒度，可以解决超细粉末的测试问题，测试范围一般为 0.01~4 μm。

2.1.2.2　粒度分布测定方法

　　不同粒径的颗粒分别占粉体总量的百分比叫作粒度分布。在通常情况下，粒度分布测试就是要得到颗粒在单体状态下的分布状态，而粉体中的颗粒常常有"聚团"现象，因此要进行分散处理。湿法粒度测试的分散方法有润湿、搅拌、超声波、分散剂等方法，这些方法往往同时使用。干法粒度测试的分散方法是利用颗粒在高速运动中自身的旋转、颗粒之间的碰撞、颗粒与器壁之间的碰撞等。

粒度测试方法有很多种，主要以激光法测定粒度分布。

依据米氏(Mie)理论，颗粒在激光光束照射下，会产生散射，其散射光的角度与颗粒的粒径相关：颗粒越大，其散射光的角度越小，颗粒越小，其散射的角度越大。通过适当的光路配置(傅立叶透镜)，同样大的粒子所散射的光落在同样的位置，所以散射光的强度反映出同样大的粒子所占总体积的相对比例。散射光由探测器测量出它的位置信息及强度信息，通过仪器内置的数学程序转化记录下散射光数据，同时计算出某一粒度颗粒相对于总体积的百分比，从而得出粒度体积分布。

激光粒度分布测定装置原理图，见图2-10。

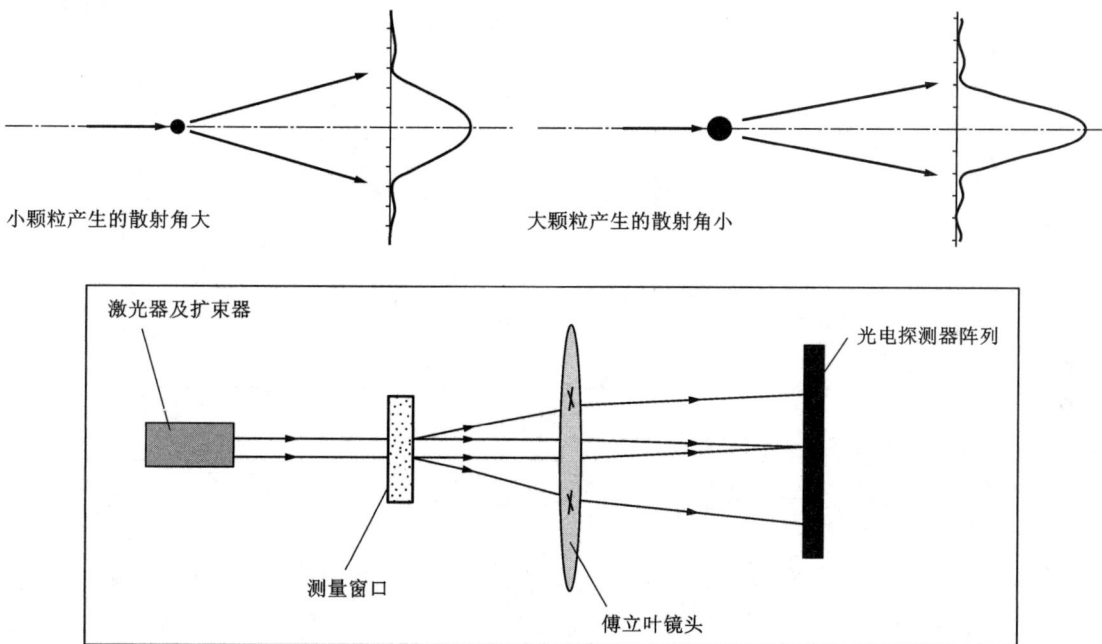

小颗粒产生的散射角大　　　　　　　　大颗粒产生的散射角小

图 2-10　激光粒度分布仪原理图

典型的马尔文激光粒度分布检测分析报告见图2-11。

马尔文激光粒度分布报告

样品名称： A05HWC-平均	SOP 名称：	分析结果识别码： 639835
样品来源及类型： 超细平台	操作者：	分析时间： 2024 年 3 月 7 日 14：06：07
样品参考批号： T2024-054P	结果来源： 平均	复核员：

颗粒名称：	进样器名：	分析模式：	灵敏度：
WC	Hydro 2000MU（A）	通用	正常
颗粒折射率：	颗粒吸收率：	粒径范围：	遮光度：
2.240	1	0.020 to 2000.000 μm	11.92%
分散剂名称：	分散剂折射率：	残差：	结果模拟：
water	1.330	0.742%	关

浓度：	径距：	一致性：	结果类别：
0.0007%（体积分数）	1.474	0.457	体积
比表面积：	表面积平均粒径 $D[3, 2]$：	体积平均粒径 $D[4, 3]$：	
0.703 m²/g	0.543 μm	0.729 μm	

$d(0.1)$：0.301 μm $d(0.5)$：0.656 μm $d(0.9)$：1.268 μm

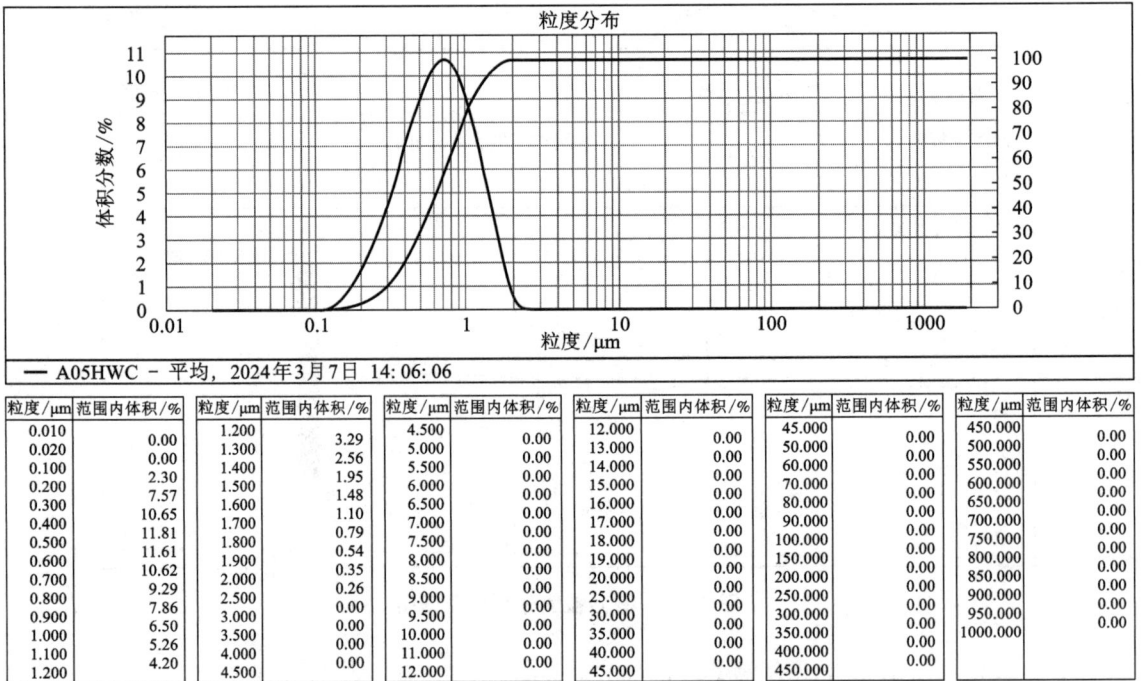

粒度分布

— A05HWC - 平均，2024年3月7日 14：06：06

粒度/μm	范围内体积/%	粒度/μm	范围内体积/%	粒度/μm	范围内体积/%	粒度/μm	范围内体积/%	粒度/μm	范围内体积/%	粒度/μm	范围内体积/%
0.010	0.00	1.200		4.500	0.00	12.000	0.00	45.000	0.00	450.000	0.00
0.020	0.00	1.300	3.29	5.000	0.00	13.000	0.00	50.000	0.00	500.000	0.00
0.100	2.30	1.400	2.56	5.500	0.00	14.000	0.00	60.000	0.00	550.000	0.00
0.200	7.57	1.500	1.95	6.000	0.00	15.000	0.00	70.000	0.00	600.000	0.00
0.300	10.65	1.600	1.48	6.500	0.00	16.000	0.00	80.000	0.00	650.000	0.00
0.400	11.81	1.700	1.10	7.000	0.00	17.000	0.00	90.000	0.00	700.000	0.00
0.500	11.61	1.800	0.79	7.500	0.00	18.000	0.00	100.000	0.00	750.000	0.00
0.600	10.62	1.900	0.54	8.000	0.00	19.000	0.00	150.000	0.00	800.000	0.00
0.700	9.29	2.000	0.35	8.500	0.00	20.000	0.00	200.000	0.00	850.000	0.00
0.800	7.86	2.500	0.26	9.000	0.00	25.000	0.00	250.000	0.00	900.000	0.00
0.900	6.50	3.000	0.00	9.500	0.00	30.000	0.00	300.000	0.00	950.000	0.00
1.000	5.26	3.500	0.00	10.000	0.00	35.000	0.00	350.000	0.00	1000.000	
1.100	4.20	4.000	0.00	11.000	0.00	40.000	0.00	400.000	0.00		
1.200		4.500		12.000	0.00	45.000	0.00	450.000	0.00		

图 2-11　马尔文激光粒度分布检测分析报告

2.1.2.3　粉末颗粒形貌测定方法

粉末颗粒形貌是粉末重要的特征，既反映粉末的性能，也反映粉末生产工艺和生产过程中粉末晶粒的形核和长大的热力学和动力学特征；粉末颗粒形貌对粉末的成形性能、烧结性能和烧结后合金的性能很重要。粉末的颗粒形貌有近球形、针状、片状、树枝状等多种形状，一般通过显微镜来观察，细微的特征必须要放大到很高倍数。显微镜主要有两种：光学显微镜和电子显微镜（扫描电子显微镜和透射电子显微镜等）。更先进的仪器是颗粒图像处理仪（简称"图像仪"），它是现代电子技术、数字图像处理技术和传统显微镜相结合的产物，能自动对颗粒的粒度与形貌进行直接测量和分析。显微镜装置将在下一章节详细介绍。

WC 颗粒有多种形貌，类球形颗粒居多，由于在碳化过程中产生亚晶界，因此 WC 粉末一般为多晶颗粒，见图 2-12。

0.8 μm × 5000　　　　　　　　1.0 μm × 5000

3.0 μm × 5000　　　　　　　　6.0 μm × 3000

图 2-12　各类 WC 粉末形貌的电镜照片

2.1.3　粉末常用工艺性能参数分析方法

2.1.3.1　松装密度测定方法

松装密度是指粉末样品自然填充规定的容积时，单位容积粉末的质量，单位为 g/cm³。松装密度的测定方法主要采用斯柯特容量计法。

斯柯特容量计法是指将金属粉末放入斯柯特容量计（图 2-13）上部组合漏斗的筛网上，粉末自然或靠外力流入布料箱，交替经过布料箱中的四块倾斜角为 25°的玻璃板和方形漏斗，最后流入容积为 25 cm³ 的圆柱杯中，称量圆柱杯中粉末的质量，可计算出粉末的斯柯特密度。该法适用于不能自由流过漏斗法中孔径为 5 mm 的漏斗和振动漏斗法会改变粉末特性的（如团聚）金属粉末。

2.1.3.2　振实密度测定方法

粉末的振实密度是指松散粉末经一定方式振动后的密度。经振动后粉末的体积减小，密度增大。测试振实密度的仪器和操作方法见 GB/T 5162—2021、ASTM 标准 B527MPIF 标准 46 和 ISO 3953。这种仪器的示意图如图 2-14 所示。

1—黄铜筛网；2—组合漏斗；3—布料箱；4—方形漏斗；5—圆柱杯；6—溢料盘；7—台架。

图 2-13　斯柯特容量计

在测量振实密度时，将标准质量的粉末倒入清洁、干燥、带刻度的玻璃量筒中，注意保持粉末的上表面水平。通过机械或手工振动使粉末振实。如果使用机械振动，则将装有粉末的量筒安装在振动装置上进行振动，直到粉末的体积不再变小为止。如果采用手工振动，则在一块硬橡胶垫上垂直振动量筒进行振动，直到粉末体积不再变小为止。过程中必须防止粉末样品的顶层松散。从带刻度的量筒上读出完全振实的粉末样品的体积，用粉末样品的质量除以所读出的体积计算出振实密度。

2.1.3.3　流动性测定方法

粉末的流动性是一个复杂的综合性能。它与粉末的粒度、颗粒形状及粉末颗粒间的摩擦系数等有关。一般来说，颗粒愈粗，形状愈接近球形，颗粒表面愈光滑，则流动性愈好。硬质合金粉末的流动性采用斯科特容量计进行测试，以 25 cm³ 体积的粉末自由流下时间表征，单位为秒。仪器见图 2-13。

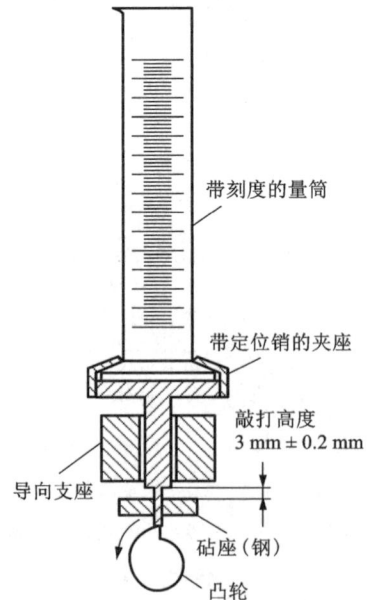

带刻度的量筒

带定位销的夹座

敲打高度
3 mm ± 0.2 mm

导向支座

砧座（钢）

凸轮

图 2-14　测量振实密度装置的示意图

✎ 练习题

一、单选题

1.对于硬质合金中的碳含量分析,常用的化学分析方法为( )。

A.高频红外吸收法   B.碘量法

C.重铬酸钾滴定法   D.色谱法

2.在进行粉末形貌分析时,通常采用的技术手段是( )。

A.X射线衍射   B.扫描电子显微镜

C.差示扫描量热法   D.透射电子显微镜

3.测定粉末流动性时,所用的仪器是( )。

A.斯柯特容量计   B.激光粒度分布仪

C.氧氮氢分析仪   D.电感耦合等离子体质谱仪

二、多选题

1.在粉末性能分析中,属于化学成分分析的有( )。

A.主成分含量   B.杂质元素含量   C.平均粒度   D.气体元素

2.在粉末性能分析中,( )可以用来测定粉末中的痕量杂质元素。

A.原子吸收光谱法   B.电感耦合等离子体原子发射光谱法

C.电感耦合等离子体质谱法   D.直流电弧原子发射光谱法

3.粉末常用工艺性能包括( )。

A.松装密度   B.振实密度   C.流动性   D.粒度

任务二:主要原料粉末制备

✎ 学习目标

【思政或素质目标】

1.养成严格遵守粉末制备工艺流程的科学素养。

2.了解关键技术要求。

【知识目标】

1.掌握碳化钨粉、碳化钨钛固溶体粉、钴粉等原料粉末的生产原理及工艺。

2.熟悉碳化钨粉、碳化钨钛固溶体粉、钴粉等原料粉末的主要生产设备。

【能力目标】

1.能描述碳化钨粉、碳化钨钛固溶体粉、钴粉等原料粉末的主要生产工艺。

2.能认识碳化钨粉等原料粉末的主要生产设备。

    硬质合金最主要的原料粉末是碳化钨粉和钴粉,碳化钛和碳化钽等通常都是在与碳化钨一起制备成固溶体粉末后再使用。本节主要介绍碳化钨粉、钴粉和碳化钨钛固溶体粉末的制备, 其他粉末的制备不介绍(一般硬质合金企业都是从外面采购)。

2.2.1 碳化钨粉的生产工艺及主要设备

生产碳化钨粉的主要原料是氧化钨粉(也有一些其他生产方法不是用氧化钨为原料, 但用得较少)。主要的工艺流程如图 2-15 所示。

2.2.1.1 碳化钨粉生产工艺原理简介

1)氧化钨还原反应原理

碳化钨粉末生产使用的原料是钨的氧化物, 氧化钨有四种不同的颜色: WO_3(黄色)、$WO_{2.90}$(蓝色)、$WO_{2.72}$(紫色)和 WO_2(褐色)。生产中常用的蓝钨是 WO_3 和 $WO_{2.90}$ 混合物。我们习惯上把蓝色氧化钨简称为蓝钨(不是指蓝色钨粉, 黄钨和紫钨都是相同的意思)。

在一定的温度下, 氢原子与氧原子的亲和力大于金属钨原子与氧原子的亲和力, 所以, 氧化钨可以被氢还原, 生成金属钨和水蒸气。氢还原氧化钨过程的总反应为:

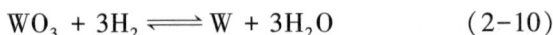

$$WO_3 + 3H_2 \Longrightarrow W + 3H_2O \qquad (2-10)$$

由于钨具有四种比较稳定的氧化物, 还原反应一般按以下四个反应顺序进行:

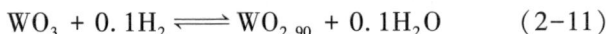

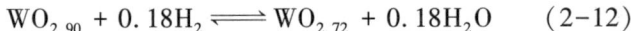

$$WO_3 + 0.1H_2 \Longrightarrow WO_{2.90} + 0.1H_2O \qquad (2-11)$$
$$WO_{2.90} + 0.18H_2 \Longrightarrow WO_{2.72} + 0.18H_2O \qquad (2-12)$$
$$WO_{2.72} + 0.72H_2 \Longrightarrow WO_2 + 0.72H_2O \qquad (2-13)$$
$$WO_2 + 2H_2 \Longrightarrow W + 2H_2O \qquad (2-14)$$

图 2-15 碳化钨粉生产的主要工艺流程

上述四个反应和总反应都是可逆反应, 其反应方向、反应速度以及反应产物决定于反应温度、氧气浓度、水蒸气和氢气的浓度等参数的相互关系, 上述还原反应可以有多种路径, 这也是钨粉的生产工艺控制比较复杂的原因之一。氧化钨还原反应的平衡常数用水蒸气和氢气的分压比值表示:

$$K_p = P_{H_2O}/P_{H_2} \qquad (2-15)$$

氧化钨氢还原反应为吸热反应, 温度升高, K_p 值增加, 反应向还原方向进行, 反应速度加快。碳化钨粉末粒度控制的主要工艺方法就是控制钨粉的粒度。因为要准确控制 W 粉粒度, 还原反应温度等工艺参数都要准确控制。

除了严格控制生产过程的各种工艺参数外, 为了更加高效地生产符合粒度要求的钨粉, 通常会采用不同种类的氧化钨和生产设备。

2)钨粉粒度控制原理

根据物理化学原理, 钨的氧化物具有升华特性(从固体状态直接变成气体状态)。WO_3 在 400 ℃ 开始升华, 在 850 ℃ 于 H_2 中则显著升华, WO_2 在 700 ℃ 开始升华, 在 1050 ℃ 于 H_2 中显著升华。氧化钨的气体与氢气反应, 生成钨和水蒸气。同时, 水蒸气又与氧化钨反应, 生成氧化钨的水化物 $WO_2(OH)_2$, $WO_2(OH)_2$ 易挥发, 挥发的 $WO_2(OH)_2$ 被 H_2 还原后沉积在其他颗粒上面。这个过程反复进行, 直到还原过程结束。还原过程中 W 粉成核与沉积长大过程见图 2-16。

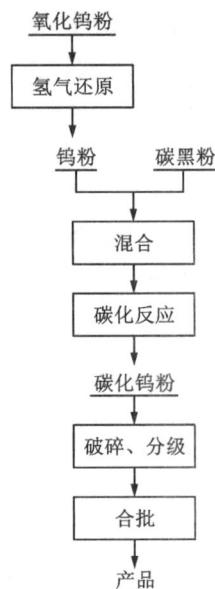

钨还原反应为可逆反应。被还原的低价氧化钨或钨颗粒又可能被重新氧化成高价氧化钨，这些氧化钨又被还原并沉积在较大的钨晶核表面。这个反应过程也可以反复进行。

上述两个过程是氧化钨还原过程的基本化学物理过程，在实际生产中，通过控制反应条件，可促使反应向我们需要的方向进行。

钨粉粒度的控制，就是充分利用氧化钨氢还原过程的化学物理原理，通过控制以下因素实现。

图 2-16　还原过程中 W 粉成核与沉积长大过程

(1)温度：温度越高，氧化钨挥发越快，其升华-沉积长大越迅速，粉末长大越明显，生产不同颗粒钨粉选择不同的还原温度。

(2)H_2 流量：增大 H_2 流量有利于反应向还原方向进行，使 W 氧化物在低温充分还原，从而可得细钨粉。H_2 流量小，反应慢，水蒸气在炉内停留时间较长，$WO_3 \cdot nH_2O$、$WO_{2.9} \cdot nH_2O$、$WO_2 \cdot nH_2O$ 生成多，细钨粉再氧化、再挥发的机会增多，钨粉长大明显。

(3)H_2 露点：H_2 露点高，气氛中水的分压大，W 形核减小，升华-沉积加剧，其反复还原氧化，钨粉颗粒变粗。反之，H_2 露点低，钨颗粒细。

(4)装舟量：装舟量愈多，到达舟皿底部的氢气的扩散路径越长，因而水蒸气的分压越高，$WO_3 \cdot nH_2O$ 量增加，钨粉粒度变大。所以细颗粒装舟量要少，粗颗粒装舟量要多。

3)钨粉配碳量计算方法

将一定质量的钨粉与一定质量的炭黑混合，制成混合均匀的 W+C 粉末。由于钨粉中总会含有少量的氧，因此在配碳时除了考虑碳化钨所需的碳外，还必须考虑脱氧需要的碳。炭黑的质量需要计算。

(1)配碳量计算。

炭黑配量(M_C)的计算公式：

$$M_C = \left(\frac{C}{100-C} + \frac{0.75 \times O_2}{100} \right) \times M_W \tag{2-16}$$

式中：M_W 为本批钨粉的质量，kg；C 为本批碳化钨技术标准所要求碳含量允许范围的中间值，%；O_2 为本批钨粉中的氧含量，%；0.75 为碳氧比，即碳与氧的相对原子质量之比。

(2)需要补加炭时，碳量计算(碳化钨粉中的碳量不够时)。

炭黑补加量(C_X)的计算公式：

$$C_X = \left(\frac{100-C_B}{100-C_A} - 1 \right) \times M_{WC} \tag{2-17}$$

式中：M_{WC} 为本批碳化钨粉的质量，kg；C_A 为碳化钨技术标准所要求的碳含量，%；C_B 为本批碳化钨中实际的碳含量，%。

(3)需要补加钨粉时，补加钨粉量计算(碳化钨粉中碳量太高)。

钨粉补加量(W_X)的计算公式：

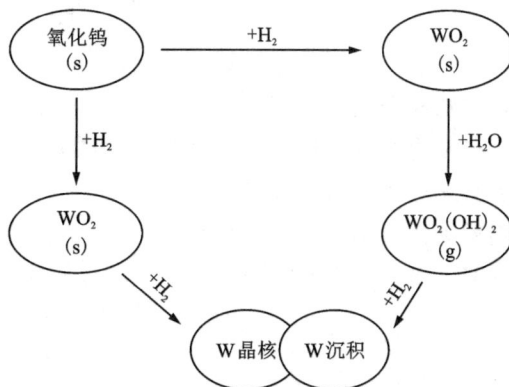

$$W_X = \left(\frac{C_B}{C_A} - 1 \right) \times M_{WC} \qquad (2-18)$$

式中：C_B，C_A，M_{WC} 含义同式(2-17)。

4）钨粉碳化反应原理

钨粉碳化过程有通氢碳化和不通氢碳化两种工艺。目前，碳化钨生产单位大部分使用的碳化炉碳化均为通氢碳化工艺。

钨粉碳化过程除了有固相扩散外，还包括碳的气相迁移和气固反应过程。在通氢情况下会出现 H_2、O_2 与 W 的气固反应，以及 C 和 W 的固相扩散，主要反应方程式如下：

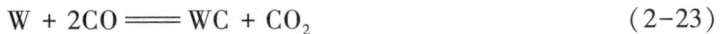

$$W + C === WC \qquad (2-19)$$
$$C + 2H_2 === CH_4 \qquad (2-20)$$
$$W + CH_4 === WC + 2H_2 \qquad (2-21)$$
$$2C + O_2 === 2CO \qquad (2-22)$$
$$W + 2CO === WC + CO_2 \qquad (2-23)$$

在惰性气体或真空状态下，W 与 C 主要通过固-固反应生成 WC，也有一部分 O_2 和 W 的气-固反应存在，主要反应方程式如下：

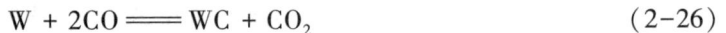

$$W + C === WC \qquad (2-24)$$
$$2C + O_2 === 2CO \qquad (2-25)$$
$$W + 2CO === WC + CO_2 \qquad (2-26)$$

无论是在通氢条件下，还是在惰性气体或者真空条件下，碳化过程都是碳元素向钨晶格间隙扩散的过程。随着温度升高，碳从钨颗粒表面往里渗透，形成 W_2C，W_2C 往深部发展，颗粒中心的钨逐步减小，同时表面形成 WC，颗粒从表至里形成 WC、W_2C、W 三层，随着 W_2C、WC 向里扩展，W 逐渐消失，W_2C 逐渐消失，整个颗粒因膨胀而分裂，变成多个 WC 颗粒。

5）块状碳化钨破碎原理

当球磨机转动时，球磨机内的球体有四种运动状态。球磨机内球体运动状态见图2-17。

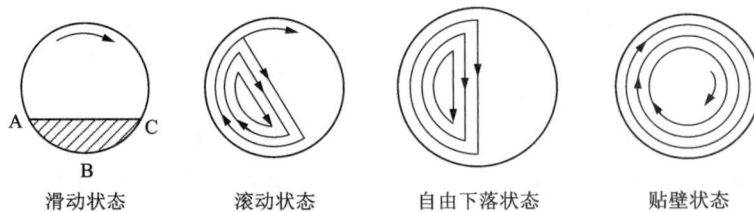

图 2-17 球磨机内球体运动状态

滑动状态：当磨筒转速不大，装球量又较少时，就会形成滑动状态，此时球体对物料无搅拌作用。物料的研磨作用只发生于筒壁和球体接触的表面之间，因而混合及研磨效率极低。

滚动状态：当转速较高，装球量较大时，就发生滚动研磨。此时，既有翻动作用又有球体与物料间的相互摩擦作用，因而混合和研磨效率高。

自由下落状态：随着转速的提高，球体与筒壁一起上升到最大高度，然后自由落下，在此情况下，球体对物料和筒壁的冲击作用较大。

贴壁状态：当磨筒转速高于临界转速时，球体由于受到较大离心力作用，一直紧贴在筒壁上不能自由跌落，此时物料既不被搅拌，也不被破碎。

临界转速：使球紧贴球磨筒旋转的最低速度。

临界转速的计算：

$$n_{临} = \frac{42.4}{\sqrt{D}} \tag{2-27}$$

式中：D 为磨筒直径，m。

欲使球体处于滑动状态，球磨筒实际转速通常取 $0.6n_{临}$，目前破碎用球磨机转速为 32 r/min 和 38 r/min 两种。

充填系数：装球体积与球磨筒容积之比。

若充填系数小于 30%，则球体处于滑动状态，研磨效率低。若充填系数大于 50%，则位于旋转中心附近的球转动惯量太小，反而使研磨效率降低，合适的充填系数为 40%~50%，此时研磨效率最高。

球料比：指球磨机中的球和料的重量比。

球料比越大，研磨效率越高。但是过高的球料比是无益的。从理论上讲，物料正好充填球的间隙时，无论是研磨效率还是生产效率都是比较理想的。

6）气流破碎与分级原理

目前用于碳化物粉末的气流破碎机主要为流化床对喷式气流磨。

流化床对喷式气流磨主要由粉碎喷嘴、分级转子、分级轴气封装置、出料管气封装置、出料管、分级电机、加料装置等零部件组成。压缩空气供气装置主要由空气压缩机、冷却器、储气罐、冷冻干燥机、油水过滤器等设备组成。配套辅助设备主要由旋风集料器、脉冲除尘器、高压引风机、卸料阀、控制柜等设备组成。

流化床对喷式气流磨的结构及工作原理示意图，见图2-18。

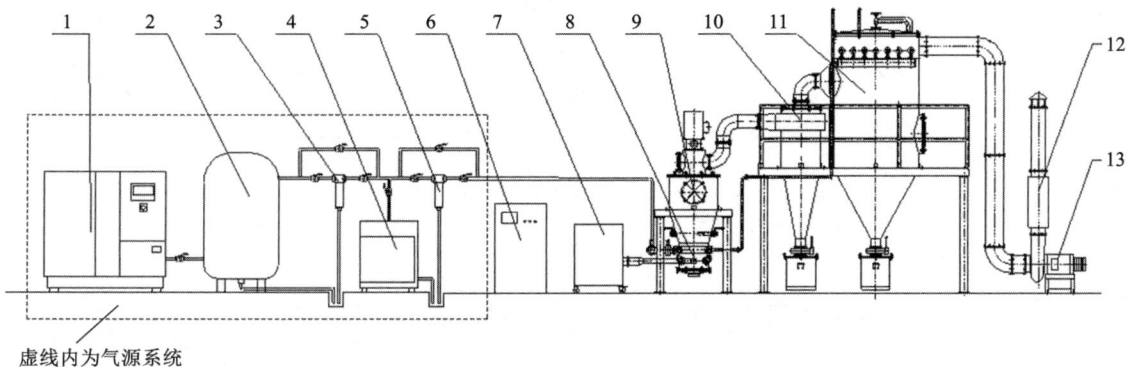

虚线内为气源系统

1—无油空气压缩机；2—储气罐；3—空气过滤器；4—空气冷干机；5—空气过滤器；6—电控柜；7—进料机；
8—TC超微粉碎机；9—TC分级机；10—旋风收集器；11—隔离收集器；12—引风机消声器；13—引风机。

图2-18　流化床对喷式气流磨的结构及工作原理示意图

工作原理：物料通过星形阀给入料仓，螺旋加料器将物料送入粉碎室，压缩空气通过粉碎喷嘴急剧膨胀，加速产生超音速喷射流，在粉碎室下部形成向心逆喷射流场，在压差的作用下，磨室底部的物料被流态化；被加速的物料在多喷嘴的交汇点汇合，产生剧烈的冲击、碰撞、摩擦而被粉碎；经粉碎的物料随上升的气流一起运动至粉碎室上部的一定高度，粗颗粒在重力的作用下，沿磨室壁面回落到磨室下部，细粉随气流一起运动到上部的涡轮分级机，在高速涡轮所产生的流场内，粗颗粒在离心力做用下被抛向筒壁附近，并随失速粗粉一起回落到磨室下部再进行粉碎；而符合细度要求的微粉则通过分级片流道，经排气管输送至旋风分离器作为产品收集，少量微粉由袋式捕集器作进一步气固分离，净化空气由引风机排出机外。

在该机型的涡轮分级机与排气管间的运动间隙处设计了特别的气封结构，粗颗粒不会经间隙混入微粉中，从而保证了产品粒度完全由涡轮的转速控制，而涡轮的转速由控制台中的变频器控制，所以，产品的粒度可在最大限度内任意调节，确保了超微分级的精密性和准确性，产品最大粒径小于 3 μm，粒度分布窄且无过大颗粒。

2.2.1.2 碳化钨粉生产工艺

以蓝钨为原料，分别阐述超细碳化钨、细颗粒碳化钨和中粗碳化钨生产工艺过程使用的主要设备和工艺参数。生产设备的详细说明见本章 2.2.1.3 所述，这里仅仅提及该工艺采用的设备。

1) 超细碳化钨粉末生产工艺与主要设备(粒度不超过 0.8 μm)

以生产粒度为 0.4 μm 和 0.8 μm 的碳化钨为例，还原工艺使用的设备为全自动十五管还原炉或回转管还原炉，使用炉尾筛过筛。其还原工艺参数分别见表 2-3 和表 2-4。表中 T_1 到 T_6 表示各带温度。

表 2-3　十五管还原炉超细粉末还原工艺参数

| 型号 | 原料 | 还原温度/℃（±20 ℃） | | | | | H_2 流量 /(m³·h⁻¹) | 装舟量 /(g·舟⁻¹) | 推速 /(舟·min⁻¹) | 过筛网目 /目 |
		I	II	III	IV	V				
04	氧化钨	T_1	T_2	T_3	T_4	T_5	20~60	上舟：100~300 下舟：100~300	1/(5~9)	40~100
08	氧化钨	T_1	T_2	T_3	T_4	T_5	20~60	上舟：150~350 下舟：150~350	1/(5~9)	40~100

备注：T_1 温度范围 500~750 ℃，T_5 温度范围 700~850 ℃，T_2 至 T_4 在 T_1 与 T_5 范围内逐步增加温度。后续表格 2-4，表 2-7，表 2-10，表 2-12，表 2-14，表 2-16，表 2-18，表 2-20，表 2-33 等，其中 T_2 至 T_4(T_5)温度的设置与表 2-3 相似。

表 2-4　回转炉还原工艺

| 型号 | 还原温度/℃（±20 ℃） | | | | | | 进料螺旋 转速/Hz | 炉管转速 /(r·min⁻¹) | 顺 H_2 流量 /(m³·h⁻¹) | 逆 H_2 流量 /(m³·h⁻¹) | 过筛网目 /目 |
	I	II	III	IV	V	VI					
04	T_1	T_2	T_3	T_4	T_5	T_6	10~30	1~5	300~400	40~80	40~80
08	T_1	T_2	T_3	T_4	T_5	T_6	20~50	3~7	300~400	30~70	40~80

备注：T_1 500~750 ℃；T_2 700~900 ℃。

配炭工艺参数见表 2-5 和表 2-6，配炭工艺使用的设备是球磨机或犁刀混合器。

表 2-5 球磨配炭工艺参数

粉末级别	W 粉装料量/kg	混合时间/h	合金球质量/kg
04	100~200	5~7	200~300
08	100~200	5~7	200~300

表 2-6 犁刀混合器配炭工艺参数

粉末级别	W 粉装料量/kg	混合时间/h	犁刀转速/(r·min^{-1})	飞刀转速/(r·min^{-1})	冷却时间/h
04	800~1500	1~4	10~30	2000~3000	≥2
08	800~1500	1~4	10~30	2000~3000	≥2

碳化工艺参数见表 2-7，碳化使用的设备为钼丝碳化炉。

表 2-7 钼丝炉碳化工艺参数

型号	温度/℃			推舟速度/(舟·min^{-1})
	Ⅰ带	Ⅱ带	Ⅲ带	
04	T_1	T_2	T_3	1/(5~9)
08	T_1	T_2	T_3	1/(6~11)

备注：T_1 1200~1500 ℃，T_3 1350~1550 ℃。

破碎、过筛、合批工艺参数见表 2-8 和表 2-9。破碎使用的设备有球磨机、气流破碎机。过筛使用的设备是仿美振动筛。合批使用的是双锥混合器、MGF 混合器。

表 2-8 球磨机破碎及过筛、双锥混合器合批工艺参数

粉末级别	球磨			合批	
	球磨时间/h	合金球质量/kg	过筛网目/目	混合时间/h	过筛网目/目
04	4~8	200~300	40~80	1~4	40~80
08	4~8	200~300	40~80	1~4	40~80

表 2-9 气流破碎工艺参数

粉末级别	破碎机型号	料层质量/g	分级轮转速/(r·min^{-1})	氮气压/MPa	氧的质量分数/%
04	A-1	180~250	2600~3600	0.5~1	1~5
08	A-1	180~250	2600~3600	0.5~1	1~5

2)细颗粒碳化钨生产工艺与主要设备(粒度为 0.8~2.5 μm)

以生产粒度为 1.0 μm 和 2.0 μm 的碳化钨为例,细颗粒生产使用的设备是全自动十五管还原炉,过筛设备为炉尾筛。其还原工艺参数见表 2-10。

表 2-10 全自动十五管还原炉工艺参数(细颗粒)

| 型号 | 原料 | 还原温度/℃(±30 ℃) | | | | | H_2 流量/(m³·h⁻¹) | 装舟量/(g·舟⁻¹) | 推速/(舟·min⁻¹) | 过筛网目/目 |
		I	II	III	IV	V				
10	氧化钨	T_1	T_2	T_3	T_4	T_5	20~60	上舟:400~600 下舟:400~600	1/(10~15)	50~200
20	氧化钨	T_1	T_2	T_3	T_4	T_5	20~60	上舟:500~700 下舟:500~700	1/(10~15)	50~200

备注:T_1 700~900 ℃,T_5 900~1000 ℃。

配炭工艺参数见表 2-11,配炭使用的设备是立式犁刀配炭机。

表 2-11 立式犁刀配炭机工艺参数

粉末级别	W 粉装料量/kg	主轴混料速度/(r·min⁻¹)	飞刀混料速度/(r·min⁻¹)	混合时间/h
10	1000~1500	10~30	1500~2500	1~4
20	1000~1500	10~30	1500~2500	1~4

碳化工艺参数见表 2-12,碳化使用的设备是方管炉。

表 2-12 方管炉碳化工艺参数

| 粉末级别 | 碳化温度/℃ | | 推速/(舟·min⁻¹) |
	I 带	II 带	
10	T_1	T_2	1/(10~15)
20	T_1	T_2	1/(10~15)

备注:T_1 1500~1800 ℃,T_2 1600~2000 ℃。

破碎、过筛、合批工艺参数见表 2-13,破碎使用的设备是球磨机,过筛使用过筛机,合批使用方锥混合器。

表 2-13 球磨、过筛、合批工艺参数(细颗粒)

| 粉末级别 | 球磨 | | | | 合批 |
	装料质量/kg	合金球质量/kg	球磨时间/min	过筛网目/目	混合时间/h
10	400~600	400~600	120~240	100~200	1~4
20	400~600	400~600	120~240	150~250	1~4

3)中颗粒碳化钨粉末生产工艺与主要设备(粒度为 2.5~6 μm)

以生产粒度为 4.0 μm 的碳化钨粉末为例,中颗粒钨粉还原使用的设备是全自动十五管还原炉,过筛使用炉尾筛。其还原工艺参数见表 2-14。

表 2-14　全自动十五管还原炉工艺参数

型号	原料	还原温度/℃(±30 ℃)					H_2 流量/(m³·h⁻¹)	装舟量/(g·舟⁻¹)	推速/(舟·min⁻¹)	过筛网目/目
		Ⅰ	Ⅱ	Ⅲ	Ⅳ	Ⅴ				
40	氧化钨	T_1	T_2	T_3	T_4	T_5	20~60	上舟:800~1000 下舟:800~1000	1/(10~15)	80~150

备注:T_1 700~900 ℃,T_5 900~1050 ℃。

配炭混合使用的设备是立式犁刀及卧式螺带混合机。

表 2-15　立式犁刀及混合机配炭工艺参数

配炭设备	粉末级别	W 粉装料量/kg	主轴混料速度/(r·min⁻¹)	飞刀混料速度/(r·min⁻¹)	混合时间/h	电机频率/Hz
立式犁刀	40	1000~1500	10~30	2400	1~4	
混合机	40	1000~1500			1~4	10~30

碳化使用的设备是方管炉及圆管炉。其工艺参数见表 2-16。

表 2-16　方管炉及圆管炉碳化工艺参数(中颗粒)

碳化设备	粉末级别	碳化温度/℃		推速/(舟·min⁻¹)
		Ⅰ 带	Ⅱ 带	
方管炉	40	T_1	T_2	1/(10~15)
圆管炉	40	T_2		1/(10~15)

备注:T_1 1500~1800 ℃,T_2 1600~2000 ℃。

破碎、过筛、合批、破碎使用的设备是球磨机,过筛使用过筛机,合批使用方锥混合器。工艺参数见表 2-17。

表 2-17　球磨、过筛、合批工艺参数(中颗粒)

粉末级别	球磨				合批
	装料质量/kg	合金球质量/kg	球磨时间/min	过筛网目/目	混合时间/h
40	400~600	400~600	120~240	100~200	1~2

33

4）粗颗粒碳化钨粉末生产工艺与主要设备（粒度为 6~25 μm）

以粒度为 20 μm 和 25 μm 的粗颗粒钨粉生产为例，所使用的设备是全自动十五管还原炉。其工艺参数见表 2-18。

表 2-18　全自动十五管还原炉工艺参数

型号	原料	还原温度/℃（±30 ℃）					H₂ 流量 /(m³·h⁻¹)	装舟量 /(g·舟⁻¹)	推速 /(舟·min⁻¹)	过筛网目 /目
		Ⅰ	Ⅱ	Ⅲ	Ⅳ	Ⅴ				
90	氧化钨	T_1	T_2	T_3	T_4	T_5	20~40	3500~4500	1/20~30	60~100
200	氧化钨	T_1	T_2	T_3	T_4	T_5	20~40	3500~4500	1/20~30	40~80

备注：T_1 800~1000 ℃，T_5 1000~1150 ℃。

粗颗粒配炭混合使用的设备是卧式螺带混合器。其工艺参数见表 2-19。

表 2-19　混合器工艺参数

型号	钨粉质量/kg	电机频率/Hz	混合时间/h
90	900~1500	30~50	2~5
200	900~1500	30~50	3~6

粗颗粒碳化使用的设备是方管炉及圆管炉。其工艺参数见表 2-20。

表 2-20　方管炉及圆管炉工艺参数

设备	粉末级别	碳化温度/℃		推速/(舟·min⁻¹)
		Ⅰ 带	Ⅱ 带	
方管炉	90	T_1	T_2	1/(5~10)
圆管炉	90	T_2		1/(10~15)
	200	T_2		1/(20~40)

备注：T_1 1500~1800 ℃，T_2 1600~2200 ℃。

破碎使用的设备是球磨机，过筛使用过筛机，合批使用方锥混合器。其工艺参数见表 2-21。

表 2-21　球磨、过筛、合批工艺参数（粗颗粒）

粉末级别	球磨				合批
	装料质量/kg	合金球质量/kg	球磨时间/min	过筛网目/目	混合时间/h
90	400~600	150~250	40~100	100~200	1~2
200	400~600	150~250	40~100	80~150	1~2

2.2.1.3 碳化钨粉生产主要设备

1）十五管还原炉

十五管还原炉（图2-19）是将氧化钨静态还原所需要的设备，为有十五根管子的管式炉。其工作原理：将氧化钨原料放置在舟皿内，与管内氢气进行氧化还原反应，由于物料内部上中下层 K_p 值不同，生产出的钨粉产品粒度分布范围较宽。设备由炉体和前后进出料装置组成，并配备有氢气净化装置。设备能自动实现进出料、倒料、清舟、布料、称重、分合舟、舟皿传送、换舟等生产过程。可以在微正压或负压条件下运行，可通入氢气、氮气、空气、水蒸气等气体。自动布料装置将氧化钨装填入舟皿，自动摇匀，炉头机械手将料舟推入炉内；按工艺要求，用氢气作还原剂，经高温将氧化钨还原成金属钨粉；炉尾机械手自动钩出料舟，料舟被运送至输送线上；自动倒舟装置将料舟内金属钨粉倒入振动筛中进行筛分处理。

1—炉体；2—炉头管；3—防爆筒；4—炉头机械手；5—炉头防护围栏；6—炉头控制柜；7—布料站；8—钢平台；9—传送带；10—料仓；11—旋振筛；12—倒料站；13—炉尾控制柜；14—炉尾防护围栏；15—炉尾机械手；16—汇流排；17—炉尾管。

图2-19 十五管还原炉结构示意图

与还原炉配套的氢气回收净化装置（图2-20）用于对含饱和水汽和粉尘以及其他杂质的氢气进行回收和净化处理，可以实现淋洗、冷凝、分离、脱水、吸附、干燥等生产过程，并可实现全自动连续生产。

十五管还原炉主要技术参数见表2-22。

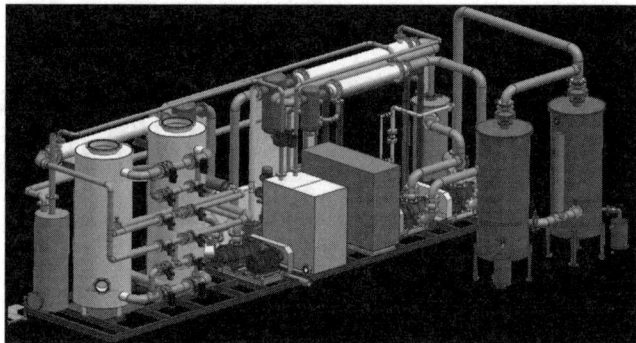

图2-20 氢气回收净化装置结构示意图

表 2-22　十五管还原炉主要技术参数

参数项目	技术参数
炉体外形尺寸（长×宽×高）	8500 mm×2970 mm×2250 mm
炉管材料	ZG50Cr33Ni50W15
炉管规格	ϕ144 mm/124 mm，L=9200 mm（上八下七）
加热区长度	2250 mm
最大生产能力	2800 kg/d
炉子功率	720 kW
最高工作温度	1150 ℃
加热区数	5 带 15 区
舟皿总数	438 个
运行最小周期	9 min
炉前振动筛外形尺寸	ϕ800 mm×1300 mm
炉前振动筛电动机功率	0.75 kW

2）回转管还原炉

回转管还原炉（图 2-21）是将金属氧化钨动态还原为金属粉末所需要的生产设备。其工作原理：将氧化钨经过螺旋进料装置推进还原炉内，按工艺要求，利用氢气作还原剂，物料在高温下在炉管内随着炉管转动，且在炉管槽板间向前产生位移，从而将氧化钨还原成金属钨粉。在回转还原过程中，原料氧化钨和中间产品都处于翻滚状态，不会形成静态的料层，氢气能够与物料充分接触，这种方式可以制备更细更均匀的钨粉。该设备由炉体、炉管、加热带、保温材料、进料机构、出料机构、供气系统、冷却水系统、电气控制系统等组成，并配备氢气净化系统。回转管还原炉可用在1000 ℃温度范围内，能将金属氧化物控制在一定的温度、时间、炉内气氛中。

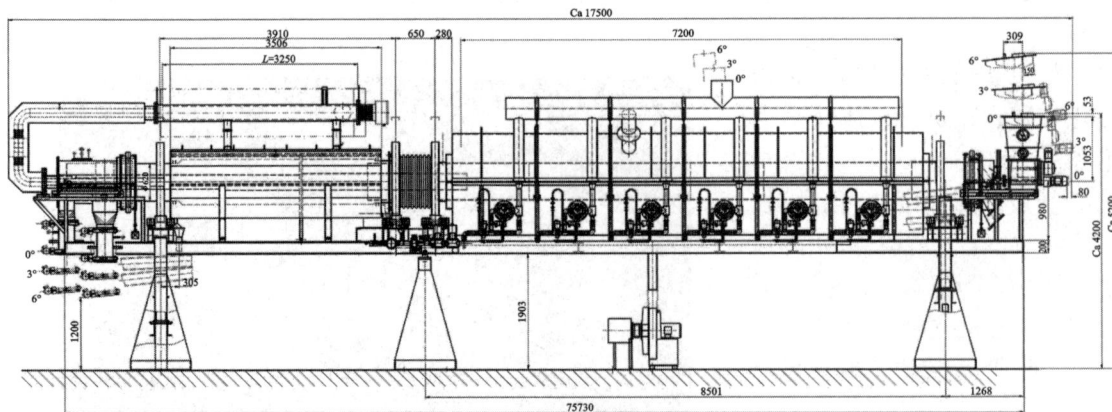

图 2-21　回转管还原炉结构示意图

回转管还原炉的主要技术参数见表 2-23。

表 2-23　回转管还原炉的主要技术参数

参数项目	技术参数
炉管内径	$\phi800$ mm
设计功率	500 kW
实消功率	90~150 kW
设计温度	1100 ℃
工作温度	360~1050 ℃
加热带数/控温点数	6 个
控温方式	PID 调节
加热带长度	8500 mm
电阻丝布置方式	炉顶插入
进氢方式	前端顺氢、后端逆氢
进、出料方式	短螺旋下料及双碟阀出料(自动)
炉管转速	1~6 r/min
炉管倾角	2°~4°
密封件使用寿命	≥20000 h
工作压力范围	0~10 kPa
粉末直收率	88%~95%
外形尺寸(长×宽×高)	18000 mm×2300 mm×4600 mm

3)球磨机

球磨机主要技术参数见表 2-24。

表 2-24　球磨机的主要技术参数

参数项目	单位	技术参数	
		不锈钢筒	衬板筒
筒体总容积	m^3	0.38	0.38
筒体规格	mm×mm	$\phi900×600$	$\phi900×600$
电动机功率	kW	5.5	5.5
每次最大球磨量	kg	500	500
转速	r/min	31	38
合金衬板牌号			YG8、YG15

4) 犁刀混合器

犁刀混合器(图 2-22)是使物料在较短的时间内均匀混合的设备。犁刀混合器通过高速旋转的飞刀和犁刀的复合运动使物料在犁刀的作用下进行强烈的湍流运动,物料被抛散和扩散;同时,飞刀在电动机直接驱动下做高速旋转,物料在高速剪切作用力下被破碎和混合;在犁刀和飞刀的复合作用下,物料形成复杂的流动状态。这种流动状态使得物料在极短的时间内实现均匀混合。犁刀混合器主要技术参数见表 2-25。

表 2-25　犁刀混合器的主要技术参数

参数项目	技术参数
圆筒容积	1 m³
主机转速	0~85 r/min
飞刀转速	0~2900 r/min
装机总功率	42 kW
最大混料量	1500 kg

图 2-22　犁刀混合器外形图

5) 卧式螺带混合机

螺带混合机(图 2-23)的工作原理:将物料装入螺带混合机中,电机驱动螺带搅拌物料,达到物料混合均匀的目的。螺带混合机主要技术参数见表 2-26。

表 2-26　螺带混合机(1000 L)的主要技术参数

项目	技术参数
减速机型号	K127
电机功率	30 kW(4 级变频)
电机转速	1440 r/min
每次最大球磨量	1200 kg
筒体转速	29 r/min

图 2-23　螺带混合机外形图

6) 钼丝碳化炉

全自动碳化炉是用于碳化钨碳化的设备,其额定使用温度在 1600 ℃左右,在高温作用下碳向钨中扩散,主要用来制备超细及细颗粒碳化钨,用于各种金属材料、石墨碳素材料及制品的碳化、提纯、高温烧结。设备可实现自动进出料、倒料、布料、称重、舟皿传送等生产过程,可实现物料的全自动连续生产。该设备中可通入氢气、氮气、氩气等气体,并在微正压条件下运行,其因发热体为钼丝而得名。钼丝炉(图 2-24)的特点与优势:高温稳定性好,钼丝炉能够承受极高的温度而不变形或损坏，确保了碳化钨生产的顺利进行；可精确控制，先进的控制系统能够精确控制炉内的温度、气氛等参数，提高了产品的质量和稳定性；高效节能，炉体结构合理且保温性能良好，有效降低了热损失和能耗。钼丝碳化炉利用钼丝电热丝发热使炉内保持工艺温度，炉内可通氢对物料进行保护。W+C 物料通过石墨舟皿进入炉内，在高温下产生化学反应生成化合物 WC。炉头炉尾通过程序控制，可自动进出装有物料的石墨舟皿。

图 2-24　钼丝碳化炉外形图

钼丝碳化炉的主要技术参数见表 2-27。

表 2-27　钼丝碳化炉的主要技术参数

项目	技术参数
允许最高工作温度	1750 ℃
推荐最高工作温度	1600 ℃
炉膛尺寸	150 mm×230 mm×3000 mm
产量	30~40 kg/h
加热功率	3×30 kW
电压	3×380 V
炉管材质	刚玉，且 $w_{Al_2O_3}>98\%$
热电偶	6 支
加热元件	钼丝
总质量	15000 kg
工作气体(H_2)压力	4 kPa
保护气体(N_2)压力	20 kPa
冷却水压力	0.4 MPa

7）方管碳化炉

全自动方管炉（图2-25）用于各种有色金属和金属化合物的还原、煅烧、烧结等，是碳化钨碳化的生产设备，额定使用温度为2000 ℃左右，在高温作用下碳向钨中扩散，主要用来制备细颗粒及中颗粒碳化钨。方管炉的炉膛通常由耐高温材料制成，如氧化铝陶瓷或石墨，以确保在高温下仍能保持稳定性和耐腐蚀性。与钼丝炉相比，方管炉碳化时可以达到更高的温度，但是需要采用红外线控温，控温精度相对低，设备能自动实现进出料、倒料、清舟、布料、称重、舟皿传送等生产过程。它可以在微正压或负压条件下运行，可通氢气、氮气、空气、水蒸气等。方管碳化炉利用石墨棒的电阻将电能转换为热能。其发热体为多组发热棒，发热棒产生的热量辐射到炉管上，再传导到舟皿及物料上，从而实现W+C的碳化过程。该设备为卧式结构，设置脱氧区、高温碳化区和冷却区，主要用于物料的高温连续式碳化，进出料端均设置有双炉门，双炉门中间设过渡仓，均要求采用氮气置换。

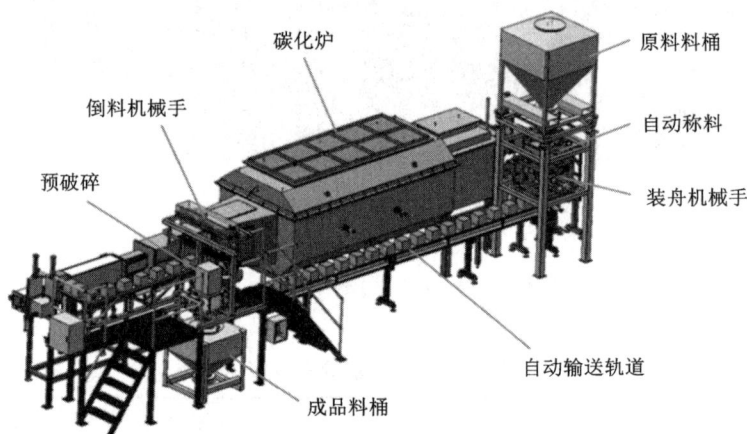

图2-25 方管碳化炉结构示意图

方管碳化炉的主要技术参数见表2-28。

表2-28 方管碳化炉的主要技术参数

项目	技术参数
允许最高工作温度	2200 ℃
推荐最高工作温度	2000 ℃
脱氧区最高工作温度	900 ℃
主炉膛尺寸（长×宽×高）	150 mm×230 mm×3000 mm
主加热区功率	300 kW
主加热区	3 带
冷却区长度	3500 mm
电压	220 V

续表2-28

项目	技术参数
炉管材质	石墨
加热元件	石墨
总质量	10000 kg
设备尺寸(长×宽×高)	18000 mm×3000 mm×2500 mm

8) 圆管碳化炉

圆管碳化炉(图 2-26)是用于碳化钨碳化的设备,额定使用温度为 2300 ℃左右,主要用来制备中颗粒和粗颗粒碳化钨。圆管炉采用碳管作为发热体,也需要采用红外线控温,控温精度相对低一些。它利用石墨管的电阻将电能转换为热能,炉管就是发热体,炉管发热发红后直接对舟皿进行热传导,热升温达到工艺温度后,W+C 在高温下产生化学反应,生成化合物 WC。

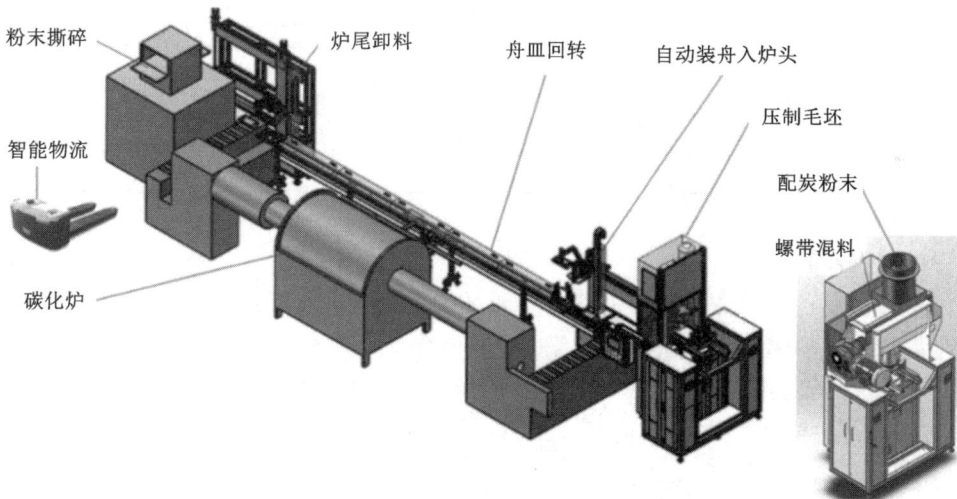

图 2-26 圆管碳化炉结构示意图

圆管碳化炉的主要技术参数见表 2-29。

表 2-29 方管碳化炉的主要技术参数

项目	技术参数
外形尺寸(长×宽×高)	8000 mm×2600 mm×2200 mm
炉子功率	120 kW
控温方式	红外线测温,控温精度±5 ℃
电源频率	50 Hz

续表2-29

项目	技术参数
最高工作温度	2400 ℃
推舟速度	8~60 舟/min

9)方锥混合器

方锥混合器是用于混合和合批的设备,在多个行业领域如制药、化工、食品等均有广泛应用。物料被加入方锥形的混合容器后,随着容器的旋转和搅拌装置的搅拌,物料在混合桶内不断改变位置和状态,实现均匀混合。搅拌装置通常包括多层搅拌臂或叶片,它们将物料推至容器的一侧并反弹到另一侧,利用方锥桶体的翻转使物料分流翻转、均匀混合,以此形成循环混合。该设备的主要技术参数见表2-30。

表2-30　方锥混合器的主要技术参数

项目	单位	技术参数		
圆筒容积	L	2500	1800	1200
圆筒转速	r/min	12	12	12
电动机功率	kW	22	18.5	5.5
混料量	t	5	5	5

10)气流粉碎机

气流粉碎机设备的工作原理:压缩气体通过加料喷射器,粉碎原料进入粉碎室,在粉碎室外围有数个粉碎喷嘴,喷射超音速气流,粉料受到高速气流冲击以及粉料互相碰撞、摩擦而粉碎,分级室把较粗的颗粒分离出来,粗颗粒循环返回粉碎室内粉碎,最后在出料口可获得分布均匀的超微细粉。气流粉碎机的主要技术参数见表2-31。

表2-31　气流粉碎机的主要技术参数

项目	技术参数
型号	STJ-475(400)
生产能力	60~300 kg/h
项耗能	10.5 m³/min
粉碎工作压力	0.65~1.2 MPa
装机功率	75 kW
成品粒度	<5 μm

11)过筛机

过筛机是用于碳化钨过筛的设备,利用偏心块使筛网产生振动,物料在筛网上跳跃、滚动或滑动,从而将不同大小的颗粒分离出来。颗粒较小的物料能够顺利通过筛网上的孔洞漏下,而颗粒较大的物料则会被挡在筛网之上,从而实现物料的分离。该设备通过使用一定网目的筛网,以达到筛出杂物和团块的目的。振动筛设备主要技术参数见表2-32。

表 2-32　振动筛的主要技术参数

项目	技术参数
型号	$\phi800$ mm
电动机功率	0.75 kW
外形尺寸	$\phi800$ mm×1300 mm

2.2.2　其他碳化物粉末的生产工艺简介

在硬质合金生产中,其他碳化物原料粉末应用较多的是(Ti,W)C复式固溶体。其他还有含钽和铌的复式固溶体粉末等,在此不介绍。

2.2.2.1　(Ti,W)C粉末生产工艺原理

(Ti,W)C是通过将TiO_2、C、WC按一定比例混合后,在碳管炉中高温碳化(碳化温度为2000~2200 ℃)而成。其反应过程可以分为两个阶段:第一阶段,TiO_2与C反应生成细小、活性很高的碳化钛颗粒;第二阶段,碳化钨颗粒溶解在碳化钛颗粒中,形成稳定的(Ti,W)C固溶体颗粒。为了加速(Ti,W)C固溶体形成过程,炉料制备采用压团工艺。

2.2.2.2　(Ti,W)C生产工艺要点

(1)配料计算:根据需要生产的(Ti,W)C量以及其中的Ti、W含量来计算。

(2)混合:物料在不锈钢球磨筒内混合6~8 h,混合后物料颜色应均匀一致,没有白点。

(3)压团或打紧:将混合好的物料在压舟机上压紧,以利于碳化完全和提高装舟量。

(4)碳化:碳化完全的碳化钛应为灰色硬块,断面均匀无黑心。

(5)破碎过筛:将碳化后的物料在球磨机中破碎并过60~80目筛。

2.2.3　黏结金属钴粉的生产工艺简介

金属钴粉是硬质合金中黏结相的主要原料,有不同粒度规格。另外,黏结相原料还可用金属镍粉,这里不介绍其生产工艺。

2.2.3.1　草酸钴或碳酸钴的还原反应机理

将干燥后的草酸钴或碳酸钴置于两管还原炉中,并用氢气还原成钴粉,其反应分两步进行:首先,草酸钴在高温下分解成氧化钴,然后氧化钴被氢气还原成钴粉。氢气是具有很好还原性的物质,它具有最大的扩散速度和很高的导热性。在一定的温度条件下,氢和氧的亲和力大于钴和氧的亲和力,因此,氢能从氧化钴中夺取氧,使其还原成金属钴粉。其反应方程式为:

$$CoC_2O_4 \cdot 2H_2O =\!\!=\!\!= CoC_2O_4 + 2H_2O \tag{2-28}$$

$$2CoC_2O_4 =\!\!=\!\!= Co_2O_3 + 3CO + CO_2 \tag{2-29}$$

$$Co_2O_3 + 3H_2 =\!\!=\!\!= 2Co + 3H_2O \tag{2-30}$$

$$2CoC_2O_4 \cdot 2H_2O + 3H_2 \Longrightarrow 2Co + 3CO + CO_2 + 7H_2O \qquad (2-31)$$

为了使反应向生成钴的方向进行，在温度一定的情况下，应增大氢气流量和减小氢气中的湿度。

影响钴粉还原的主要因素：

（1）还原温度：还原温度越高，粉末长大越明显。细颗粒的还原温度要低，粗颗粒的还原温度要高。

（2）氢气流量及其湿度：H_2 流量小，反应空间水蒸气浓度大，氧化-还原长大的机会多，粉末粒度就大。H_2 露点高，H_2 中湿度大，反应空间的水蒸气浓度大，氧化-还原长大的机会就多，颗粒易长大。

（3）推舟速度：推舟速度快，氧化物在高温还原的时间少，粉末粒度就小。

（4）装舟量：装舟量愈多，料层愈厚，反应空间的水蒸气浓度大，则有利于氧化-还原长大。料层厚，还原到底部的时间延长，给颗粒长大造成了较多的机会。同一舟皿，钴在表面先还原，在下部后还原，所以表层颗粒细，底部颗粒粗，料层越厚越明显。

（5）草酸钴粒度：如果草酸钴的粒度小，则还原的钴粉粒度就大。

钴粉由于粒度很小，表面活性很大，在空气中容易氧化，同时，钴粉也容易吸附空气中的水分，尤其是在空气湿度较高的情况下。在生产实践中发现，钴粉含氧量随室温升高而增大，当室温高于 30 ℃时，钴粉很容易被氧化。为了防止钴粉出炉后被氧化，可采用惰性气体加以保护，常使用的保护气体是 CO_2，因为 CO_2 的密度比空气大，在空气中易保存，不会很快跑掉，且成本较低。

2.2.3.2 钴粉的生产工艺及主要设备

（1）以生产粒度为 1.0 μm 和 1.5 μm 的钴粉为例，钴粉还原使用的设备是全自动两管还原炉。其还原工艺参数见表 2-33。

表 2-33 全自动两管还原炉工艺参数

钴粉牌号	氢气流量/($m^3 \cdot h^{-1}$)	推舟速度/(舟·min^{-1})	装舟量/(kg·$舟^{-1}$)
Co10	1~4	1/(5~15)	6~9
Co15	1~4	1/(5~15)	6~9

钴粉牌号	炉温/℃ (±20 ℃)					
	Ⅰ带	Ⅱ带	Ⅲ带	Ⅳ带	Ⅴ带	Ⅵ带
Co10	T_1	T_2	T_3	T_4	T_5	T_6
Co15	T_1	T_2	T_3	T_4	T_5	T_6

备注：T_1 400~500 ℃，T_6 400~500 ℃。

（2）破碎、过筛、合批。

钴粉破碎使用的设备是气流粉碎机，过筛使用的设备是旋风振动筛。钴粉过筛工艺参数见表 2-34，气流粉碎工艺参数见表 2-35。

表 2-34 钴粉过筛工艺参数

钴粉牌号	筛网目数/目
Co10	≥160
Co15	≥160

表 2-35 气流粉碎机工艺参数

工艺参数	400 型	S49-AC-800 型
系统氧含量	≤5.0%	≤5.0%
分级机频率	50~75 Hz	30~120 Hz
过筛网目	≥160 目	≥160 目

练习题

一、单选题

1. 硬质合金中最主要的原料粉末是( )。

A. 钛粉   B. 钴粉   C. 钽粉   D. 碳化钨粉

2. 为了获得细颗粒的碳化钨粉,在控制还原反应时应选择( )H_2 流量。

A. 较小   B. 较中   C. 较大   D. 微小

3. 在生产超细碳化钨粉末时,用于还原过程的主要设备是( )。

A. 圆管碳化炉   B. 回转管还原炉   C. 方锥混合器   D. 气流粉碎机

4. 在(Ti, W)C 固溶体粉末的制备过程中,第一阶段生成的是( )。

A. 细小活性高的碳化钛颗粒   B. 细小活性高的碳化钨颗粒

C. 细小活性高的氧化钛颗粒   D. 细小活性高的氧化钨颗粒

5. 当球磨筒的实际转速高于临界转速时,球体会处于( )状态。

A. 自由下落状态   B. 贴壁状态   C. 滑动状态   D. 静止状态

二、多选题

1. 影响钨粉粒度控制的因素有( )。

A. 温度   B. H_2 流量   C. 装舟量   D. H_2 露点

2. 硬质合金中黏结相的主要原料有( )。

A. 钨粉   B. 钴粉   C. 镍粉   D. 氧化钨粉

3. 在碳化钨粉生产工艺中使用的设备有( )。

A. 十五管还原炉   B. 气流粉碎机   C. 双锥混合器   D. 钼丝碳化炉

4. 为了确保钴粉的质量,在还原阶段需要特别注意( )。

A. 温度的一致性   B. 氢气流量的稳定性

C. 草酸钴原料的均匀性   D. 还原后冷却的速度

5.为保证碳化钨粉的粒径分布均匀,在粉碎过程中应考虑(　　)。

A.选择合适的粉碎设备　　　　　　B.控制适当的粉碎时间

C.采用有效的分级技术　　　　　　D.确保稳定的进料速率

任务三:碳化钨粉生产质量控制

学习目标

【思政或素质目标】

1.培养分析问题的能力。

2.树立生产过程质量控制的意识。

【知识目标】

1.掌握碳化钨粉质量控制方法。

2.掌握碳化钨粉常见质量问题分析方法。

【能力目标】

1.能描述碳化钨粉质量控制项目及对应的控制方法。

2.能对碳化钨粉末常见质量问题进行分析。

2.3.1 碳化钨粉质量控制方法

2.3.1.1 钨粉质量的控制

钨粉质量重点控制项目为粒度、氧含量、杂质、脏化。

1)粒度

在生产过程中,如果要生产出粒度小的钨粉,工艺参数应选择低的还原温度,少的装舟量、大的氢气流量和低的氢气露点;如果要生产出粒度大的钨粉,工艺参数应选择高的还原温度、多的装舟量、小的氢气流量和高的氢气露点。

2)氧含量

钨粉中的氧含量高主要是因为还原过程中有返回料。因此,一方面需要选择合理的还原工艺参数,确保氧化钨能够还原彻底;另一方面,对于钨粉的保存要做到恒温恒湿处理,尤其是对于特别细的钨粉粉末,需要在炉前就采用惰性气体钝化和保护,避免其与空气接触后自燃。对于操作不当引起的钨粉自燃,要及时对该物料做隔绝处理。

3)杂质

钨粉的杂质元素来源主要是原材料和生产过程中的杂质引入。为了控制氧化钨原料端的杂质,需要对原材料的杂质元素进行严格的控制;生产过程中引入的杂质主要有 Fe、Cr、Ni。减少 Fe、Cr、Ni 的增入方法有:①还原料采用两次倒料法,第一次轻倒,第二次重倒,将接触舟皿皮和不接触舟皿皮的钨粉分开处理;②选择高铬高镍的 Cr25Ni20 耐热不锈钢材质做舟皿;③采用 Cr25Ni20 材质铸造舟皿。

4)脏化

生产过程中,会存在桌面料、地面料、墙壁灰以及不同粒度大小的钨粉混合在一起的情况。因此，在生产过程中要严格执行工艺制度，确保物料在转运过程中做到全密封处理。

2.3.1.2　碳化钨粉末质量控制

WC 粉质量重点控制项目有费氏粒度、总碳、游离碳和化合碳，以及杂质元素等。

1）费氏粒度

控制碳化钨粒度的途径有三条：①控制好钨粉的粒度值，制备不同粒度的碳化钨所需要的钨粉粒度不同；②控制碳化温度，钨粉在碳化过程中会合并长大，一方面要保证碳化钨的化合碳，另一方面要避免碳化过程中碳化钨的合并长大；③破碎工艺，破碎是为了解团聚，过度的破碎会使碳化钨变细。

2）总碳

总碳是配碳计算时根据钨粉质量计算出的碳量。因此，控制总碳就要精确称量钨粉重量和炭黑重量；另外，对超细碳化钨的总碳控制来说，钨粉中的氧含量也是一个非常重要的控制指标。

3）游离碳和化合碳

碳化钨中的化合碳与游离碳之和就是碳化钨中的总碳。影响碳化钨化合碳含量的主要因素有：W+C 混合的均匀程度和 W+C 碳化的工艺条件。因此，控制碳化钨化合碳含量要从上述两个方面着手。①配碳：按要求配备球，即大中小球按要求配比；选择合适的球料比，按工艺要求时间进行混合。②碳化：严格按工艺要求进行碳化，适当提高碳化温度和碳化时间。

4）杂质元素

碳化钨的杂质中 Fe、Cr、Ni 主要来源于不锈钢球磨机，Co 来源于衬板球磨机，Ca、S、Si 主要来源于炭黑和石墨舟皿。控制办法：①用不锈钢球磨机配炭时，混合时间不能过长，卸料不能过于干净，另外用衬板球磨机可减少 Fe、Cr、Ni 杂质；②Co 含量过高也是由于卸料过于干净，球冲击衬板，剥落的碎块进入料中，导致 Co 含量偏高；③严格按技术要求购入炭黑，石墨舟皿材质不能用再生石墨，而要采用电极石墨，同时装料时，应垫无灰纸，减少杂质污染。

2.3.2　碳化钨粉末常见质量问题分析

2.3.2.1　碳含量不合格情况

包括总碳不合格和化合碳不合格。总碳不合格原因有：①在配碳计算时出现错误；②氧化钨粉还原后氧含量偏高或者氧检测不准确；③钨粉重量没有称准确。

化合碳不合格的原因有：①钨粉和碳混合不均匀；②碳化温度不合理；③总碳数量不够。

2.3.2.2　粒度不合格

碳化钨粉末粒度不合格的原因有：①制备钨粉时粒度没有精确控制，或粗或细；②碳化温度或高或低；③破碎工艺不合理，团聚体没有完全解开。

2.3.2.3　细粉中夹粗不合格

夹粗不合格的原因有：①不同规格的碳化钨粉末相互交叉污染；②粉体团聚体未打开，形成局部大颗粒；③粉体活性太大，烧结异常长大。

2.3.2.4　杂质元素不合格

氧化钨原料中的杂质不合格会导致碳化钨粉末杂质元素不合格；碳化钨粉末生产过程中

舟皿掉皮会使 Fe、Ni 和 Cr 等杂质超标；生产环境会引起 Ca、Si 等杂质元素超标。

练习题

一、单选题

1. 为防止钨粉自燃，在保存时需要采取(　　　)。

A. 高温保存　　　　　　　　　　　B. 恒温恒湿处理

C. 接触空气　　　　　　　　　　　D. 使用氧化性气体保护

2. 在钨粉的生产过程中，减少 Fe、Cr、Ni 杂质的方法不包括(　　　)。

A. 采用两次倒料法　　　　　　　　B. 选用 Cr25Ni20 材质做舟皿

C. 严格控制原材料杂质　　　　　　D. 用再生石墨作为舟皿材料

3. 碳化钨粉末总碳不合格原因不包括(　　　)。

A. 配碳计算错误　　　　　　　　　B. 钨粉氧含量偏高或检测不准

C. 钨粉称量不准确　　　　　　　　D. 碳化温度不合理

二、多选题

1. 在碳化钨粉末的生产过程中，控制粒度的关键因素有(　　　)。

A. 钨粉粒度　　　B. 碳化温度　　　　C. 破碎工艺　　　　　　D. 配碳计算

2. 碳化钨粉末质量控制项目包括(　　　)

A. 费氏(Fsss)粒度　　　　　　　　B. 总碳

C. 化合碳　　　　　　　　　　　　D. 杂质

3. 在控制碳化钨中的杂质元素时，有效的方法有(　　　)。

A. 球磨混合时间不能过长　　　　　B. 球磨后卸料不能过于干净

C. 采用电极石墨装料　　　　　　　D. 装料前先垫无灰纸

项目三　硬质合金产品性能与金相组织

本章从硬质合金生产工艺和质量控制角度，选取产品的一些主要的物理力学性能进行详细介绍，如密度、磁性能、抗弯强度和硬度等。鉴于硬质合金的微观结构对产品性能具有重要影响，本章将对表征硬质合金材料金相组织结构的标准图谱及测定方法进行较为全面的介绍。

任务一：主要物理性能

学习目标

【思政或素质目标】

1. 培养科学严谨的工作态度。
2. 强化材料性能与工程应用的责任感。
3. 提升推动硬质合金行业发展的使命感。

【知识目标】

1. 理解硬质合金密度概念及其影响因素。
2. 掌握钴磁测试原理与评估方法。
3. 熟悉矫顽磁力定义及测定技术。

【能力目标】

1. 能够独立进行密度测量与分析。
2. 能熟练操作钴磁与矫顽磁力测试仪。
3. 能准确解读并应用物理性能指标结果。

硬质合金主要物理性能指标，如密度、钴磁、矫顽磁力等，可以直接反映硬质合金生产过程是否稳定，也能间接反映出硬质合金的使用性能。硬质合金的物理性能指标是其相成分、金相组织结构和制造工艺的综合体现，也与合金的力学性能密切相关。

3.1.1　密度

密度是材料最基本的物理性能之一。密度是指材料单位体积的质量，用符号 ρ 表示，单位为 g/cm^3。

硬质合金的密度根据阿基米德原理进行测定，即先在空气中称取试样的质量，然后在水中称取试样的质量，求出试样的体积即可算出硬质合金的密度。硬质合金密度测定方法可参照《致密烧结金属材料与硬质合金密度测定方法》(GB/T 3850—2015)。硬质合金试样的密度由式(3-1)算出。

$$\rho = \frac{m_1 \times \rho_1}{m_2} \qquad (3-1)$$

式中：ρ_1 为水在空气中的密度，g/cm^3；m_1 为试样在空气中称得的质量，g；m_2 为试样排开水的质量，由试样在空气中的质量减去在水中的表观质量得出，g；ρ 为试样的密度，g/cm^3。

常用的密度天平见图 3-1。合金试样测定装置见图 3-2。

图 3-1 密度天平

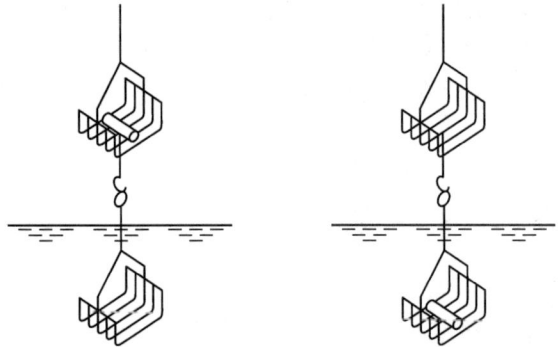

图 3-2 硬质合金试样密度测定装置

硬质合金密度的测试，对试样体积有一定要求，当体积太小($<0.5 \text{ cm}^3$)时，会加大测量误差。体积太小时可将几个样品合在一起称量，保证体积不小于 0.5 cm^3(单个体积不小于 0.05 cm^3)。

若已知硬质合金相成分，可以根据 $V=m/\rho$，$V=V_1+V_2+\cdots$，并结合各相的密度，计算出硬质合金的理论密度。

例如：对于 WC/Co 硬质合金，可以按照式(3-2)计算出硬质合金的理论密度。

$$\frac{100}{\rho_{理}} = \frac{w_{Co}}{8.9} + \frac{w_{WC}}{15.6} \qquad (3-2)$$

式中：$\rho_{理}$ 为硬质合金试样的理论密度，g/cm^3；w_{Co} 为硬质合金试样中钴的质量分数，%；w_{WC} 为硬质合金试样中碳化钨的质量分数，%；8.9 为钴的相对密度值，g/cm^3；15.6 为碳化钨的相对密度值，g/cm^3。

已知硬质合金牌号时，通过测量其密度，可考察合金的成分和组织是否变化，其内部是否存在孔隙、夹杂和石墨等缺陷。若硬质合金牌号未知，则通过测试合金密度，再与其他测试方法配合，可以推测出合金的牌号。

表 3-1 为几种常见牌号硬质合金的理论密度值和实际密度值变化范围。

表 3-1 常见牌号硬质合金的密度

牌号	w_{Co}/%	w_{WC}/%	理论密度/($g \cdot cm^{-3}$)	实际密度/($g \cdot cm^{-3}$)
WC-6Co	6	94	14.92	14.86~14.96

续表3-1

牌号	w_{Co}/%	w_{WC}/%	理论密度/($g \cdot cm^{-3}$)	实际密度/($g \cdot cm^{-3}$)
WC-11.5Co	11.5	88.5	14.36	14.33～14.4
WC-15Co	15	85	14.02	13.85～14.2

3.1.2　磁饱和(钴磁)与矫顽磁力

硬质合金中的黏结金属钴、镍等是铁磁性物质，所以大部分硬质合金材料是具有磁性的。通过磁性能测量仪器可以方便和准确地测量硬质合金材料的磁性能，如磁饱和值和矫顽磁力值等。

磁饱和值是指将铁磁性材料置于强磁场中，通过磁场感应获得的特殊磁饱和极化的最大值。硬质合金磁饱和测定方法可参照采用《硬质合金磁饱和测定的标准试验方法》(GB/T 23369—2009)。通过测量试样的磁饱和值可以换算出被测试样中可磁化的黏结相质量在试样总质量中的质量分数，该值即为钴磁。钴磁值的变化情况间接反映了硬质合金中钴的磁化程度和合金化水平以及碳含量的变化情况。实验证明，在硬质合金材料的两相/三相区范围内，合金钴磁值的变化值与该合金中碳含量的变化值有10:1的数量关系。这个规律为在不破坏试样的条件下，了解该合金试样的碳量变化情况提供了一个非常好的途径，所以，钴磁值是硬质合金生产中常用的质量控制指标之一。

磁饱和(σ_s)测量值可由样品的饱和磁矩除以样品的质量得到，单位为 $\mu Tm^3/kg$ 或 Gcm^3/g。换算为硬质合金的钴磁(Com)的公式为：

$$Com = k \times \sigma_s \qquad (3-3)$$

式中：Com 为硬质合金的钴磁，%；σ_s 为饱和磁化强度，$\mu Tm^3/kg$ 或 Gcm^3/g；k 为换算系数。

硬质合金钴磁分析仪基于电磁感应的原理，其测量装置由磁化测量单元、控制计算单元、电子天平等部件组成。整个测试系统可以自动计算并直接显示钴磁值或饱和磁化强度。钴磁分析仪见图3-3。

硬质合金钴磁值测定前需要用纯钴、纯镍等标准样品校准仪器。硬质合金钴磁测定对样品的要求不太高，主要是测定前应将样品表面可能沾污的磁性物质(如铁粉等)清除，且样品不能太大，质量以不大于40 g为宜。

图3-3　钴磁分析仪

几种常见牌号硬质合金的钴磁值见表3-2。

表3-2　常见牌号硬质合金的钴磁和矫顽磁力

牌号	w_{Co}/%	w_{WC}/%	钴磁/%	矫顽磁力/($kA \cdot m^{-1}$)	硬度
WC-6Co	6	94	5.4～5.9	11.6～13.4	1400～1520(HV3)

续表3-2

牌号	w_{Co}/%	w_{WC}/%	钴磁/%	矫顽磁力/(kA·m^{-1})	硬度
WC-11.5Co	11.5	88.5	9.8~10.8	11.5~13.0	88.8~89.8(HRA)
WC-15Co	15	85	12.0~13.2	15.3~18.2	1360~1480(HV30)

矫顽磁力是指磁饱和的试样完全退磁所需的矫顽磁场强度。试样在直流磁场中磁化到技术磁饱和状态,当撤去外加磁场时,试样仍保留着相当高的剩余磁场强度。使试样完全去磁($M=0$)所需的反向磁场强度的大小,即为矫顽磁力 Hc,单位为 kA/m。矫顽磁力测试原理图如图3-4所示。

硬质合金矫顽磁力测定可采用《硬质合金 矫顽磁力测定方法》(GB/T 3848)。矫顽磁力计主要由控制单元、磁化单元和测量单元三部分组成,见图3-5。

测量样品的尺寸要与磁化单元线圈的尺寸相匹配。测试前应采用矫顽磁力标准样品进行校验。

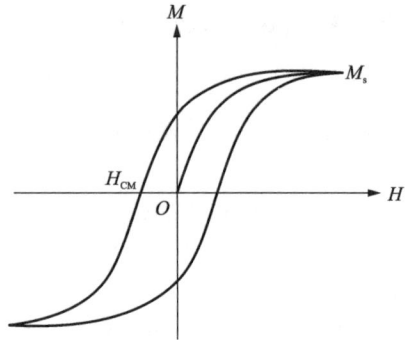

H—磁场强度;M—试样磁化强度;
M_s—饱和磁化强度;H_{CM}—矫顽磁力。

图3-4 矫顽磁力测试原理图

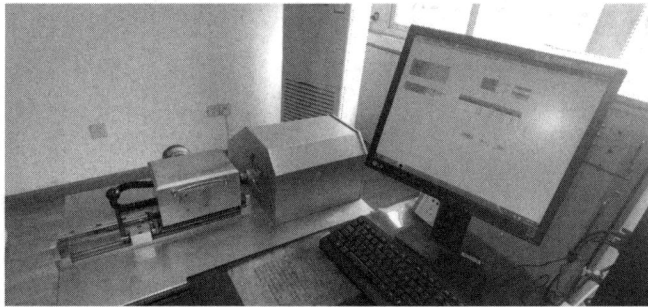

图3-5 矫顽磁力计

几种常见牌号的硬质合金的矫顽磁力见表3-2。

研究表明,硬质合金的矫顽磁力与合金的钴含量相关,随着合金钴含量的增加,合金的矫顽磁力降低。当合金的钴含量相同时,合金的矫顽磁力与碳化钨晶粒度成反比关系,晶粒度越小,矫顽磁力就越高。由于合金中碳含量可以影响合金中可磁化钴的含量,合金的矫顽磁力与合金碳含量也有一定关系,一般来说,碳含量降低,合金的矫顽磁力增加。

✎ 练习题

一、单选题

1.硬质合金的密度与以下哪项属性有直接关系?(　　　)。

  A. 碳化钨晶粒大小   B. 钴含量

  C. 孔隙度   D. 耐磨性

二、多选题

1. 硬质合金的密度检测意义包括哪些?（　　　）。

  A. 评估材料的化学成分准确性   B. 判断材料内部是否有孔隙

  C. 直接反映材料的硬度   D. 评估材料的耐磨性

2. 关于硬质合金的矫顽磁力,以下哪些说法是正确的?（　　　）。

  A. 矫顽磁力越大,碳化钨晶粒越细

  B. 矫顽磁力测试是评估硬质合金晶粒度的重要方法

  C. 矫顽磁力直接反映合金的硬度

  D. 矫顽磁力与合金的磁性性能直接相关

3. 在硬质合金的物理性能指标中,下列哪些项可以用来间接评估材料的力学性能和抗氧化性?（　　　）。

  A. 密度   B. 矫顽磁力   C. 钴磁   D. 硬度

三、判断题

1. 硬质合金的密度越高,说明其内部孔隙越少,质量越优。   （　　　）

2. 硬质合金的钴磁测试是用来直接评估合金中碳化钨的晶粒大小的。 （　　　）

3. 所有硬质合金的密度范围均在 $10.0 \ g/cm^3$ 至 $16.0 \ g/cm^3$ 之间,不受其成分变化影响。

                                                     （　　　）

任务二：主要力学性能

学习目标

【思政或素质目标】

1. 树立工程安全的意识。

2. 培养精益求精的工匠精神。

3. 强化对硬质合金应用领域的责任感。

【知识目标】

1. 理解合金抗弯强度与材料结构关系。

2. 掌握合金断裂韧性评估方法。

3. 区分洛氏与维氏硬度测试原理。

4. 认知合金耐磨性影响因素及测试标准。

【能力目标】

1. 能进行合金抗弯强度与断裂韧性的测试。

2. 能准确测量并比较不同合金硬度值。

3. 能设计并实施合金耐磨性测试方案。

4.能分析合金力学性能指标对其应用的影响。

硬质合金材料是高硬度的脆性材料,从使用者的角度看,材料的强度是用户关注的重点。从生产者角度出发,在材料的设计和生产时,平衡材料的强度和硬度将成为主要考虑的问题。

3.2.1 抗弯强度(横向断裂强度)

抗弯强度是指在标准条件下于两个支承点的正中间加载的使硬质合金试样断裂的最大正应力。硬质合金的抗弯强度指标是反映其使用性能的重要指标之一。

硬质合金的抗弯强度测定可参照采用《硬质合金 横向断裂强度测定方法》(GB/T 3851—2015),将试样自由地平放在两支承点上,在跨距中点施加短时静态作用力,使试样断裂。此时抗弯强度 R_{bm} 的表达式为:

$$R_{bm} = \frac{3 \times k \times F \times l}{2 \times b \times h^2} \tag{3-4}$$

式中:F 为使试样断裂所需要的力,N;l 为两支撑点间的距离,mm;b 为与试样高度垂直的宽度,mm;h 为与施加的作用力平行的试样高度,mm;k 为补偿倒棱的修正系数;R_{bm} 为横向断裂强度(抗弯强度),N/mm^2。抗弯强度测试示意图如图 3-6 所示。

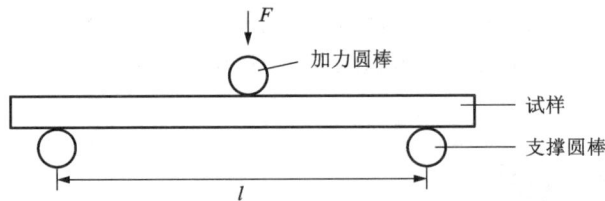

图 3-6 抗弯强度三点弯曲测试示意图

硬质合金抗弯强度的测定设备常采用液压式万能材料试验机,见图 3-7。

试验用夹具为 3 根圆棒,其中有两根自由平放的支撑圆棒,两圆棒之间有固定的跨距;A 型试样长度为 30 mm±0.5 mm,B 型试样长度为 14.5 mm±0.5 mm。测量跨度时,对于 B 型试样应准确到 0.1 mm,而对 A 型试样应准确到 0.2 mm。还有一根自由平放的加力圆棒,三根圆棒的直径相等,其值为 3.2~6.0 mm。A 型试样和 B 型试样的尺寸应符合表 3-3,目前以使用 B 型试样为主。

图 3-7 万能材料试验机

表 3-3　硬质合金抗弯强度测试试样尺寸　　　　　　单位：mm

类型	长度	宽度	高度
A	35±1	5±0.25	5±0.25
B	20±1	6.5±0.25	5.25±0.25

硬质合金的抗弯强度对试样棒的尺寸、表面精度、粗糙度以及其他检验参数均很敏感。相似的材料在不同实验室的测试结果也存在很大的差异。

几种常规牌号的硬质合金的抗弯强度见表 3-4。

表 3-4　常规牌号硬质合金试样的抗弯强度

牌号	$w_{Co}/\%$	$w_{WC}/\%$	抗弯强度/(N·mm^{-2})
WC-6Co	6	94	≥2300
WC-11.5Co	11.5	88.5	≥2500
WC-15Co	15	85	≥3000

3.2.2　断裂韧性

断裂韧性是指材料阻止宏观裂纹扩展的能力，也是材料抵抗脆性破坏的韧性参数。它是材料固有的特性，与材料本身、热处理及加工工艺有关。

硬质合金断裂韧性 K_{IC} 的测定方法中，应用较多的是压痕法（简称 IM 法）。压痕法是指将试样表面抛光成镜面，在维氏硬度仪上以一定的载荷在抛光表面用硬度计的四棱锥形金刚石压头压出一压痕，在压痕的四个顶点产生预制裂纹（压痕法示例见图 3-8），根据压痕载荷 P 和压痕裂纹扩展长度 D 计算出断裂韧性 K_{IC}，其单位为 MPa·m$^{1/2}$。

《硬质合金　维氏硬度试验方法》（GB/T 7997—2014）标准建议的压痕载荷为 294.2 N（30 kgf），保荷时间为 10~15 s。用 500 倍光学显微镜测量压痕裂纹扩展长度，得出压痕对角线裂纹扩展长度和断裂韧性 K_{IC} 计算公式，见式（3-5）、式（3-6）。

$$D = \frac{d_1 + d_2}{2} \tag{3-5}$$

$$K_{IC} = \frac{F}{(\pi D)^{3/2}\tan\beta} \tag{3-6}$$

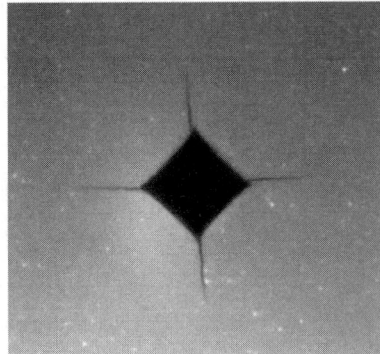

图 3-8　压痕法示例

式中：d_1 为沿水平轴裂纹及压痕对角线长度，mm；d_2 为沿竖直轴裂纹及压痕对角线长度，mm；D 为压痕对角线裂纹扩展长度，mm；F 为维氏硬度计加载负荷，N；β 为维氏压痕夹角之半（68°）；K_{IC} 为断裂韧性，MPa·m$^{1/2}$（MN/m$^{3/2}$）。

硬质合金是脆性材料，其断裂特征是断裂前几乎不发生塑性变形，且裂纹的扩展速度很快,是典型的脆性断裂。脆性断裂的微观机制有解理断裂和沿晶断裂。解理断裂是指材料在拉应力的作用下,原子间结合键遭到破坏,原子严格地沿一定的结晶学平面(即所谓"解理面")劈开的断裂。而沿晶断裂是裂纹沿晶界扩展的一种脆性断裂。当晶界存在连续分布的脆性第二相,或有微量有害杂质元素在晶界上偏聚以及由环境介质造成的晶界损伤(如氢脆、应力腐蚀等)时,晶界强度降低。

常见 WC/Co 硬质合金的断裂韧性 K_{IC} 典型值范围为 $10\sim20$ MN/m$^{3/2}$(MPa·m$^{1/2}$)。

3.2.3 硬度

硬度是衡量材料抵抗局部压力而产生变形能力的物理量,对于硬质合金而言,硬度是最基本也是最重要的性能指标之一。硬度值的大小与材料的成分、结构、测试条件与方法有关。

洛氏硬度和维氏硬度是两种常用的硬质合金材料硬度测试方法,它们之间存在一定的换算关系,即 VHN=HRA/0.1891,其中,VHN 是维氏硬度值,HRA 是洛氏硬度值。《金属材料——硬度值的换算》(GB/T 33362—2016 或 ISO 18265:2013)给出了硬质合金 HRA 和 HV50 的对照表。硬质合金的硬度一般用 HRA 表示,这个表在一定范围内提供了硬质合金洛氏硬度 HRA 和维氏硬度 VHN 之间的对应关系,以及洛氏硬度和维氏硬度之间的近似换算公式,但本质上二者测试原理和适用范围有所不同。

3.2.3.1 洛氏硬度

洛氏硬度的测定是直接测量试样的压痕深度,并以压痕深浅表示材料的硬度。其选用金刚石圆锥体压头,在洛氏硬度计上测试 HRA。硬质合金洛氏硬度(HRA)测定方法可参照采用《金属材料 洛氏硬度试验》(GB/T 230.1—2018)。

将圆锥形的金刚石压头分两级试验力压入试样表面,初试验力加载后,测量初始压痕深度,随后施加主试验力,在卸除主试验力后保持初试验力测量最终压痕深度,根据最终压痕深度和初始压痕深度的差值得到残余压痕深度 e,由式(3-7)计算洛氏硬度(A 标尺)的值。

$$HRA = 100 - e \qquad (3-7)$$

硬质合金洛氏硬度测量原理图见图 3-9。

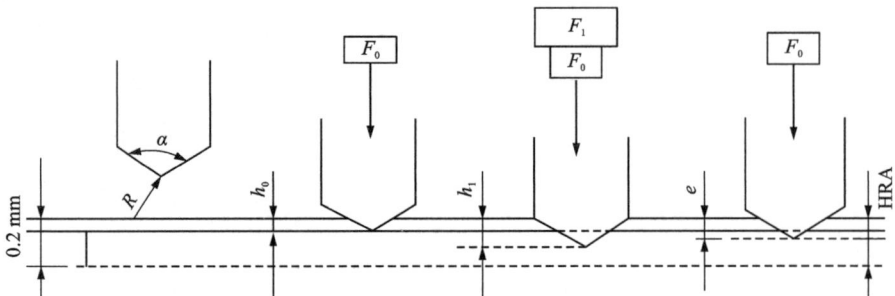

α—金刚石锥体的角度($120°\pm0.5°$);R—锥体顶端的曲率半径(0.2 mm±0.002 mm);F_0—初试验力(98.07 N±1.96 N);F_1—主试验力(490.3 N±1.96 N);h_0—施加主试验力前,初试验力作用下的初始压痕深度;h_1—主试验力作用下,压痕深度的增量;e—卸除主试验力后,在初试验力下压痕深度的残余增量,以 0.002 mm 为单位表示;HRA—洛氏硬度(A 标尺)。

图 3-9 硬质合金洛氏硬度测量原理图

常见的洛氏硬度计见图 3-10。

测试前，应对硬质合金试样表面进行必要的处理，试样表面应磨去的厚度不小于 0.2 mm，表面粗糙度不应低于 Ra1.25 μm，且试样至少有面积大于 3 mm×3 mm 的工作面，试样底面与工作面要磨平且平行，试样厚度应不小于残余压痕深度的 10 倍等。

测试硬质合金试样前，需使用与所测试样硬度值相近的标准硬度块对仪器进行校正，而且对标准块测量的修正值要计算到硬质合金试样的测试结果中。硬质合金洛氏硬度的典型值范围为 83~94（HRA）。

图 3-10　洛氏硬度计

3.2.3.2　维氏硬度

硬质合金维氏硬度的测定可参照《硬质合金　维氏硬度试验方法》（GB/T 7997—2014）或《金属材料　维氏硬度试验》（GB/T 4340—2022）。在测量维氏硬度时，用一个两相对面间夹角为 136° 的金刚石正棱锥体压头，在规定的试验力 F 作用下压入被测试样表面，保持规定时间后卸除试验力，测量试样表面压痕对角线长度 d，进而计算出压痕表面积，最后求出压痕表面积上的平均压力，即为金属的维氏硬度值，用符号 HV 表示。维氏硬度值（HV）等于试验力（F）除以压痕表面积，由式（3-8）求得。维氏硬度测量示意图见图 3-11。

$$\mathrm{HV} = 0.102 \times \frac{2F\sin\dfrac{136°}{2}}{d^2} \approx 0.1891\frac{F}{d^2} \quad (3-8)$$

式中：F 为试验力，N；d 为两压痕对角线长度 d_1 和 d_2 的算术平均值，mm；α 为金刚石压头顶部两相对面夹角（136°）；0.102 为 kgf 转换为 N 的换算系数。

硬质合金维氏硬度值的表示方法：HV 前面为硬度值，HV 后面表示试验力 N（kgf）。如 30 N（kgf）试验力测得的维氏硬度值为 640 可表示为 640 HV30。

硬质合金维氏硬度的测定对样品表面的平整度和表面精度有较高的要求。应按照 GB/T 3489—2015 的制样方法进行制备。

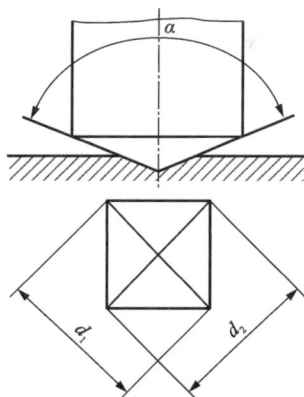

图 3-11　压痕及压痕对角线测量示意图

硬质合金维氏硬度测量采用维氏硬度计。维氏硬度计一般由机座、载物台、金相显微镜及荷重机构四个主要部分组成，如图 3-12 所示。

维氏硬度计经过检验和校准后才能使用，常使用有证维氏硬度标准块对硬度计进行间接检验。

3.2.4　耐磨性

耐磨性是指在实际使用条件下相互作用的两个物体因物理磨损所造成的表面质量损耗。硬质合金的耐磨试验方法可

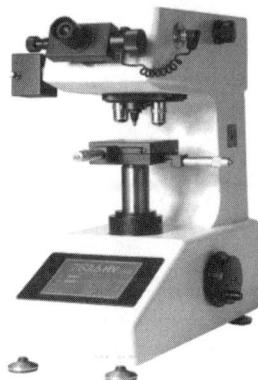

图 3-12　维氏硬度计

参照《硬质合金　耐磨试验方法》(GB/T 34501—2017)，该标准适用于硬质合金磨粒磨损的破坏性模拟试验。该标准的试验程序可用于不同刚度的配合轮(如钢与橡胶)、湿磨或干磨、不同磨料粒度、不同化学环境等试验条件。

具体的试验方法是将试样压在一个旋转的轮子上，并在轮子与试样之间引入磨料，从而引起试样磨损。通过测量试样在试验过程中的体积损失量和磨痕中间点深度，可以评估硬质合金的耐磨性能。将试样初始质量减去试验结束时试样质量，可计算出试样质量损失量，并根据式(3-9)可计算体积磨损量 V。

$$V = M/\rho \tag{3-9}$$

式中：V 为体积磨损量，m^3；M 为质量损失量，kg；ρ 为试样密度，kg/m^3。

硬质合金耐磨试验结果除了给出试样的体积磨损量，对于多步骤试验，还会给出磨损体积与磨料质量的图表。如果使用仪器测试系统，还可给出磨损趋势、摩擦力和法向力的关系图。

耐磨试验装置有两类，第一类为水平放置试样，第二类为垂直放置试样，其示意图如图 3-13 所示。硬质合金耐磨试验机见图 3-14。

硬质合金耐磨试验模拟了硬质合金在实际应用中可能遇到的磨损情况，能为硬质合金的研发和应用提供重要的性能数据。

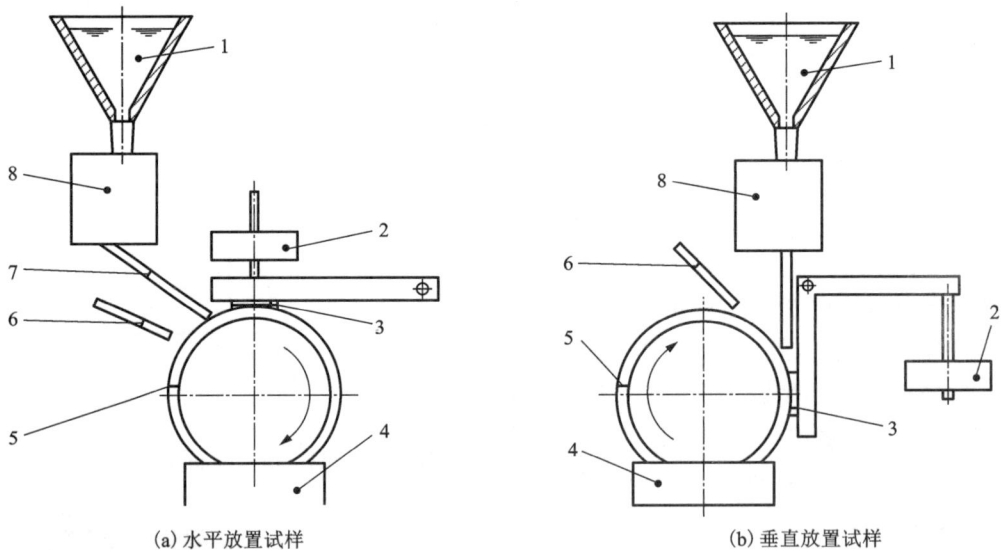

(a) 水平放置试样　　　　　　　　　　(b) 垂直放置试样

1—磨料；2—砝码；3—试样；4—磨料料浆槽；5—橡胶轮缘；6—进料槽；7—进料槽；8—磨料供给装置。

图 3-13　耐磨试验装置示意图

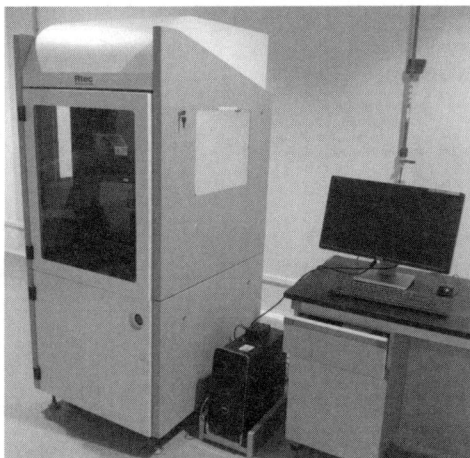

图 3-14　硬质合金耐磨试验机

✏️ 练习题

一、单选题

1. 以下哪项不是硬质合金抗弯强度测试的主要目的？（　　）。
A. 评估材料承受弯曲载荷的能力　　　　B. 确定材料的断裂韧性
C. 预测材料在复杂应力下的使用寿命　　D. 评估材料的硬度

2. 洛氏硬度测试与维氏硬度测试相比，哪种测试方法更适用于测量硬质合金的表面硬度？（　　）。
A. 洛氏硬度测试　　　　　　　　　　　B. 维氏硬度测试
C. 两者均可，无显著差异　　　　　　　D. 两者均不可

3. 断裂韧性高的硬质合金通常具有什么特点？（　　）。
A. 较低的抗弯强度　　　　　　　　　　B. 较高的脆性
C. 更好的裂纹抵抗能力　　　　　　　　D. 较低的耐磨性

二、多选题

1. 硬质合金的硬度测试通常包括下列哪些类型？（　　）。
A. 洛氏硬度　　　　B. 布氏硬度　　　　C. 维氏硬度　　　　D. 肖氏硬度

2. 影响硬质合金耐磨性的主要因素有哪些？（　　）。
A. 硬质相 WC 的含量　　　　　　　　　B. 钴黏结相的分布
C. 材料的抗弯强度　　　　　　　　　　D. 材料的断裂韧性

3. 关于硬质合金的抗弯强度和断裂韧性，以下哪些说法是正确的？（　　）。
A. 抗弯强度是材料在弯曲载荷下抵抗断裂的能力
B. 断裂韧性反映了材料在裂纹扩展过程中的能量吸收能力

C. 两者都是评估材料韧性的重要指标

D. 断裂韧性高的材料通常抗弯强度也一定高

三、判断题

1. 硬质合金的抗弯强度直接决定了其在高应力环境下的使用寿命。 （ ）

2. 断裂韧性是评估硬质合金抵抗裂纹扩展能力的唯一指标。 （ ）

3. 洛氏硬度测试与维氏硬度测试在硬质合金上得到的硬度值总是相同的。 （ ）

4. 耐磨性测试通常通过模拟实际工作条件下的磨损过程来评估硬质合金的耐磨性能。

（ ）

任务三：金相组织结构表征

学习目标

【思政或素质目标】

1. 强化工艺质量影响产品性能的认知。

2. 培养严谨细致的生产工艺态度。

3. 激发技术创新与工艺优化的热情。

【知识目标】

1. 掌握金相试样制备流程。

2. 了解金相组织结构测定方法。

3. 学会 WC 晶粒度测量技术。

4. 熟悉孔隙度与非化合碳检测标准。

【能力目标】

1. 能独立完成金相试样制备与观测。

2. 能准确分析金相组织结构特征。

3. 能运用工具测量 WC 晶粒度及孔隙度。

4. 能识别并评估非化合碳与脱碳相影响。

与大多数的金属材料一样，硬质合金的内部结构尺寸都是微米级，只有在显微镜（光学或电子）下才能观察到。在显微镜下看到的金属材料的内部组织结构称为显微组织或金相组织。

硬质合金通常由多种相组成，主要包括硬质相和黏结相，另外，还有许多组织结构缺陷存在。不同相的含量和性质对硬质合金的硬度、强度和韧性有重要影响。因此必须要借助专业手段，以全面、准确地了解其成分、结构和性能特点，本任务主要以金相光学显微镜（1500 倍）和扫描电子显微镜（放大倍数更高）为主要仪器，对硬质合金的相组成及特点进行描述。

硬质合金金相检验包括光学显微镜和扫描电子显微镜检验，其流程基本一致，主要包括试样的制备和显微观测两个步骤。

3.3.1　金相试样制备

硬质合金金相试样的制备包括取样(切割)、镶样、研磨、抛光、清洁、腐蚀等步骤,其制备流程图见图3-15。

```
┌──────┐   ┌──────┐   ┌──────┐   ┌──────┐   ┌──────┐   ┌──────┐
│ 取样 │──▶│ 粗磨 │──▶│ 精磨 │──▶│ 抛光 │──▶│ 清洁 │──▶│ 腐蚀 │
└──────┘   └──────┘   └──────┘   └──────┘   └──────┘   └──────┘
    │          ▲
    ▼          │
┌──────┐       │
│ 镶样 │───────┘
└──────┘
```

图 3-15　试样的制备流程图

用于金相检验的试样磨面应无磨痕和抛光划痕,并应避免颗粒的脱落,以避免对显微组织误判。

金相制样常用的设备有精密切割机、自动热镶嵌机、研磨机、抛光机、金相磨抛机等。镶嵌常用材料有酚醛树脂(胶木粉)、已二烯、环氧树脂、导电树脂等。常用的金相磨抛机见图3-16。

试样的腐蚀是指用特定的化学试剂对试样表面进行一定程度的腐蚀,使材料内部晶粒之间的晶界显示出来,或使不同的相呈现出不同的颜色,以便于观察和测量。

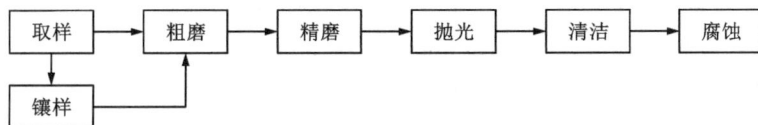

图 3-16　金相磨抛机

3.3.2　金相组织结构测定

硬质合金微观组织的金相检验采用《硬质合金　显微组织的金相测定　第 1 部分:金相照片和描述》(GB/T 3488.1—2024)、《硬质合金　显微组织的金相测定　第 2 部分:WC 晶粒尺寸的测量》(GB/T 3488.2—2018)、《硬质合金　显微组织的金相测定　第 3 部分:Ti(C,N)和 WC 立方碳化物基硬质合金显微组织的金相测定》(GB/T 3488.3—2021)、《硬质合金　显微组织的金相测定　第 4 部分:孔隙度、非化合碳缺陷和脱碳相的金相测定》(GB/T 3488.4—2022)中硬质合金显微组织的金相测定系列标准以及《硬质合金 孔隙度和非化合碳的金相测定》(GB/T 3489—2015)等标准。

现行各系列标准对金相检验中各种相的符号和定义规定见表3-5。

表 3-5　GB/T 3488 标准中的相符号和定义

符号	定义
α	硬质相(碳化钨)
β	具有立方晶格的碳化物(如 TiC、TaC),此碳化物可以以固溶体的形式包含其他碳化物(如 WC)
γ	黏结相(如 Co、Ni 等)

符号	定义
η	脱碳相，具有立方晶格的碳化钨钴，通常为 Co 和 W 的等比例混合物
C	非化合碳，宏观碳(石墨)沉积物

显微组织金相测定主要设备为光学显微镜和电子显微镜。

光学显微镜又称为金相显微镜，有立式(图 3-17)、倒置式(图 3-18)等形式，由物镜、目镜和照明系统三大核心部分组成，主要部件有显微镜筒、光源照明系统、显微镜体、载物台、显微摄影仪、电器等。一台金相显微镜质量的好坏主要取决于物镜的质量，其次是目镜的质量。

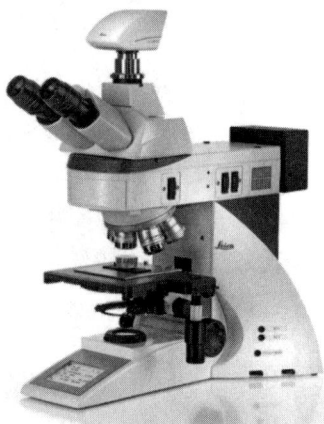

图 3-17　立式金相显微镜　　　　　　　　　图 3-18　倒置式金相显微镜

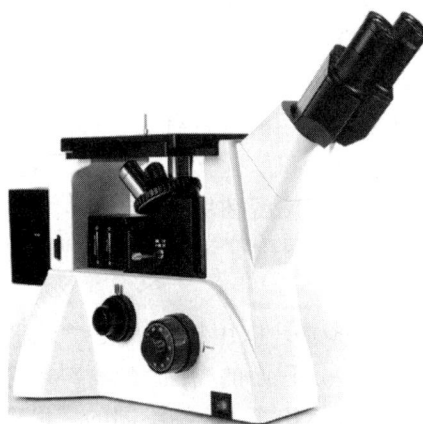

金相显微镜通过物镜和目镜两次放大可得到倍数较高的放大像。显微镜总的放大倍数 M 应为物镜放大倍数 $M_物$ 与目镜放大倍数 $M_目$ 的乘积，$M = M_物 \times M_目$。有的金相显微镜放大倍数 $M = M_物 \times M_目 \times$ 系数，该系数在显微镜上有注明。

电子显微镜分为扫描电子显微镜(SEM)、透射电子显微镜(TEM)等。透射电镜的分辨率很高，达到 0.2 nm，是光学显微镜的 1000 倍。扫描电镜(图 3-19)的分辨率最高达到 1 nm，

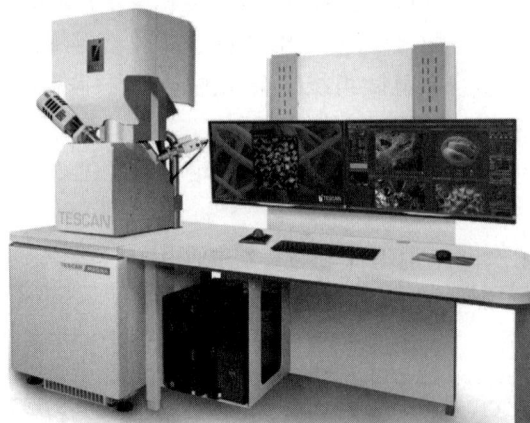

图 3-19　扫描电子显微镜

是介于透射电镜和光学显微镜之间的一种常规观察仪器。扫描电镜主要利用二次电子信号成像来观察样品的表面形貌，即用极狭窄的电子束扫描样品，电子束与样品的相互作用产生各种效应，样品发射的二次电子产生放大的样品表面形貌图，该图像是扫描样品时按时序建立起来的，即使用逐点成像的方法获得的。扫描电镜能够观察和测量因尺寸太小光学显微镜不能测量的特征相。扫描电镜根据电子枪不同又分为钨丝扫描电镜、场发射扫描电镜等。对于超细晶粒和纳米晶粒，普通的钨丝电子源扫描电子显微镜难以拍摄出效果好的照片，而应使用场发射扫描电子显微镜，它可以拍摄出高分辨率的照片，从而测量平均粒径为 0.1 ~ 0.2 μm 的晶粒。

3.3.2.1　硬质相 WC 晶粒度的测量

碳化钨晶粒度是衡量硬质合金材料性能的一个重要指标，它直接影响材料的硬度、强度和耐磨性等。较小的晶粒度可以提供更高的强度和更好的耐磨性。因此碳化钨晶粒度是工艺性能控制的关键指标。

《硬质合金　显微组织的金相测定　第 2 部分：WC 晶粒尺寸的测量》(GB/T 3488.2—2018)提供了使用光学显微镜或扫描电子显微镜来测量硬质合金晶粒尺寸的方法。该方法适用于以 WC 为主硬质相的 WC/Co 硬质合金烧结体，通过截线法测量晶粒尺寸及其分布。

WC-Co 合金碳化钨晶粒度分级表如表 3-6 所示。

表 3-6　硬质合金 WC 晶粒度尺寸分级表

硬质合金晶粒度级别	纳米	超细	亚微细	细
WC 晶粒尺寸 S/μm	$S<0.2$	$0.2 \leqslant S<0.5$	$0.5 \leqslant S<0.8$	$0.8 \leqslant S \leqslant <1.3$
硬质合金晶粒度级别	中	粗	超粗	
WC 晶粒尺寸 S/μm	$1.3 \leqslant S<2.5$	$2.5 \leqslant S<6.0$	$S>6.0$	

注：晶粒尺寸的测量按照 GB/T 3488.2—2018 描述的平均截线法测得。

WC-Co 合金碳化钨晶粒度分级表对应的晶粒图如图 3-20 ~ 图 3-22 所示。

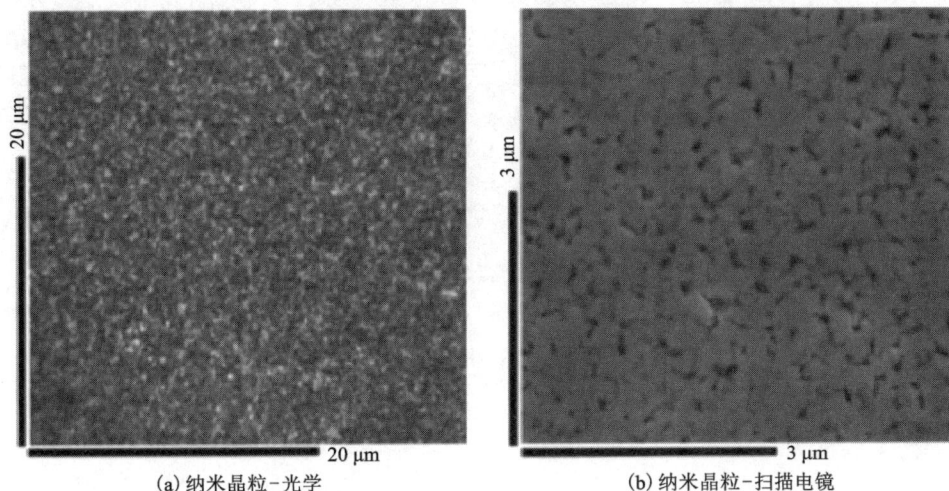

(a) 纳米晶粒-光学　　　　　　　　(b) 纳米晶粒-扫描电镜

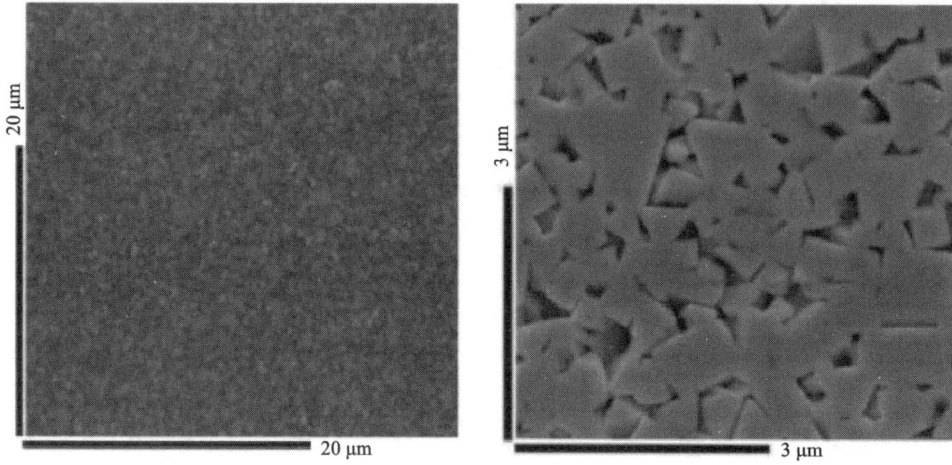

(c) 超细晶粒-光学　　　　　　　　(d) 超细晶粒-扫描电镜

图 3-20　α-相（碳化钨）纳米晶粒和超细晶粒光学和扫描电镜照片

(a) 亚细晶粒-光学　　　　(b) 亚细晶粒-扫描电镜　　　　(c) 细晶粒-光学

(d) 细晶粒-扫描电镜　　　　(e) 中晶粒-光学　　　　(f) 中晶粒-扫描电镜

图 3-21　α-相（碳化钨）亚细晶粒、细晶粒和中晶粒光学和扫描电镜照片

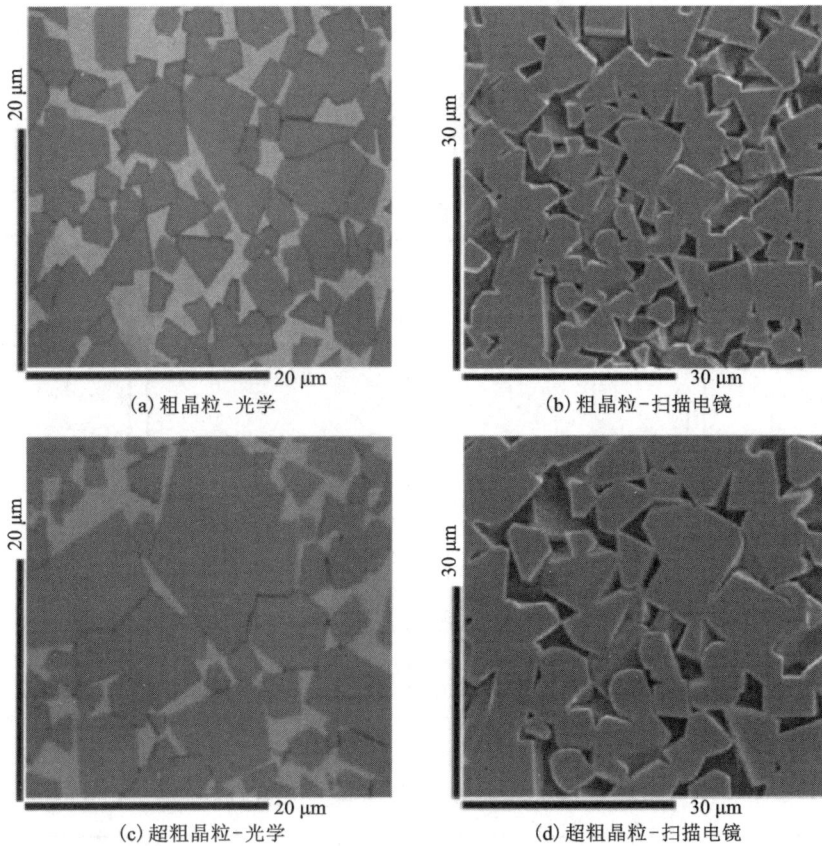

(a) 粗晶粒-光学　　　　　　　　　(b) 粗晶粒-扫描电镜

(c) 超粗晶粒-光学　　　　　　　　(d) 超粗晶粒-扫描电镜

图 3-22　α-相(碳化钨)粗晶粒、超粗晶粒光学和扫描电镜照片

WC/Co 硬质合金的理想组织如图 3-23 所示。

3.3.2.2　硬质合金孔隙度、非化合碳(石墨)、脱碳相的测定

硬质合金微观组织中的缺陷主要有孔隙、石墨(渗碳)、η 相(脱碳)，还有混料、晶粒异常、钴池以及由 η 相引起的 WC-Co 非正常结构等。这些缺陷往往严重影响硬质合金的性能和使用寿命，因此对硬质合金微观组织中的孔隙度、石墨等缺陷进行定性、定量分析就非常重要，有利于生产工艺过程各环节的质量控制。

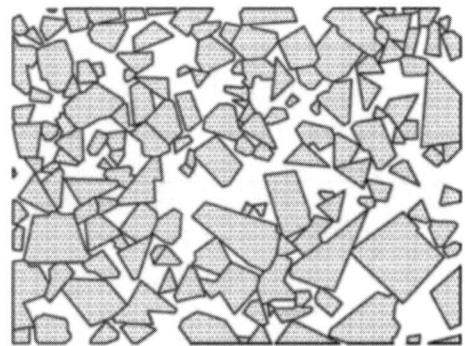

图 3-23　WC/Co 硬质合金的理想组织

《硬质合金　显微组织的金相测定　第 4 部分：孔隙度、非化合碳缺陷和脱碳相的金相测定》(GB/T 3488.4—2022)规定了硬质合金中孔隙度、非化合碳缺陷和脱碳相的金相测定方法，包括存在形式、类型以及分布。

1)孔隙度

孔隙一般由烧结前坯块内的杂质引起，孔隙度即孔隙的体积分数。根据孔隙的尺寸大小

可将孔隙分为 A 类孔隙和 B 类孔隙。直径为 0~10 μm 的孔隙被定义为 A 类孔隙；10~25 μm 的孔隙被定义为 B 类孔隙。当硬质合金中的碳量过多时，就会有非化合碳出现，称为 C 类孔隙。在显微镜放大倍率为 100 倍的条件下，可以观测评判硬质合金孔隙度和非化合碳量。

A 类及 B 类孔隙度、非化合碳使用《硬质合金　显微组织的金相测定　第 1 部分：显微照片和描述》(ISO 4499-1：2020)标准进行评级(图 3-24 和图 3-25)。孔隙一般由烧结前坯块内的杂质引起，由于试样内孔隙分布不均匀，故应多观察几个视场。检测时可逐个视场观察(从试样截面的边缘至中心)，选择孔隙最多的视场与 GB/T 3489—2015 孔隙度标准图片相比较进行评定。

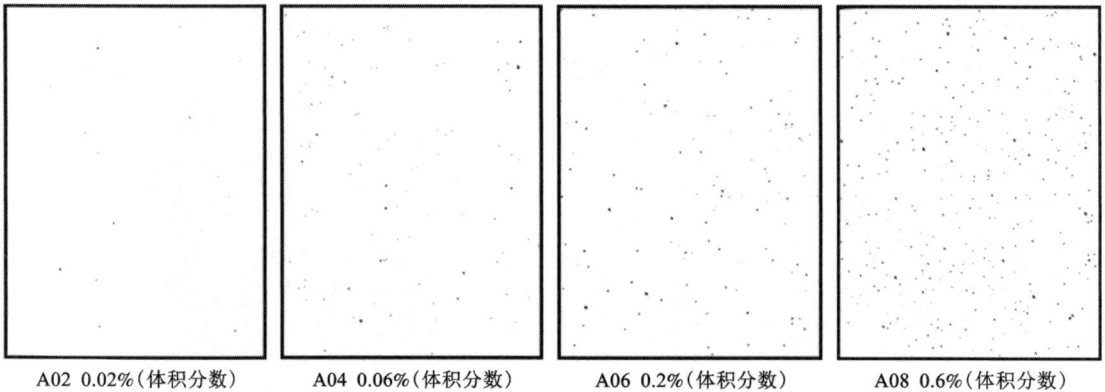

A02 0.02%(体积分数)　　A04 0.06%(体积分数)　　A06 0.2%(体积分数)　　A08 0.6%(体积分数)

图 3-24　ISO 4499-1：2020 标准 A 类孔隙度示例(×100)

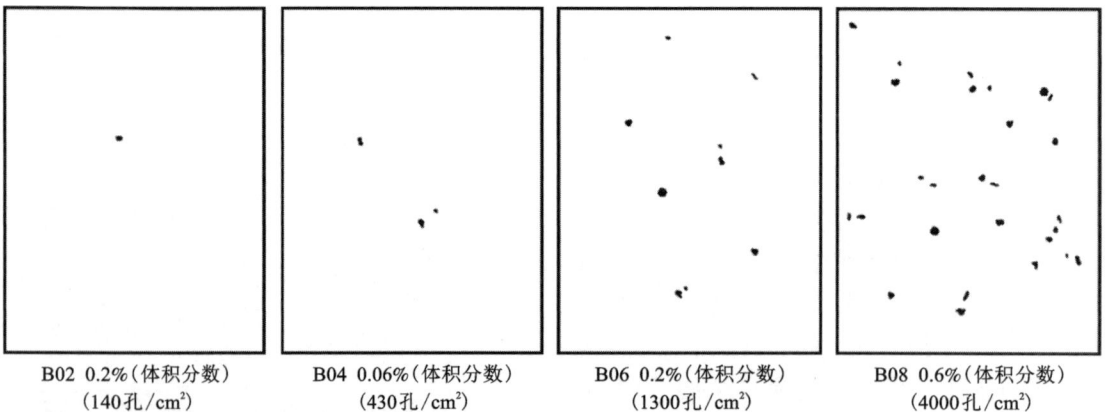

B02 0.2%(体积分数)　　B04 0.06%(体积分数)　　B06 0.2%(体积分数)　　B08 0.6%(体积分数)
(140孔/cm²)　　　　　(430孔/cm²)　　　　　(1300孔/cm²)　　　　　(4000孔/cm²)

图 3-25　ISO 4499-1：2020 标准 B 类孔隙度示例(×100)

2)非化合碳

非化合碳缺陷即石墨，是合金含碳量过高析出的游离碳，通常分布于黏结相中，其形态多为巢状，一般比较细小。

石墨的硬度很低，因此试样在磨抛过程中容易剥落，金相观察到的是由许多小孔连接或集聚在一起的石墨痕迹，所以石墨也是一种孔隙。检验石墨时，将未经侵蚀的试样，放在放大 100 倍的显微镜下，选取石墨含量最多的视场与国家标准中石墨标准图片进行比较评定，并用体积分数表示, 见图 3-26。

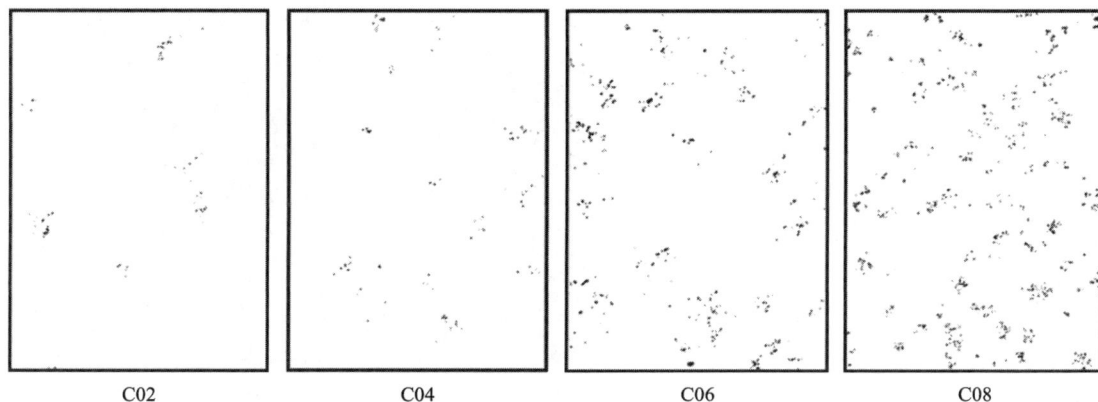

C02　　　　　C04　　　　　C06　　　　　C08

图 3-26　非化合碳(×100)

3) 脱碳相

η 相(脱碳相) 是一种金属碳化物相(通常为 M_6C 或 $M_{12}C$, M 由 Co 和 W 组成, 如 Co_3W_3C), 如钴和钨的碳化物, 是在基体严重缺碳的情况下形成的, 即在硬质合金总碳含量相对偏低时出现。η 相通常呈大梅花状形态, 如图 3-27 所示, 或者呈小晶粒状形态, 如图 3-28 所示, 后者和其他硬质合金相(WC 相或立方碳化物相) 尺寸接近。

为了显现 η 相, 常用 10% Murakami 试剂轻微腐蚀磨面几秒钟, 随后立即用流水冲洗掉腐蚀液。样品磨面宜小心地用丙酮或酒精干燥, 不能使用擦干的方法。在光学显微镜下观察, η 相会显示橙色或者棕色。先在低放大倍数下观测整个磨面, 可发现大的梅花状 η 相(图 3-27), 然后逐渐加大放大倍数, 观察是否有小微粒或晶粒出现, 当 η 相以小晶粒形式存在时, 推荐使用 5% 的 Murakami 试剂腐蚀样品磨面 20 min, 在光学微照片里 η 相显示为与灰色的碳化钨晶粒形成对比的白色小晶粒(图 3-28), 图 3-28 显示的是典型的微粒状 η 相在显微照片中的形貌。更小的晶粒则应使用扫描电子显微镜技术(SEM) 来测量。

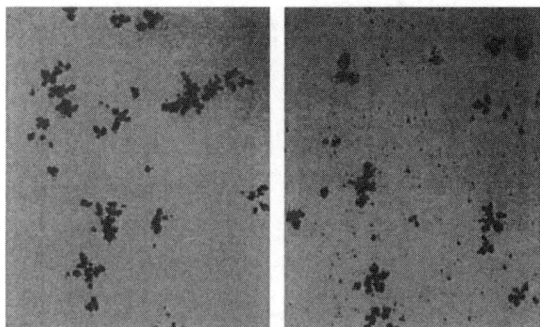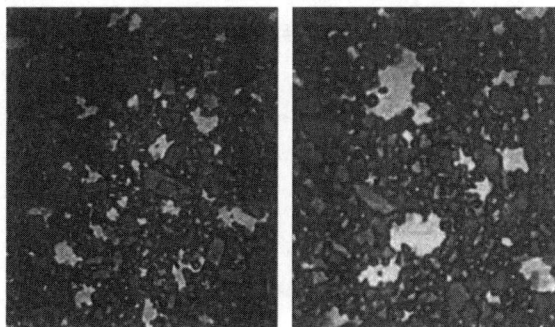

图 3-27　大梅花状 η 相(直径约为 100 μm)　　　**图 3-28　小晶粒状 η 相(浅灰色, 直径约为 5 μm)**

4) 其他缺陷

(1) 混料: 一个牌号合金的基体中存在别的牌号的成分和结构特征。

（2）晶粒异常：硬质相的晶粒与正常状态比较显得太细、夹杂或硬质相中的一些颗粒显著长大。

（3）钴池：也称钴相的不均匀分布。钴相分布不均如图3-29所示。

（4）污垢、未压好、分层等。

试样经抛光后在显微镜放大100倍的条件下观察，可见尺寸大于或等于25 μm，形状不规则但边缘清晰的黑色孔洞，称为污垢。它是在混料和压制工序中带入的灰尘或其他脏物，于烧结后收缩留下的缩孔。试样抛光面上的所有污垢的总长度称为污垢度。每一个污垢

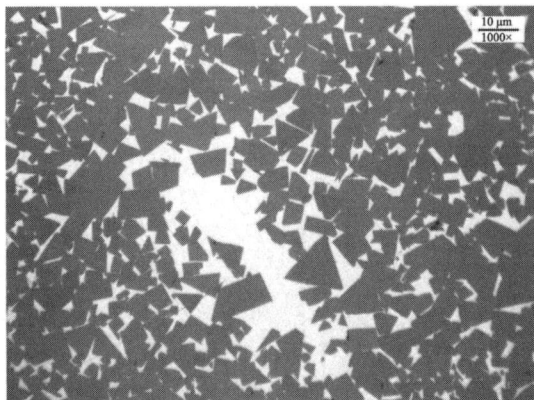

图3-29　钴相分布不均（图中间白色部分是钴池）

均应测量其最大长度。在一般刀片中，允许污垢度不超过150 μm，而精密的产品则不允许出现这些缺陷。污垢能使产品的强度和硬度降低，严重者使产品脏化而造成废品。另外，还可以观察到产品的其他缺陷，如未压好、分层等，见图3-30。

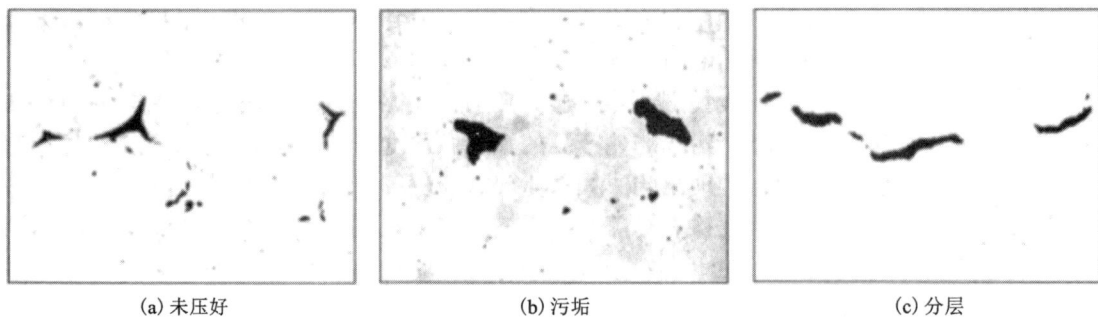

(a) 未压好　　　　　　　　(b) 污垢　　　　　　　　(c) 分层

图3-30　硬质合金中的缺陷

未经侵蚀的试样抛光面，在检查孔隙、石墨的同时，可参照粉末冶金图谱硬质合金部分对污垢度进行评定。

✐ 练习题

一、单选题

1. 在金相试样制备过程中，哪个步骤是确保试样表面无划痕和污染的关键？（　　　）。
A. 切割　　　　　　B. 镶嵌　　　　　　C. 研磨　　　　　　D. 抛光
2. 以下哪种方法常用于测定硬质合金中的WC晶粒度？（　　　）。
A. 扫描电子显微镜（SEM）　　　　　　B. 透射电子显微镜（TEM）
C. 光学显微镜结合截线法　　　　　　D. X射线衍射（XRD）
3. 硬质合金孔隙度的测定主要依赖于哪种技术？（　　　）。

A.密度对比法　　　B.超声波检测　　　　　C.显微图像分析　　　　D.红外光谱分析

二、多选题

1.金相组织结构测定的目的包括哪些？（　　　）。

A.分析硬质合金的相组成　　　　　　　B.确定WC晶粒的形态与分布

C.评估材料的纯度　　　　　　　　　　D.预测材料的力学性能

2.非化合碳（石墨）在硬质合金中的存在可能会对哪些性能产生负面影响？（　　　）。

A.硬度　　　　　　　B.耐磨性　　　　　C.抗弯强度　　　　　　D.断裂韧性

3.硬质合金生产工艺中，控制脱碳相的方法可能包括哪些？（　　　）。

A.优化烧结工艺参数　　　　　　　　　B.精确控制原料中碳的含量

C.引入抑制剂减少脱碳反应　　　　　　D.增加烧结时间以提高密度

三、判断题

1.金相试样的制备过程中，研磨和抛光步骤的顺序可以互换，对最终结果无影响。

（　　　）

2.WC晶粒度的测量对于评估硬质合金的耐磨性和切削性能至关重要。　（　　　）

3.孔隙度是衡量硬质合金致密程度的重要指标，孔隙度越高，材料性能越好。（　　　）

4.非化合碳（石墨）在硬质合金中总是一种不利的存在，必须完全消除。（　　　）

项目四　混合料制备与质量控制

任务一：主要原料粉末和工艺材料

学习目标

【思政或素质目标】

1. 了解材料制备工艺流程。

2. 了解关键技术要求。

【知识目标】

1. 熟悉硬质合金混合料制备的工艺流程。

2. 掌握 WC 粉、(TiW)C 粉、(TaNb)C 粉以及金属 Co 制备技术要求。

3. 掌握主要工艺材料成形剂和研磨介质技术要求。

【能力目标】

1. 能绘制硬质合金混合料制备的工艺流程图。

2. 能概括 WC 粉、(TiW)C 粉、(TaNb)C 粉以及金属 Co 制备技术要求。

3. 能概括主要工艺材料成形剂和研磨介质技术要求。

混合料制备是硬质合金生产的第一道工序，也是现代先进硬质合金生产最重要的工艺环节之一。硬质合金产品的化学成分(特别是碳含量)和硬质相晶粒度，是两项重要的产品质量指标，在混合料生产环节都要通过一定的工艺方法预先进行精确调整和控制，同时，还要保证混合料有良好的压制性能。

混合料制备主要有两个工艺过程：①湿磨过程，在特定的滚动球磨机中，加入液体研磨介质和研磨球或棒，与原料粉末一起混合和研磨；②干燥制粒过程，使用喷雾干燥塔对湿磨料浆进行干燥和制粒。不需要制粒的混合料，可以不用喷雾干燥塔，用其他方法干燥。也有企业用搅拌球磨机，但它不是主流设备。

混合料制备的工艺流程如图 4-1 所示。

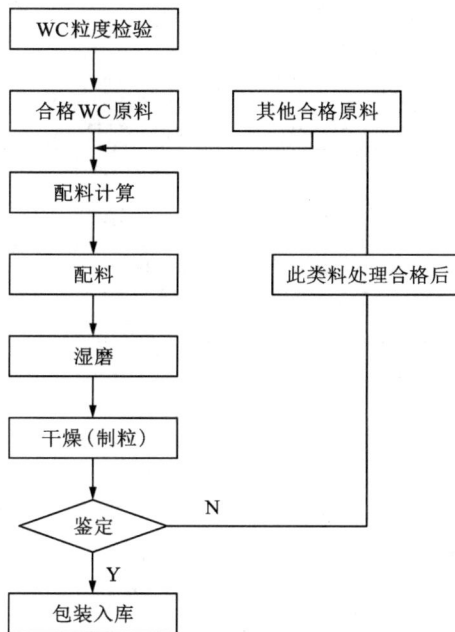

图 4-1　混合料制备的工艺流程

4.1.1　主要原料粉末技术要求

　　混合料制备中常用的原料粉末有 WC 粉、(TiW)C 粉、(TaNb)C 粉、金属 Co 粉和金属 Ni 粉等，以及少量添加的晶粒生长抑制剂(如 VC、Cr_3C_2)等。另外，混合料生产过程中产生的不合格料(PR 料)和压制工序产生的废压坯等，如果没有受到杂质污染，经过适当处理并检验合格后，可以当作原料重新使用。

　　原料的技术条件一般包括主要成分含量、杂质种类与含量、粉末粒度等。表 4-1 ~ 表 4-4 分别表示混合料生产中常用原料的类别及其技术要求。表 4-2 和表 4-3 中固溶体的比值是质量比。

表 4-1　对部分碳化钨粉末的技术要求

项目	技术要求				
	0.4 μm	0.8 μm	3 μm	6 μm	15 μm
C(总)/%	6.25±0.05	6.2±0.05	6.11±0.05	6.11±0.05	6.11±0.05
C(化合)/%	≥6.10	≥6.00	≥6.06	≥6.06	≥6.06
C(游)/%	≤0.15	≤0.20	≤0.16	≤0.10	≤0.10
Mo/%	≤0.005	≤0.10	≤0.10	≤0.11	≤0.15
Si/%	≤0.003	≤0.005	≤0.003	≤0.003	≤0.003

续表4-1

项目	技术要求				
	0.4 μm	0.8 μm	3 μm	6 μm	15 μm
Al/%	≤0.001	≤0.003	≤0.003	≤0.003	≤0.003
Co/%	≤0.01	≤0.05	≤0.05	≤0.05	≤0.05
Fe/%	≤0.02	≤0.02	≤0.05	≤0.05	≤0.05
Cr/%	≤0.02	≤0.02	≤0.03	≤0.03	≤0.03
P/%	≤0.005	≤0.010	≤0.010	≤0.010	≤0.010
(Na+K)/%	≤0.005	≤0.004	≤0.002	≤0.002	≤0.002
Ni/%	—	≤0.02	—	—	—
As/%	≤0.005	—	—	—	—
Ca/%	≤0.002	≤0.005	≤0.004	≤0.004	≤0.004
S/%	≤0.005	≤0.015	≤0.010	≤0.010	≤0.010
Fsss/μm	—	0.80~1.10	2~3	4~5	11~15
d(BET)/μm	0.20±0.02	0.31~0.40	—	—	—

表4-2 对(TiW)C固溶体的技术要求

项目	技术要求		
	TiC∶WC=30∶70	TiC∶WC=40∶60	TiC∶WC=50∶50
Ti/%	24.0±0.5	32±0.5	39.5±1.5
W/%	65.0±1.5	56±0.5	47.0±1.5
Ta/%	—	—	—
Mo/%	≤0.1	≤0.1	≤0.1
Si/%	≤0.005	≤0.005	≤0.005
Fe/%	≤0.1	≤0.1	≤0.1
Co/%	—	—	≤0.05
Na/%	≤0.005	≤0.005	≤0.005
K/%	≤0.005	≤0.005	≤0.005
Ca/%	≤0.007	≤0.007	≤0.007
S/%	≤0.03	≤0.03	≤0.03
$O_{总}$/%	≤0.25	≤0.25	≤0.3
N/%	≤0.8	≤0.8	≤0.8
Nb/%	—	—	—

续表4-2

项目	技术要求		
	TiC：WC＝30：70	TiC：WC＝40：60	TiC：WC＝50：50
C总/%	10.2±0.15	11.2±0.15	12.4±0.3
C(游)/%	≤0.4	≤0.2	≤0.5
粒度/μm	2.0～4.0	2.0～4.0	3.0～7.0
相成分/%	游离碳化钨≤1.0	单相	单相

表4-3 对(TaNb)C固溶体的技术要求

(TaNb)C固溶体	Ta/%	Nb/%	Ti/%	W/%	Mo/%	Si/%	Fe/%	Sn/%
(TaNb)C-80/20	71.0±1.5	20.6±1.0	≤1.0	≤0.5	≤0.1	≤0.01	≤0.15	0.01
(TaNb)C-60/40	56.0±1.3	35.0±1.3	≤1.0	≤0.5	≤0.1	≤0.01	≤0.15	0.01
(TaNb)C固溶体	Ni/%	Co/%	Cr/%	Na/%	K/%	Ca/%	Al/%	Mn/%
(TaNb)C-80/20	≤0.04	≤0.15	≤0.1	≤0.008	≤0.008	≤0.01	≤0.015	≤0.05
(TaNb)C-60/40	≤0.04	≤0.15	≤0.1	≤0.008	≤0.008	≤0.01	≤0.015	≤0.05
(TaNb)C固溶体	S/%	O(总)/%	N/%	C(总)/%	C(游)/%	配碳	偏差	Fsss粒度/μm
(TaNb)C-80/20	≤0.03	≤0.2	≤0.2	7.2±0.5	≤0.15	−0.20	+0.15	2～5
(TaNb)C-60/40	≤0.03	≤0.2	≤0.3	8.1±0.5	≤0.15	−0.20	+0.15	2～5

表4-4 Co粉技术条件

Co粉	Co/%	Ni/%	Fe/%	C/%	Fsss粒度/μm	O/%
FCo06	≥99.4	≤0.15	≤0.03	≤0.15	0.6～1.0	≤0.75
FCo10					1.01～1.5	≤0.55
FCo15		≤0.6	≤0.1	≤0.1	1.51～2.0	≤0.50
FCo20					2.01～3.0	≤0.50

4.1.2 主要工艺材料技术要求

工艺材料是指为了实现某种工艺目的而在生产过程中添加的物质，但不构成最终产品成分。在生产过程中，要尽量避免工艺材料对产品性能造成影响。混合料工序主要的工艺材料有成形剂和研磨介质等。

混合料中必须加入一定量(一般为2%左右)的成形剂，硬质合金混合料成形剂的主要作用：

(1)通过干燥制粒将微细的原料粉末颗粒黏结起来，形成较粗大的圆形团粒(直径为

0.2 mm 左右),从而提高混合料的流动性。

(2)赋予压坯一定的强度。硬质材料粉末几乎不产生塑性变形,压块的强度主要是靠成形剂的黏结作用提供。有些特殊成形工艺,如挤压工艺,还需要增加成形剂的使用量,将混合料粉末转变成塑性体,然后将其挤压成产品。

(3)成形剂分散包裹在原料粉末表面,还可以防止其氧化。

硬质合金混合料成形剂种类有很多,选择的主要原则:不与混合料各元素发生化学反应;润滑作用和黏结作用好,可以较好地改善压坯的塑性;能在研磨介质中较好地溶解,以便与混合料均匀混合;无毒且不污染环境;蒸发温度低,在低温烧结阶段易被去除,不造成合金明显增碳等。现代的混合料生产普遍采用喷雾干燥塔,因此还要考虑其是否适用于喷雾干燥生产过程。

目前各企业普遍使用的适合喷雾干燥的成形剂主要有两种:石蜡和聚乙二醇(PEG)。PEG 有多种型号,其中用得最多是 PEG4000 和 PEG600。石蜡熔点有多种,常用的熔点为 48~58 ℃。

表 4-5 和表 4-6 分别为 PEG 和石蜡的通用技术条件。

表 4-5　PEG 的技术条件

PEG	熔点/℃	灰分/%	焦化残渣含量/%	固体杂质	平均分子量
PEG600 型	35~45	≤0.2	≤1.5	无	570~630
PEG4000 型	50~60	≤0.2	≤1.5	无	3600~4200

表 4-6　石蜡的通用技术条件

熔点/℃	含油量/%	色度/号	针入度(25 ℃ 100 g) 110 mm	光安定性号	嗅味/号	机械杂质及水分
48~58	≤1.5	≥17	≤20	≤6	≤2	无

石蜡和 PEG 两种成形剂各有特点,企业可以根据自身的生产条件和产品种类进行选择。一旦选定某一种成形剂,硬质合金生产工艺参数(包括模具的收缩系数等)和主要生产设备的功能选择也就确定下来,需要长期保持稳定。不建议在一条生产线上同时使用多种成形剂,这会对产品质量的控制带来不利影响。如果中途更换成形剂,将是一项复杂的系统工程,要付出较大的成本。

PEG 的特点:

优点:①PEG 完全溶于水或含水酒精,可同时与混合料投入湿磨机中研磨,且能均匀分布到粉末颗粒的表面;②非常适合喷雾干燥工艺,制粒性能好;③与原料粉末不发生化学反应,对人体无毒害;④混合料制备过程中的设备易于清洗。

缺点:①压制成形过程中需要较大的压制压应力;②PEG 易吸水,对环境的温度和湿度要求很高;③烧结过程中只能在氢气环境下脱除。

石蜡的特点:

优点:①对粉末的润滑作用好,所需要的压制压应力比较小;②烧结过程中在真空条件和氢气条件下，石蜡都可以脱除；③对人体无毒，没有环境污染；④石蜡不吸水，对生产环境的湿度要求不高。

缺点：①难溶于酒精和水，在酒精为研磨介质的情况下，石蜡的分散是一个难题；②石蜡可以完全溶于己烷和丙酮，己烷是非极性分子溶液，粉末的悬浮性不好（容易固液分离），影响研磨效率。

另一种主要的工艺材料是研磨介质。研磨介质必须具备如下条件：与混合料不发生化学反应，不含有害杂质，沸点低（100 ℃以下），最好能够溶解成形剂等。可用作研磨介质的液体有：酒精、己烷、汽油、丙酮、四氯化碳和水等，大部分企业都选用酒精。无水酒精的技术条件见表 4-7。

表 4-7　无水酒精的技术条件

项目	CH_3CH_2OH 体积分数/%	与水混合试验	不挥发物质量分数/%	水分/%	游离碱含量（以 NH_3 计)/%	游离酸（CH_3COOH 计)含量/%	
指标	≥99.0	合格	≤0.001	≤0.5	≤0.0005	≤0.006	
项目	甲醇体积分数/%	丙酮和异丙酮(以 CH_3COCH_3 计)体积分数/%	杂醇油	还原高锰酸钾物质	硫酸试验	沸点/℃	
指标	≤0.2	≤0.001	合格	合格	合格	78±1	

练习题

一、单选题

1.混合料中加入的成形剂的质量分数一般为(　　)。

A.1%　　　　　　　B.1.5%　　　　　　　　C.2%　　　　　　　　D.2.5%

2.混合料制备流程中，大部分企业采用的研磨介质是(　　)。

A.酒精　　　　　　B.己烷　　　　　　　　C.汽油　　　　　　　　D.丙酮

3.混合料生产中采用的干燥方式是(　　)。

A.鼓风干燥　　　　B.真空干燥　　　　　　C.喷雾干燥　　　　　　D.冷冻干燥

二、多选题

1.混合料生产中常用的原料粉末有(　　)。

A.掺杂 WC 粉　　　B.(TiW)C 粉　　　　　C.(TaNb)C 粉　　　　　D.金属 Co 粉

2.混合料生产中所用的主要原料粉末的技术要求一般包括(　　)。

A.主要成分含量　　B.杂质种类与含量　　　C.粉末粒度　　　　　　D.粉末形貌

3.目前各企业普遍使用的适合喷雾干燥的成形剂主要是(　　)。

A.PEG4000　　　　B.PEG600　　　　　　　C.石蜡　　　　　　　　D.橡胶

任务二：配料与湿磨

学习目标

【思政或素质目标】

1. 培养理论指导生产实践的科学素养。
2. 培养学知识要知其然并知其所以然的探究精神。
3. 树立设计混合料球磨工艺参数的实用意识。

【知识目标】

1. 理解混合料的配料工艺原理。
2. 熟悉混合料湿磨主要作用。
3. 掌握影响混合料球磨效率的主要因素。

【能力目标】

1. 能根据硬质合金牌号准确计算混合料生产原料配比。
2. 能理解混合料湿磨的四种作用机理。
3. 能对混合料球磨工艺参数进行设计。

4.2.1 配料工艺原理

硬质合金材料不同牌号的工艺技术条件主要规定了该牌号材料的化学元素种类和含量，以及该牌号合金中硬质相(主要是 WC，或者同时还有 TiC/TaC 等)的晶粒度大小。配料计算就是按照各牌号的技术要求，根据所用原料的具体情况，计算各种原料的使用量，然后再精确计算调整混合料中的碳元素含量的工艺方法。合金晶粒控制就是指根据所使用的碳化物原料粒度情况，通过调整球磨时间精确控制合金硬质相晶粒度大小的工艺方法。

4.2.1.1 配料计算方法

配料计算的主要思路是先计算各种碳化物的理论碳含量，并对生产过程中的碳氧反应进行预测，再根据计算结果通过加碳粉或加钨粉的方法对混合料中的总碳平衡进行预先调节，以达到准确控制硬质合金产品中总碳含量的目的。

配料计算的主要步骤如下。

第一步，分析并确定配制某牌号硬质合金混合料准备使用的各种原料的化学成分，如主要金属元素(W、Ti、Ta、Nb、Mo、Co、Ni 等)含量、非金属元素(碳、氮、氧等)含量、杂质元素(要在合格范围内)含量等。

第二步，假定该批混合料配料总质量为 S(单位为 g，所有原料的质量单位都用 g)。根据该牌号材料工艺技术要求的金属元素含量，以及各种原料中相应金属元素的成分含量，按照金属元素的需求量分别计算出各种原料的使用量，此步骤暂时不考虑非金属元素(碳和氮元素)。

第三步，各种原料的使用量确定后，根据第一步确定的成分含量表，先分别计算每种原料中实际的碳元素和氮元素的量(单位为 g)，然后把各原料中的碳元素量累计相加，以得出总的碳量，把各原料中的氮元素量累计相加，得出总的氮量，并按下面的公式计算原料中实际总碳和总氮的百分含量 $t_1(\%)$：

$$t_1(\%) = [\text{总的碳量}(g) + 0.86 \times \text{总的氮量}(g)] \times 100/S(g)$$

说明：氮元素与碳元素有相同的作用，碳原子量与氮原子量比值是 0.86。

第四步，根据第二步中确定的各原料的使用量，和第一步确定的成分含量表，分别计算其中的金属元素的量，然后按类别进行累计相加。每一类金属元素都是以碳化物的形式存在于硬质合金中的，按照化学分子式计算每个金属元素理论需要的碳量，然后按照下述公式计算化学理论上总碳的百分含量 $t_2(\%)$：

$$t_2(\%) = [0.0635 \times \text{钨量}(g) + 0.2507 \times \text{钛量}(g) + 0.0664 \times \text{钽量}(g) \text{ 等}] \times 100/S(g)$$

说明：上述公式中的系数是按化学分子式的质量比计算的金属元素与碳元素的换算系数，如果还有其他难熔金属元素，也同样计算在内。

第五步，根据每个合金牌号工艺技术条件给出的碳量调整参数 $t_3(\%)$，按照下面的公式计算 $t_4(\%)$：

$$t_4(\%) = t_1 - t_2 - t_3$$

第六步，根据 $t_4(\%)$ 的计算结果，决定是否需要补充碳粉或钨粉：

$t_4(\%) = 0$，不需要补碳粉或钨粉。

$t_4(\%) < 0$，需要补碳粉，补碳量$(g) = S(g) \times t_4(\%)/100$

$t_4(\%) > 0$，需要补钨粉，补钨量$(g) = S(g) \times t_4(\%) \times 15.3/100$

说明：系数 15.3 是钨的相对原子质量（183.85）与碳的相对原子质量（12.01）的比值。

为了保证合金性能的稳定，计算出的补碳量或补钨量，都要有上限控制，如果超过了控制上限，该批号原料不能使用。上限控制参数：补碳量为 $0.07\% \times S(g)$，补钨量为 $1.2\% \times S(g)$。使用钨粉的平均粒度一般为 0.4 μm。

每个牌号 t_3 值的确定，是一个比较复杂的技术问题，在此不展开讨论。

4.2.1.2 合金晶粒控制方法

碳化钨粉末技术标准中规定了平均粒度的技术指标值，但从粉末材料到合金材料要经过混合球磨和高温烧结等工艺过程，这个过程对碳化钨等难熔化合物粉末材料的平均粒度有很大的影响。合金晶粒控制方法的主要思路就是把碳化物粉末配制成某种标准的合金牌号合金，通过该标准合金的矫顽磁力值间接了解碳化物粉末的平均粒度状况。主要步骤：按照固定的成分配比，使用特定的球磨机和压力机，固定的混合球磨、压制和烧结工艺，把碳化钨粉制备成标准的合金试样条。准确测定该合金试样条的各项性能参数，并对合金试样条的矫顽磁力值的平均值进行修正，并将其作为合金粒度的衡量标准（Hc标）。具体的工艺参数要求和修正方法，各硬质合金企业都有自己的工艺技术诀窍，这里不讨论。

硬质合金中碳化钨的晶粒度准确控制的基本方法：以标准的合金磁力值（Hc标）作为合金粒度的衡量标准，如果该值偏大，适当延长球磨时间，反之，适当减少球磨时间。

通过制备成合金判断碳化钨粉末的粒度大小，这个过程会增加一些成本，但对稳定硬质合金产品质量的作用很大，所以，国内外先进硬质合金企业一般都会采用。不同的企业采用的具体工艺方法是不同的，关键是使用的工艺方法要稳定可靠。现在有些碳化钨粉末供应商也通过制备合金、测合金的磁力值来判断碳化钨粉末的粒度，以为合金企业提供参考指标。

4.2.2 湿磨作用

硬质合金混合料制备中湿磨的方式主要有两种:滚动球磨和搅拌球磨。滚动球磨是主流方式,采用的企业较多。本书主要介绍滚动球磨。

湿磨是指将配制好的粉末原料放入球磨机中,加入一定量的研磨介质(液体),在球磨机中与球/棒一起滚动。一定时间后,形成具有一定颗粒度、各组元均匀分布的混合料浆。湿磨过程主要有四个方面作用:

(1)混合作用:混合料通常是由多种组分组成的,而且各组分自身的密度、粒度也不尽相同。硬质合金产品使用的混合料,各组分必须均匀分布,通常是通过湿磨方法来实现的。实践证明,在正常的滚动球磨工艺状态下,各组分在物料中均匀分布最少需要湿磨 12 h 以上。

(2)破碎作用:混合料生产中所使用的原料粒度规格不同。作为主要原料,WC 粉末存在不少的团粒结构,不利于生产高质量合金,湿磨可以起到破碎物料与粒度均匀化作用。

(3)增氧作用:混合料在湿磨过程中与研磨体、球磨筒体之间产生激烈的碰撞与摩擦作用,导致温度升高,粉末容易发生氧化作用。此外,湿磨过程中,酒精中存在的水也间接地强化了这种增氧趋势。氧含量高对硬质合金生产会产生不利影响,因此,将氧含量控制在合理的范围内很重要。

防止湿磨过程中增氧作用的方法有两个:一是在球磨筒体外加冷却水套,以保持球磨机较低的工作温度;二是将成形剂 PEG/石蜡在湿磨过程与粉末物料一起研磨。成形剂分布在原料粉末表面,可以对球磨过程粉末的氧化起阻隔作用。

实践表明,一般正常情况下,300 L 可倾斜式球磨机在正常运行状态下每小时的增氧量导致的碳损失约为 0.003%(质量分数)。

(4)活化作用:球磨过程中,由于球体、物料与筒体之间存在激烈的碰撞与摩擦,粉末的晶格发生扭曲、畸变,粉末体内能增加导致粉末活化。这种现象在搅拌球磨过程中表现得尤为明显。一般来说,粉末活化有利于烧结过程的进行,但也容易使部分碳化钨晶粒快速长大,易引起"夹粗"现象的发生。一般来说,球磨时间宜控制在 120 h 以内。

4.2.3 湿磨影响因素

影响球磨效率的主要因素有球磨机转速、研磨体尺寸和填充系数、磨筒直径、球料比、液固比、球磨筒直径和球磨时间等。

4.2.3.1 球磨机转速

当筒体转动时,装在筒内的研磨体(球)和被磨物料在离心力和摩擦力的作用下随筒体旋转至一定高度,然后靠其自身的重力作用而落下。磨筒转速越高,离心力就越大,球便被带到越高的位置往下落,研磨作用就越强。当转速达到某一数值以后,离心力便会超过球的重力,使一部分球处于与球磨筒相对静止的状态,不再脱离筒壁往下落。开始出现这种现象的转速叫作临界转速。

球磨机的临界转速用式(4-1)表示:

$$n_{临} = \frac{42.4}{\sqrt{D}} \qquad\qquad (4-1)$$

式中:D 为磨筒内径,m;$n_{临}$ 为磨筒的临界转速,r/min。

硬质合金生产中混合料湿磨工艺设备的转速通常采用临界转速的 60%。300 L 可倾斜式球磨机采用 36 r/min 的转速。

4.2.3.2　研磨体尺寸与填充系数

研磨体的材质是硬质合金，主要有两种形状：球形和圆柱棒形。球与球相互碰撞接触为一个"点"；柱体之间相互接触则为一条"线"；就研磨效率而言，柱状研磨体高于球状研磨体。

在滚动研磨中，一般情况下，硬质合金研磨体的效率随研磨体尺寸的减小而提高，但研磨体在球磨过程中会磨损，尺寸会慢慢减小，所以，使用的研磨体尺寸也不能太小，要有一定的使用寿命。在可倾斜式球磨机中，一般采用圆柱状硬质合金研磨体，最大研磨体的直径一般为 10.5 mm，长度为 17 mm。随着研磨过程的进行，研磨体直径会减小，同时也会不断地加入新研磨体，所以实际球磨时，不同直径的球/棒研磨体会混合在一起使用。当球的直径小于 3 mm 或破损时，要清除出来，同时也要及时补充新球/棒。补充新球/棒时一般补充最大规格的。

新球/棒在使用前要进行钝化处理，或者说，进行适当的研磨处理，研磨工艺参数见表 4-8。

表 4-8　新球磨体研磨工艺参数

设备型号	研磨体质量/kg	酒精体积/L	球磨时间/h
300 L 球磨机	1500	50	15

球磨机使用时，一般每半年卸出全部的球/棒，进行一次称量与选取，按工艺要求选出破损和直径很小的球/棒。研磨体的补充、定期称量与筛选等所有这一切都是确保球磨机在长期运行中研磨效率的稳定性，这也是确保混合料与合金粒度稳定的关键因素之一。

研磨体的体积和球磨筒容积之比称为填充系数，合适的填充系数是实现滚动研磨的必要条件之一。填充系数过小，研磨效率低，设备生产能力也低，甚至不能实现滚动研磨。但是填充系数超过 0.5 以后，研磨效率也会降低。实践证明，合适的填充系数为 0.4~0.5。300 L 可倾斜式球磨机，研磨 WC-Co 混合料时装球/棒量为 1150~1250 kg，研磨 WC-TiC-Co 混合料时装球/棒量为 900~1100 kg。

4.2.3.3　磨筒直径

其他条件相同时，磨筒直径的改变会对湿磨过程产生两种相反的影响：一方面，随着磨筒直径的增大，实际转速会由于临界转速的降低而变小，因而研磨效率降低；另一方面，随着磨筒直径的增加，球/棒滚动的路程和下落的距离会增加，因而研磨效率提高。实践证明，两种因素相互抵消后，磨筒直径的增加可以提高研磨效率。

4.2.3.4　球料比

球料比是指研磨球/棒与料的质量比。一般情况下，球料比越大，研磨效率越高。过大的球料比，不但会降低设备的生产能力，还会使合金的性能变差。硬质合金湿磨生产中球料比一般采用 (3~5)∶1，碳化钛基合金混合料球料比可采用 6∶1。

4.2.3.5　液固比

液固比是指所加液体介质的体积与混合料的质量比，通常用单位质量的混合料(kg)加液体的体积(mL)表示。液固比过大会使粉末过于分散,减少它们被研磨的机会,研磨效率降低。液固比过小,料浆太稠,球不易滚动,且与筒壁发生黏滞作用,因而效率也会降低。实践证明,当球料比为3∶1时,研磨碳化物和钴的混合料时,以每 kg 混合料加 200 mL 研磨介质为宜,研磨细颗粒混合料或钨钴钛混合料时,要适当多加一些研磨介质。

生产过程中,酒精加量值(液固比)不能随便变更,否则会使料浆的黏度不合格,严重影响后续喷雾干燥工艺过程的顺利进行,最终影响混合料的工艺性能。

4.2.3.6 球磨时间

混合料的球磨时间是一个非常重要的工艺参数,要精确控制。球磨时间越长,混合越均匀,粉末的粒度也越小,但这仅仅是在一定时段区域内需遵循的规律;无限度延长球磨时间对合金性能将产生负面影响。硬质合金生产中,一般球磨时间为 24~120 h。

练习题

一、单选题

1. 某批混合料配料总质量为 100 kg,为了保证合金性能的稳定,需要补碳,那么补碳量应不超过(　　)。

A. 4 kg　　　　　B. 5 kg　　　　　C. 6 kg　　　　　D. 7 kg

2. 300 L 可倾斜式球磨机在正常运行状态下每小时的氧增量导致的碳损失约为(　　)。

A. 0.002%　　　B. 0.003%　　　C. 0.004%　　　D. 0.005%

3. 在球磨筒体外加冷却水套,以保持球磨机较低的工作温度,主要用来抑制(　　)。

A. 混合作用　　B. 破碎作用　　C. 增氧作用　　D. 活化作用

二、多选题

1. 某批混合料配料总质量为 100 kg,为了保证合金性能的稳定,需要补钨,那么补钨量可能是(　　)。

A. 8 kg　　　　　B. 10 kg　　　　C. 12 kg　　　　D. 15 kg

2. 混合料生产中影响球磨效率的主要因素有(　　)。

A. 球磨机转速　　B. 填充系数　　C. 磨筒直径　　D. 球料比

3. 下列说法正确的是(　　)。

A. 硬质合金生产中混合料湿磨工艺设备转速通常采用临界转速的 60%

B. 研磨体的体积和球磨筒容积之比称为填充系数

C. 球料比是研磨球/棒与料的质量比

D. 研磨碳化物和钴的混合料时,以每 kg 混合料加 200 mL 研磨介质为宜

三、判断题

1. 就研磨效率而言,柱状研磨体高于球状研磨体。　　　　　　　　　　　　　(　　)

2. $Ct_4(\%)$ 小于零,需要补碳粉。　　　　　　　　　　　　　　　　　　　　(　　)

3. 标准的合金磁力值作为合金粒度的衡量标准,如果该值偏大,则可适当降低球磨时间。

(　　)

4.研磨细颗粒混合料或钨钴钛混合料时，要适当多加一些研磨介质。　　　（　　）

任务三：湿磨工艺与主要设备

✎ 学习目标

【思政或素质目标】

1.培养工艺理论指导工艺设计的科学素养。

2.树立爱护生产设备的责任意识。

【知识目标】

1.掌握混合料的湿磨步骤与非固定参数确定的原则。

2.掌握 300 L 可倾斜球磨机的结构与技术参数。

【能力目标】

1.能设计混合料的湿磨步骤与非固定参数。

2.能解析 300 L 可倾斜球磨机的结构与技术参数。

4.3.1　湿磨工艺

湿磨工艺的主要步骤：首先是配料，根据配料计算结果进行配料，每批配料的总量一般相对固定（300 L 可倾斜式球磨机，一般每批料总量为 280000 g）。其次，把配好的料装入球磨机，同时加入成形剂、酒精和需要补充的研磨体，设定好球磨机运行参数（转速、冷却水温度、球磨时间等）后启动运行。在球磨机运行过程中还要定期打开球磨机盖子放气（酒精在球磨过程中气化，导致球磨机内部压力升高，若不及时放气，会有爆炸的危险），球磨到预定时间，球磨机会自动停机。卸料时一般用 235 目筛网过滤料浆，大批的料浆卸出后，再按工艺要求加入适量酒精进行卸料操作，一般要反复操作数次，直到料浆完全卸出为止。最后，按工艺要求对球磨机进行清洗，准备下一次使用。

一般来说，球磨机的运行参数大部分都是固定的，不会经常变动。各种原料和工艺材料的加入量，根据工艺指令执行，需要确定的主要参数是湿磨时间，湿磨时间确定的一般原则：

（1）要以该批料使用的 WC 粉末的 $Hc_标$ 值（该值定义见本书 4.2.1.2）为指导，根据相关公式计算确定湿磨时间参数（或者预先制成表格，查表确定时间参数），且精确到分钟。

（2）如果配料中添加了 PR 料，其湿磨时间应根据 PR 料的加量适当减少湿磨时间，因为PR 料已经经过了一次湿磨过程。具体减少的时间根据工艺指令执行。

成形剂加入量确定的一般原则：

成形剂加入量一般为混合料的 2%（质量分数），对于难成形的牌号合金或为了提高其压坯可加工性能，其成形剂的加入量可适当提高。如果后续工序是等静压加割型生产一些大的实心产品，考虑其烧结过程中成形剂的排出难度，也可适当降低成形剂的加入量。

酒精加入量确定的一般原则：

酒精加入量系数主要根据湿磨时间长短、粉末的比表面积大小及成形剂的加入量与种类来确定的。若湿磨时间长，粉末的比表面积大，其酒精加入量会相应多些，反之加入量会少些。以石蜡为成形剂的混合料,其酒精加入量相应比 PEG 料要多。具体加入量根据工艺指令执行。

4.3.2 主要湿磨设备

主要湿磨设备为 300 L 可倾斜式球磨机。

1)球磨机组成

球磨机由主机、液压系统、电气控制系统三大部分组成,其结构见图 4-2 和图 4-3。

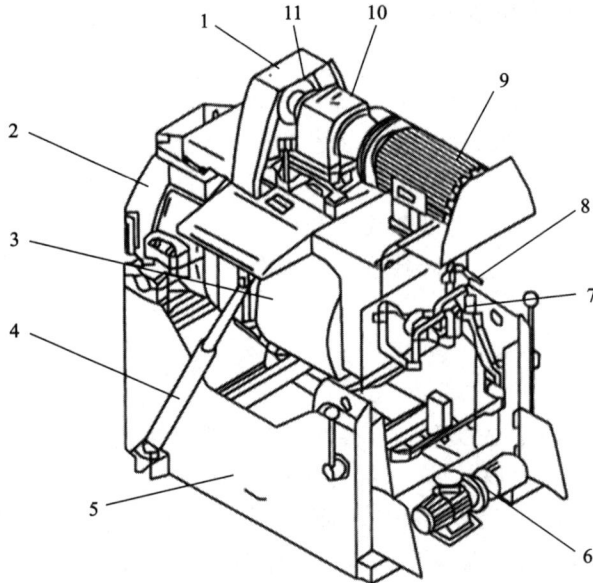

1—护罩;2—后罩;3—筒体;4—油缸;5—机座;6—液压站;7—出水管;
8—进水管;9—防爆电机;10—减速机;11—链轮。

图 4-2 可倾斜式球磨机结构

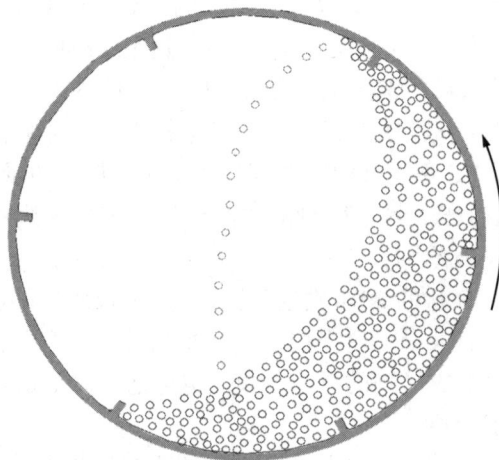

图 4-3 可倾斜式球磨机内部研磨球运动示意图(内置六根纵向不锈钢筋条)

(1)主机由筒体、机座、可倾斜架、前轴承座、左(右)支臂(可同步翻转)、链轮护罩、后轴承座、后横梁、筒口盖、卸料斗、筒口盖护罩、传动系统、旋转接头、流量开关等构成。

(2)液压系统由液压站、两个液压油缸、手动阀、油管等组成。

(3)电气控制系统由变频器、继电器、流量开关等低压电器组成。

2)球磨机结构特点

(1)齿轮减速电机驱动小链轮,由小链轮上的链条传动带动筒体上的大链轮,使筒体在恒定的转速下运转,筒体内的物料和研磨球随着筒体一起运动。

(2)不锈钢筒体内壁纵向均布(焊接)六根不锈钢筋条,钢筋的阻隔作用可使与筒体相接触的研磨体处于静止状态,这样筒体的磨损大大减少,可防止混合料铁元素的增加,并延长筒体的工作寿命。筒体外侧带冷却水套,在湿磨机运行中可使物料研磨处于稳定、相对低温的状态。

(3)卸料口可向上、向下(以水平轴心)旋转一定角度,一方面可使混合料装卸过程变得简单,卸料彻底,另一方面可使卸料过程与筒体清理工艺控制更到位、更可靠。

(4)配备了自动定时装置和球磨机的群控系统,球磨时间可自由设定、记录并存档。

3)球磨机主要技术参数

新球磨机使用前的钝化工艺参数如表4-9所示,球磨机的主要技术参数如表4-10所示。

表4-9 新球磨机钝化工艺参数

机型	装球量/kg	装(残)料量/kg	酒精加入量/L	钝化时间/h
300 L	1200	200	50	24

表4-10 球磨机的主要技术参数

参数项目	参数值	
球磨筒体体积/L	300	600
筒体转速/(r·min⁻¹)	36	33
可倾角(≤)/(°)	+45/-35	+45/-33
倾斜驱动方式	液压油缸	液压油缸
冷却方式	循环冷冻水冷	循环冷冻水冷
冷却水压力/MPa	≤0.2	≤0.2
断水保护	流量开关	流量开关
设备功率/kW	12.5	18.5

✎ 练习题

一、单选题

1. 可倾斜式球磨机筒体内置纵向不锈钢筋条根数是(   )。

A. 3 根   B. 4 根   C. 5 根   D. 6 根

2. 下列属于 300 L 可倾斜式球磨机的主机部件的是(   )。

A. 液压站   B. 变频器   C. 流量开关   D. 传动系统

3. 300 L 新球磨机使用前的钝化时间是(   )。

A. 12 h   B. 24 h   C. 36 h   D. 48 h

二、多选题

1. 300 L 可倾斜式球磨机主机包括(   )。

A. 主机   B. 粉末比表面积大小   C. 成形剂加入量   D. 成形剂种类

2. 球磨机运行参数设置包括(   )。

A. 转速   B. 球磨时间   C. 冷却水温度   D. 可倾角

3. 球磨机的主要技术参数包括(   )。

A. 球磨筒体体积   B. 筒体转速   C. 可倾角   D. 倾斜驱动方式

E. 冷却水压力   F. 设备功率

任务四：料浆干燥

✎ 学习目标

【思政或素质目标】

1. 培养工艺理论指导工艺设计的科学素养。

2. 树立爱护生产设备的责任意识。

3. 树立设计混合料喷雾干燥工艺参数的实用意识。

【知识目标】

1. 掌握喷雾干燥生产工艺原理与参数设计。

2. 掌握喷雾干燥设备结构与功能特性。

3. 熟悉真空干燥生产工艺与设备。

【能力目标】

1. 能设计喷雾干燥生产工艺参数。

2. 能概括喷雾干燥设备结构与功能特性。

3. 能知晓真空干燥生产工艺与设备。

    湿磨料浆的干燥主要有两种方式：喷雾干燥（制粒）和真空干燥（不制粒）。喷雾干燥制粒是硬质合金企业主要采取的干燥方式，只有在混合料不需要制粒时，才会采取真空干燥方式。

4.4.1 喷雾干燥生产工艺与主要设备

    喷雾干燥制粒的技术原理就是将料浆雾化成细小的料浆滴，并与热气体介质（如氮气）直接接触，使料浆滴内的液体迅速蒸发而得到球状料粒。其最大特点是料粒的流动性好，混合料的压制性能稳定。图4-4为喷雾混合料形貌。

1872年，美国的塞缪尔·珀西（SamlueL Percy）较为详细地论述了喷雾干燥的过程和基本原理，提出了将雾化和干燥相结合的基本构想，他是喷雾干燥技术理论的奠基人之一。1888年，巴斯·勒（Bass Ler）第一次将喷雾干燥技术推广到商业化应用中，早期主要应用于制造奶粉、葡萄糖等。20世纪20年代以后，喷雾干燥技术开始大量在乳制品工业和洗涤工业中应用。20世纪30年代以后，人们在这些领域进行了更加深入的研究，包括理论研究、设备研究、应用技术等，使喷雾干燥制粒技术取得了很大的进展。喷雾干燥制粒工艺

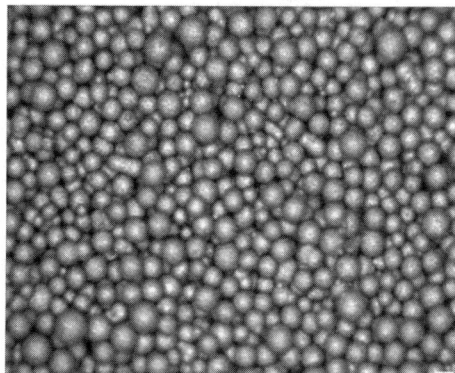

图4-4　喷雾混合料粒子形貌

是20世纪60年代中期应用于硬质合金生产的一种先进技术。

硬质合金混合料喷雾干燥制粒工艺的主要优点：

（1）料粒为球形粒子（见图4-4），粒度分布均匀，流动性好，压制品单重稳定，尺寸稳定，可提高产品尺寸精度；同时料粒较软，成形剂分布均匀，可避免或减少压制废品，特别适宜于高精度数控刀片的压制生产。

（2）喷雾干燥简化了生产流程，生产效率高，适用于规模化生产。在密封的干燥塔内可直接将料浆溶液制成粉末料粒产品，减少了物料在干燥过程中的氧化和脏化。

（3）喷雾干燥可减少粉尘飞扬，改善劳动环境，减轻工人劳动强度。国内硬质合金行业通常采用的喷雾干燥塔有HC-300与HC-600型两种规格，其加热方式为通过油加热气体介质。目前国内多家公司生产的PGX-100B型喷雾干燥设备，其加热方式改用电加热气体介质，使用的安全性大大提高，其他性能也有改善，正在逐步被市场所接受。

4.4.1.1　喷雾工艺主要设备——喷雾干燥塔

喷雾干燥塔主要有7个系统：进料喷雾系统、加热干燥系统、物料收集系统、旋风收尘系统、介质回收系统、电控系统、清洗系统等。图4-5为喷雾干燥设备工艺原理图。图4-6为喷雾干燥设备工艺控制系统计算机界面图。

1）进料喷雾系统

在雾化前调整料浆浓度；料浆太浓，喷嘴易被堵塞，且料粒粒度增粗；料浆浓度太低，则蒸发量太大，会降低干燥塔的热利用率和生产能力，同时使料粒变细。通常，料浆中湿磨介质的含量应调整为料浆总质量的25%~30%。

隔膜柱塞泵用于高黏度的浆料输送，对于悬浮液浆料，含固量可高达75%，适宜用作压力雾化系统的供料泵。其输出压力的均匀性可达98%，可保证泵有很高的工作精度和可靠性，一般压力在±0.1 MPa左右波动。

喷嘴是喷雾干燥设备的心脏。它的设计是否合理、运行是否正常稳定直接关系到混合料质量的好坏与产量的高低。目前使用的HC-300与HC-600型喷雾干燥设备均分别采用两个规格类型相同的喷嘴，喷嘴的工作状态由电视摄像、记录。压力式喷嘴在结构上的共同特点是使液体旋转，即液体获得离心惯性力后由喷嘴孔高速喷出。工业上使用的旋转型压力喷嘴

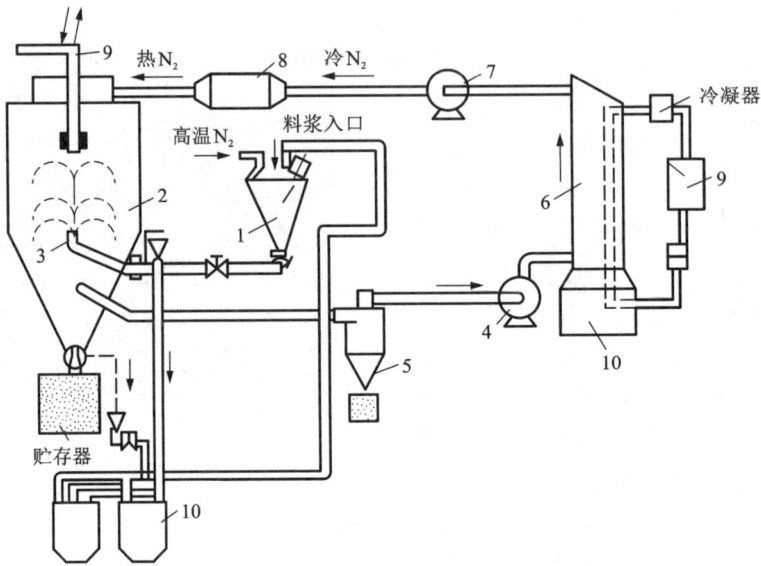

1—输送槽；2—喷雾塔；3—喷嘴；4—风机；5—旋风收容器；

6—洗涤冷凝器；7—风机；8—加热器；9—洗涤装置；10—沉淀池。

图 4-5　喷雾干燥装置示意图

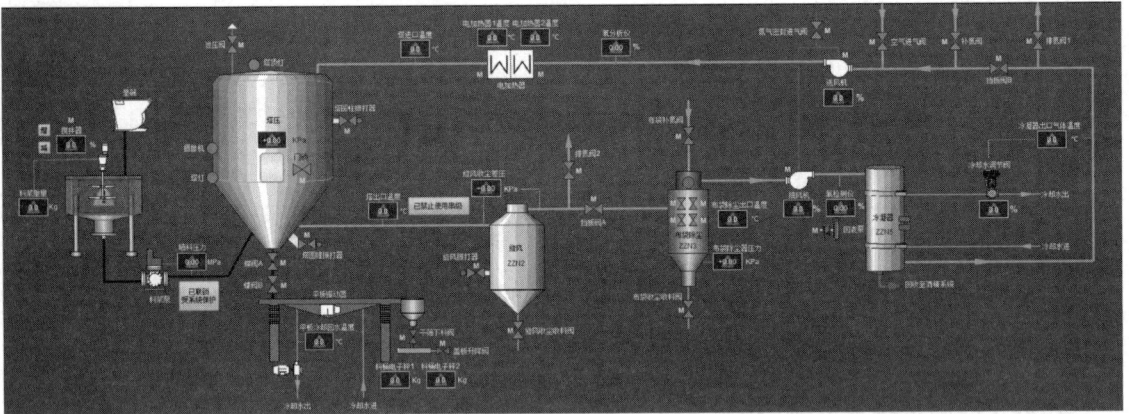

扫一扫，看彩图

图 4-6　喷雾干燥设备工艺控制系统计算机界面图

如图 4-7 所示，考虑到溶液的磨损问题，采用碳化钨等耐磨材料制造。也可以采用镶人造宝石的喷嘴孔。

2）加热干燥系统

干燥系统所需的热能由电加热系统提供。该系统电阻丝加热单元对塔内气氛加热，加热温度可以根据工艺要求设定，系统自动控制。

干燥塔由一个干燥塔塔体、热风分配器、排气管和产品卸料装置组成。塔体为由不锈钢焊接成的圆柱体，外部由型钢焊接作为支承，内部铺保温材料。在塔顶部装有热风分配器，

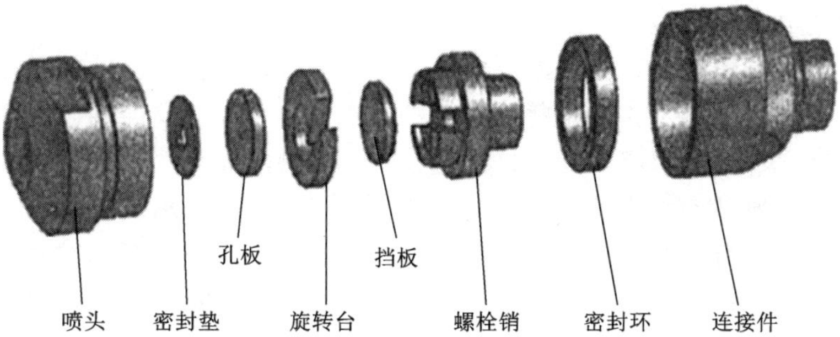

图 4-7　喷嘴零部件图

用来控制热风进入塔内，以便形成一种旋转气流，增加被干燥物料在塔内的停留时间。为获得最佳干燥效果和回收率，塔顶热风分布设计有特殊的意义，为了加速热风的旋转，顶部设有锥形导流板。

在干燥过程中，由两台风机来推动气体流动，风机的作用是保证有一定量的干燥气流循环及保证一定的压力（塔体为微正压），风量必须能保证有足够的热交换。由于风机为皮带驱动，必须时刻注意保证皮带的张紧度，以保证风机的正常运行，使风机有要求的风量，也就是说维持旋风收尘进出口有一定的压差。

3）物料收集系统

为保证干燥物料卸出时温度快速降下来，在出料处设有螺旋振动冷却台（或水平振动冷却台等其他设备），振动冷却台为一立式圆管，上部焊有螺旋状物料通道，螺距间隔 124 mm/圈，下部焊有底座，并装有 2 个振动电机同步运行，物料上行速度可通过调节 2 个电机的振动力来调节，通道下部为冷却水套。卸出的物料要及时密封保存。

4）旋风收尘系统

收尘器分上下两部分，下部为锥体，并装有蝶阀、振打器，下部塔出口与管道相连，上部与风机相连。收尘器的压降（出、入口压差），可反映系统循环的流量，即大的压差意味大的循环风量，管道上的风门用于调节各处的压力。

特别要强调的是，旋风收尘器处由于风的高速旋转及与抽风机的关联，其压力非常小，因此对旋风收尘器的连接部件的气密性要特别重视。

5）酒精介质回收系统

主要由酒精冷凝回收塔（或者淋洗塔）、酒精冷却器、酒精泵三个部分组成；干燥过程中挥发的湿磨介质（酒精）气体回收原理是冷却回收，具体过程是将布袋除尘器出口的含有有机溶剂气体、微细粉末、氮气的混合气体进行冷凝，冷凝后清洁的氮气再次循环使用。冷凝回收塔的冷水温度应低于 15 ℃。酒精回收率为 94%～95%，尚有 4% 的酒精随尾气循环使用。

加热干燥、旋风收尘、介质回收三个功能相对独立的系统依靠两台高压风机以及相关管线紧密地连接在一起，它是喷雾干燥系统联合运行的动力。

6）电控系统

本电控系统共采用 4 个电控柜，分别为仪表操作柜、工艺流程操作柜、电加热柜、电机控制柜。

（1）仪表操作柜内装有可编程控制器（PLC），面板上分布着 12 台进口仪表及一台记录仪，以满足工艺参数的需要。

（2）工艺流程操作柜内装有一只报警电铃及一台称重模块，主要是将搅拌槽内的重量变成电信号传输到称重模块上，控制搅拌变频器的输出以达到控制搅拌轴速度的目的。面板上装有一台电视监视器、由二极管等组成的工艺流程图、触摸屏等。电视监视器用于监视喷雾塔内喷雾的情况，看喷嘴是否有堵塞等。工艺流程图主要用于显示设备每个零部件的动作情况，即在触摸屏上有动作，就会在工艺流程图上相应的地方产生动态的发光显示。在设备运行过程中，触摸屏必须同仪表柜内的 PLC 联机，才能实现动作需要，否则所有的动作不执行。

（3）电加热柜内装有加热保护用的断路器、接触器及一个固态继电器，这也是整个系统的总电源输入部分。

（4）电机控制柜内组装着各种电机、泵的电热保护元件及两台变频器、一台控制料泵、一台控制搅拌机，以达到自动控制的目的。

7）喷雾干燥 CIP 自动清洗装置

喷雾干燥系统在干燥完物料后，在重新进行下一批次干燥前都必须进行严格的清洗。CIP（cleaned in place）意为就地清洗：它是将化学能（酸、碱液和表面活性剂制成的洗剂）、物理能（通过特殊的固定喷球或旋转喷嘴喷出的水柱引起冲击能清洗表面）、温度（洗剂经加热后清洗效果更好）和时间（循环清洗时间）4 种要素结合起来的自动清洗装置，整个清洗过程是采用电脑编程实现自动控制的。喷雾干燥塔主要采用设备配置的自动装置清洗，特殊情况下，也可以人工清洗。

其他部件均在专用清洗室内用高压水进行清洗，并用压缩空气吹干后备用。

4.4.1.2 喷雾干燥工艺

喷雾干燥工艺控制的目的：其一是使被干燥的物料达到混合料所要求的技术和工艺条件；其二是确保被干燥的物料在干燥过程中不会产生新的脏化。主要喷雾干燥工艺参数：

（1）干燥能力参数（即每小时酒精挥发量）：HC-300（PGX-100B）、HC-600 设备单位时间酒精挥发量分别为 100 kg/h、200 kg/h；产量分别为 300 kg/h、600 kg/h。

（2）干燥系统工艺参数控制：塔顶氮气入口温度为 180～230 ℃；塔底出口温度为 90～100 ℃；冷凝塔出口温度为 19～23 ℃；干燥塔内部压力 1.6～2.4 kPa。

（3）酒精回收系统参数控制：酒精冷却器冷却酒精的出口温度为 16～20 ℃；酒精冷却器冷却的进口温度为 13～15 ℃。

（4）油/电加热器参数：油温不超过 285 ℃，电加热温度不超过 350 ℃。

（5）塔内含氧量控制：塔内含氧量不超过 3%。

喷嘴型号规格和喷雾压力选择的一般原则：

（1）喷嘴型号规格的选择主要根据混合料中酒精加入量的多少和干燥挥发酒精能力（温度）等来定。一般酒精加入量在 0.20 L/kg 以下时选用"SI"喷嘴，酒精加入量大于 0.20 L/kg 时大多选用"SG"喷嘴。喷嘴孔径大多选用 1.1 mm 的，酒精量大和干燥温度偏小时可选用 1.0 mm 孔径的喷嘴，酒精量小和干燥温度偏大时可选用 1.2 mm 孔径的喷嘴。

（2）喷雾压力的选择主要根据混合料浆的黏度和表面张力而定。其范围一般在 1.0 MPa 至 1.4 MPa 之间，生产中大多选用 1.1 MPa。只有在混合料浆的黏度比较大和表面张力比较小时，才考虑选用较大的喷雾压力。

4.4.2 真空干燥生产工艺简介

真空搅拌干燥工艺所使用的设备主要是 Z 型螺旋混合干燥器，见图 4-8。Z 型螺旋混合干燥器是一种集干燥、搅拌混合于一体的新型设备。设备主体主要由主机、倾翻机构、启盖机构、传动系统四大部分组成。混合室容积可根据需要设计，目前最大容积可达 300 L，设备系统图见图 4-9。

图 4-8 Z 型螺旋混合干燥器

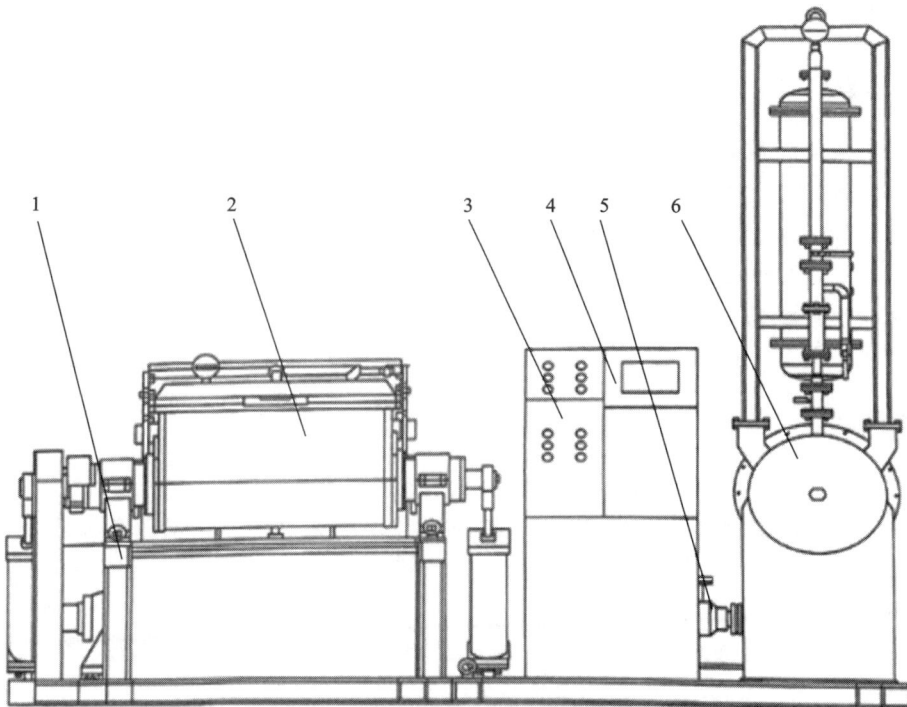

1—机架；2—混合室；3—控制柜；4—加热器；5—真空泵；6—酒精回收系统。

图 4-9 Z 型螺旋混合干燥器系统图

工作原理：该设备由齿轮减速电机驱动小链轮，通过小链轮带动主动搅拌轴上的大链轮，然后由主动搅拌轴上的齿轮带动被动搅拌轴上的齿轮，从而使两轴作相向转动，充分混合搅拌物料。同时，在混合室夹套内注入加热介质(水或油)，间接加热物料，真空系统对混合室抽真空，使混合室处于负压状态，加快干燥速度，并保证物料的纯度。配备的酒精回收装置可同时将酒精回收利用。实践证明，该设备特别适合于粉末状物料的干燥、掺胶与混合。

设备主要特点：

(1)料浆在搅拌状态下干燥不会结块；在同一干燥器中，可以先后完成料浆干燥、掺蜡及掺蜡后干燥等工序。这种工艺料粒压制性能好，物料出料率高；设备结构紧凑，缩小了工作场地，工作可靠。

(2)该设备采用气动系统控制倾翻、启盖，进行自动卸料，从而减轻了工人劳动强度。

(3)物料混合均匀。由于搅拌轴形状特殊，并相交安装，同时作相向转动，因此物料能充分地搅拌均匀。

(4)物料纯度高。因该设备可混合搅拌，干燥均在真空状态下进行，故可排除外界异物、灰尘对物料的污染。同时，物料升温幅度低，可减少物料氧化。

真空干燥主要工艺参数要求：湿磨后的料浆首先需要沉淀 6 h 以上，把上层的清液抽走，再放入真空干燥设备的容器中。用 70 ℃ 热水干燥物料，同时对干燥容器抽真空。干燥过程中根据工艺要求加入一定量的石蜡。干燥完成后，将温度冷却到 50 ℃ 以下后再卸料。用擦筛将物料破碎，用 60 目软筛网。

✎ 练习题

一、单选题

1. 料浆中湿磨介质的含量应调整为料浆总质量的(　　)。

A. 20%~25% 　　B. 25%~30% 　　C. 30%~35% 　　D. 35%~40%

2. 喷雾干燥塔内含氧量控制不多于(　　)。

A. 1% 　　B. 2% 　　C. 3% 　　D. 4%

3. 喷雾干燥设备的心脏是(　　)。

A. 喷雾塔 　　B. 喷嘴 　　C. 风机 　　D. 旋风收容器

二、多选题

1. 喷雾干燥工艺参数正确的是(　　)。

A. 塔顶氮气入口温度为 180~230 ℃，塔底出口温度为 90~100 ℃，冷凝塔出口温度为 19~23 ℃

B. 干燥塔内部压力为 1.6~2.4 kPa

C. 酒精冷却器冷却酒精的出口温度、进口温度分别为 16~20 ℃、13~15 ℃

D. 油加热温度≯285 ℃，电加热温度≯350 ℃

2. 关于喷嘴型号规格和喷雾压力的选择，下列说法正确的是(　　)。

A. 一般酒精加入量在 0.20 L/kg 以下时选用"SG"喷嘴

B.喷嘴孔径大多选用 1.1 mm 的

C.酒精量大和干燥温度偏小时可选用 1.0 mm 孔径的喷嘴

D.生产中喷雾压力大多选用 1.2 MPa

3.真空干燥主要工艺参数正确的是(　　　)。

A.湿磨后的料浆首先需要沉淀 6 h 以上,把上层的清液抽走,再放入真空干燥设备的容器中

B.用 70 ℃热水干燥物料,同时对干燥容器抽真空

C.干燥过程中根据工艺要求加入一定量的石蜡

D.干燥完成后,将温度冷却到 50 ℃以下后再卸料

F.用擦筛将物料破碎,用 60 目软筛网

三、判断题

1.喷雾干燥可直接将料浆溶液制成粉末料粒产品。　　　　　　　　　　　　　　(　　)

2.旋风收尘器的连接部件的气密性要特别重视。　　　　　　　　　　　　　　(　　)

3.酒精介质回收系统主要由酒精冷凝回收塔(或者淋洗塔)、酒精冷却器、酒精泵三个部分组成。　　　　　　　　　　　　　　　　　　　　　　　　　　　　　　　　(　　)

4.喷雾干燥系统在干燥完物料后,重新进行下一批次干燥,都必须进行严格的清洗。

　　　　　　　　　　　　　　　　　　　　　　　　　　　　　　　　　　(　　)

任务五：混合料生产质量控制

学习目标

【思政或素质目标】

1.树立产品质量是产品生命力的质量意识。

2.建立掌握科学的质量鉴定知识是履行产品质量控制的前提条件的认知。

3.树立不合格品再利用的成本控制和资源保护意识。

【知识目标】

1.掌握混合料工艺性能检查方法和判定规则。

2.掌握 B 试样性能检查方法和判定规则。

3.掌握不合格混合料再利用的工艺方法。

【能力目标】

1.能对混合料工艺性能进行质量鉴定。

2.能对 B 试样性能进行质量鉴定。

3.能对不合格混合料进行再利用处置工艺的设计。

4.5.1　混合料质量鉴定

干燥好的混合料在投入下一道工序生产之前,必须对混合料的质量进行检查与评价,这

一过程称为混合料鉴定。

混合料鉴定由两部分组成：混合料工艺性能检查与 B 试样性能检查。

B 试样的规格为：(5.25 ± 0.25) mm×(6.5 ± 0.25) mm×(20 ± 1) mm，四周有 45°倒角，见图 4-10。

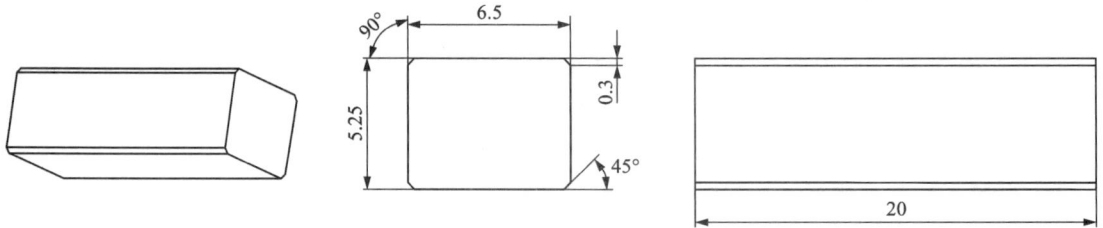

图 4-10　B 试样示意图

混合料工艺性能检查：检查项目包括流动性（霍尔流量测定）、松装密度（霍尔流量测定）、粒度分布，要求粒度为 0.06~0.25 mm（相当于在 60~250 目的筛网中）的粉末占 85% 以上，粉末的物料比例小于 15%。用体视显微镜（放大 20~40 倍）检查物料外观形貌（主要检查粒子圆度；"半边"及"实心"粒子等），见图 4-11。

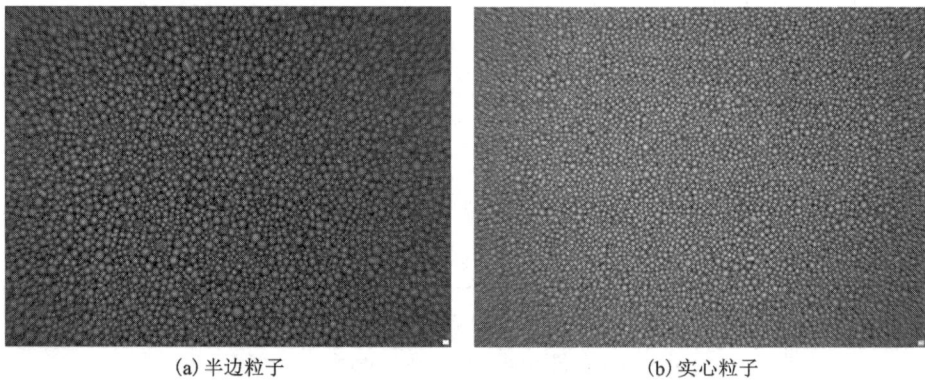

(a) 半边粒子　　　　　　　　　　　　　　(b) 实心粒子

图 4-11　混合料粒子对比图

混合料长条 B 试样检查：计算烧损系数 C_1 和收缩修正系数 C_2 值，测定密度、钴磁、矫顽磁力、抗弯强度与硬度；金相组织结构测定包括孔隙度、晶粒度、渗/脱碳、夹细、夹粗、混料及其他缺陷。

烧损系数 C_1 值是指毛坯烧结过程中的质量损失分数（%），这种损失主要是指成形剂的挥发和氧化物的还原等造成的失重。C_1 值计算公式：

$$C_1 = \frac{m_p - m_s}{m_p} \times 100\% \tag{4-2}$$

式中：m_s 表示烧结块质量，g；m_p 表示压制块质量，g。

收缩修正系数 C_2 值是指产品高度与宽度之间的收缩比之差（%），主要取决于合金的牌号与混合料的批次等，该值有正、负值之分，一般在 -2.0% 至 2.0% 之间。C_2 值计算公式：

$$C_2 = \left(\frac{b_s}{b_p} - \frac{h_s}{h_p} \right) \times 100\% \tag{4-3}$$

式中：b_p 表示压制品宽度尺寸，mm；b_s 表示烧结品宽度尺寸，mm；h_p 表示压制品高度尺寸，mm；h_s 表示烧结品高度尺寸，mm。

混合料质量判定规则：

(1)混合料外观应无目视可见的夹杂物。

(2)粉末性能、压制参数 C_1 值和 C_2 值按相应喷雾混合料有效技术条件进行质量判断，若无明确要求，则提供实测值。

(3)根据所有检测项目的试验结果，对每一喷雾混合料检验批次，按相应混合料技术条件进行质量符合性判定。在所有检验项目均合格的情况下，则可判定该批混合料合格。不合格料可进行一次复检，然后按检查规则判定是否合格。

一般来说，每个牌号混合料的质量指标要高于大批生产时的质量指标要求。为了保证混合料的压制性能，在压制 B 试样条时，同步测试所需要的压制压力，其一般控制范围为 80～120 MPa，对于超过这个标准的混合料要重新处理。

混合料的质量控制对硬质合金生产过程的质量控制至关重要。硬质合金材料内在质量控制主要是对合金总碳、合金晶粒度及合金金相组织结构的控制。硬质合金外观质量控制主要是对合金的几何尺寸波动范围的控制。前者的控制重点在配料计算和球磨实验上；后者的控制重点在喷雾干燥工序上，以控制好物料的流动性、松装密度等。

对于出现的质量不合格情况，一般的分析程序是：首先看密度指标，确定合金的成分配比是否合格；其次看钴磁指标，确定合金的碳量是否合格；最后看合金的矫顽磁力指标，确定合金的粒度是否合格。如果仍然无法准确判断原因，则通过金相观察，再经综合分析确定原因。

4.5.2 不合格混合料再利用的工艺方法

硬质合金生产过程中产生的各类不合格料简称 PR 料（指加工过的原料，英文为 processed raw）。PR 料处理一直是硬质合金生产中不可回避的技术难题。它直接关系到产品质量与产品成本问题。长期生产实践证明，科学合理的处理方式是硬质合金企业提高产品质量的有效途径。

混合料生产过程中所产生的 PR 料，包括旋风收尘器料、塔尾料、成形性能不好的混合料，以及孔隙度超标及物理性能不合格的混合料等。

废压坯包括调模过程中产生的单重、尺寸超标的压坯，成形过程中产生的单重、尺寸超标的压坯，成形过程中有外观缺陷的压坯，成形过程的边角料，冷等静压中的"头尾料"，以及轻度混料的压坯等。

降级使用的 PR 料包括布袋收尘料、桌面残料等。

混合料生产过程中不能处理的物料主要包括地面残料、沉淀池料、等静压进油/进水料，配料过程、球磨过程中的收尘料。

在条件允许的情况下，将 PR 料按牌号分类收集与存储，是一种简单、方便、科学合理的分类/存储方式。

如果 PR 料不能完全做到按牌号收集，则可遵循以下几个基本原则：

（1）煅烧后降级处理的 PR 料，可按钨钴类、钨钴钛类、含镍类、超细类、其他类等进行分类收集。

（2）按 WC 的粗、中、细粒度分类。

（3）混合料生产过程中不能处理的 PR 料，按废料收集，统一交专业公司处理，不能随意排放。

不合格混合料再利用主要处理工艺：

（1）简单重磨处理。

该方法适用于由孔隙度、钴池、流动性差等因素造成的不合格料。

（2）补碳粉重磨。

该方式适用于碳含量低的不合格料。

（3）补钨粉重磨。

该方法适用于碳含量高的不合格料。

（4）50% 稀释处理。

该方式适用于成分结构不合理，或者是无法通过重磨处理达到合格的不合格料。

（5）10% 稀释处理。

10% 稀释处理实际上就是按加 10% 返回料的正常配料方法进行。

练习题

一、单选题

1. 确定硬质合金的碳量是否合格，主要看合金的(　　　)。
A. 密度　　　　　　B. 钴磁　　　　　　　　C. 矫顽磁力　　　　　　　D. 抗弯强度

2. 混合料生产过程中不能处理的物料，不包括(　　　)。
A. 地面残料　　　　B. 等静压进水料　　　　C. 配料过程收尘料　　　D. 塔尾料

3. 由孔隙度、钴池、流动性差等因素造成的不合格料的再利用方法是(　　　)。
A. 简单重磨处理　　B. 补碳粉重磨　　　　　C. 补钨粉重磨　　　　　　D. 50% 稀释处理

二、多选题

1. 混合料工艺性能检查的项目有(　　　)。
A. 流动性　　　　　B. 松装密度　　　　　　C. 粒度分布　　　　　　　D. 外观形貌

2. 混合料长条 B 试样检查的项目有(　　　)。
A. 毛坯烧结过程中质量损失分数(%)的计算
B. 产品高度与宽度之间的收缩比之差(%)的计算
C. 密度、钴磁、矫顽磁力、抗弯强度与硬度等的测定
D. 金相组织结构测定

3. 硬质合金材料内在质量的控制项目有(　　　)。
A. 合金总碳　　　　B. 合金晶粒度　　　　　C. 合金金相组织结构　　D. 合金几何尺寸

三、判断题

1. 混合料鉴定是指混合料工艺性能检查。　　　　　　　　　　　　（　　）
2. 收缩修正系数 C_2 值一般为 $-2.0\% \sim 1.0\%$。　　　　　　　　（　　）
3. 硬质合金生产过程中产生的各类不合格料简称 PR 料。　　　　（　　）
4. 若条件允许，优先将 PR 料按牌号分类收集与存储。　　　　　　（　　）

项目五　粉末成形与质量控制

粉末成形是指将粉末压实成具有所需形状和尺寸压坯块的过程，是硬质合金生产中操作性很强的工艺过程，是保证硬质合金毛坯尺寸精度、表面质量和合金内部质量的关键工序之一。硬质合金生产中有模压、挤压、注射、等静压加割型等多种成形方法，其中模压成形应用最多。

任务一：模压成形原理和基本概念

学习目标

【思政或素质目标】

1. 培养模压成形工艺流程的科学素养。

2. 了解压制压力与密度分布关键技术要求。

3. 了解压坯强度与弹性后效技术要求。

【知识目标】

1. 掌握模压成形的基本原理和过程。

2. 了解压制压力的定义、单位及其对压坯密度分布的影响。

3. 理解压坯强度和弹性后效的概念及其影响因素。

【能力目标】

1. 能描述模压成形的基本原理和过程。

2. 能分析压制压力对压坯密度分布的影响。

3. 能解释压坯强度和弹性后效的影响因素。

单向加压模压成形原理：在阴模的腔体中装填一定质量的硬质合金混合料粉末，再通过压力机的运动由上冲头对粉末施加一定压力 P，保持压力一定时间，使压坯的密度达到工艺要求后，从模具中脱出压坯，即可得到所需形状和尺寸的硬质合金压坯，见图 5-1。压制开始时，压力增大，压坯密度增加很快；接着密度增大速度慢慢变小；最后，压力再增大密度会基本保持不变。这是经过实践证明的硬质合金混合料在压制过程中的基本规律。

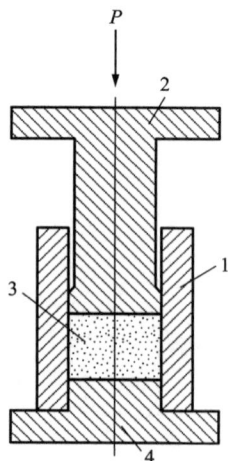

1—阴模；2—上冲头；3—粉末；4—下冲头。

图 5-1　单向加压模压成形原理示意图

模压的加压方式主要有三种：单向加压、双向同时加压、双向多次分步加压（也称浮动压制），三种加压方式的压制原理基本相同。不同的加压方式由不同结构形式的压力机提供，相应的模具设计也会有一些不同。

5.1.1　压制压力与压坯密度分布

5.1.1.1　压制压力

硬质合金压制工艺参数中，压制压应力指单位面积上的压力，单位是 MPa（Pa 的单位是 N/m²），但在生产实践中，习惯上简称为"压制压力"。在表示压力机的压力时，往往用总压力概念（习惯上称多少吨的压力机，常见的机械式压力机有 16 吨、40 吨和 60 吨等几种），单位是 N（牛顿），1 吨（力）= 9800 N。

压制时，压力机所施加的垂直方向的正压力用 P 表示，压力经冲头传向粉末，粉末将压力传向各个方向，但是粉末不是完全理想的流体，传向各个方向的压力是不均匀的，垂直方向传递的压力比水平方向传递的压力要大。压制压力 P 主要产生两个作用：一部分力使粉末产生移动、变形和克服粉末内部摩擦力，称之为净压力，用 P_1 表示；另一部分力用来克服粉末与模壁之间产生的摩擦力，用 P_2 表示。因此，压制压力表示为：

$$P = P_1 + P_2 \tag{5-1}$$

压制过程中，压坯水平方向对模壁产生的压力与模壁对压坯的反作用力（侧压力）相等，用 $P_{侧}$ 表示，见图 5-2。侧压力 $P_{侧}$ 与正压力 P 之比叫侧压系数，侧压系数小于 1。一般来说，$P_{侧}$ 在高度方向上并不是一个固定的值，计算时取其平均值。粉末体与模壁之间的摩擦力可以用侧压力 $P_{侧}$ 与它们的摩擦系数的乘积表示。所以，压坯脱模时所需的脱模压力与侧压力 $P_{侧}$ 呈正相关关系。

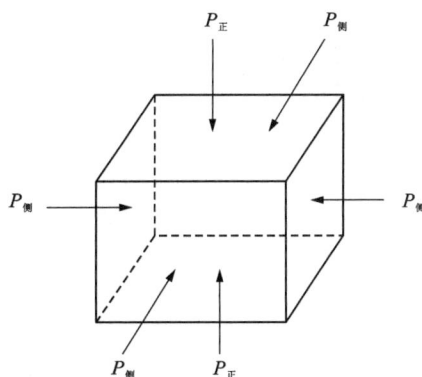

在模压成形时，由于存在粉末颗粒之间的互相摩擦和粉末颗粒与模壁间的摩擦，压坯内各点粉末所承受的压力是不相同的。一般情况下，离加压冲头越远的位置所受到的压力越小，这种压力损失现象称为压力降。粉末颗粒越细，形状越复杂，模具表面越粗糙，压力降也越大。压力降是引起压坯密度不均匀的主要原因之一。

图 5-2　压制时压坯的受力状态

5.1.1.2　压坯的密度分布

通常来说，压坯在烧结时，密度小的部位的收缩会大一些，产品相应的尺寸会变小。为了精密控制产品的形状和尺寸，使产品尽量均匀收缩，控制压坯密度不均匀性在工艺可以接受的范围内，就是压制工艺设计的主要任务。

压坯密度变化的一般规律：粉末颗粒沿加压方向运动时，压力不断地损失。距加压冲头越远，这种损失就越大，直至压力消失，同时传给粉末的压力就越小，所以压坯的密度也越来越小。双向加压时压坯的密度分布相当于两个单向加压的状态，压坯中间部位的密度会比较小。图 5-3 表示圆柱形压坯在单向压制和双向压制时，压模中粉末的受力状态和密度分布情况。

另外，如果模具有台阶，在台阶的过渡部位，压坯密度也会不均匀。

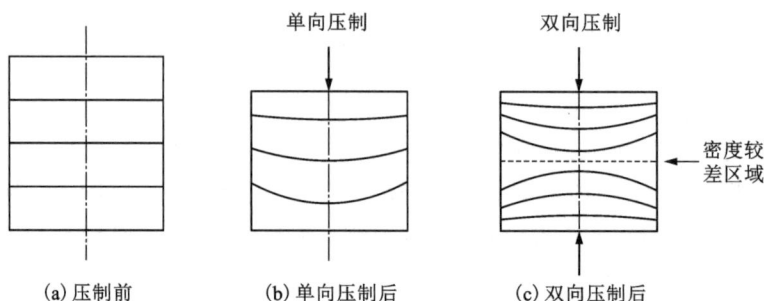

(a) 压制前　　　(b) 单向压制后　　　(c) 双向压制后

图 5-3　圆柱形压坯不同部位的密度大小以及烧结收缩示意图

5.1.2　压坯强度与弹性后效

5.1.2.1　压坯强度

对于一般粉末冶金模压成形的压坯来说，压坯强度是由颗粒间的机械啮合及原子间力的相互联合共同作用的结果。硬质合金的压坯需要人工或机械手进行转移操作，有些产品还需要进行一些机械加工，所以，压坯需要有较好的强度。

压坯强度通常会随施加的压制压力增加而提高。这种规律性与压坯密度随压制压力增加而提高的情况类似。当压制压力较低时，压坯强度随压力的增加是比较快和明显的，这是由于粉末的拱桥现象在较低压力作用下迅速消除，粉末颗粒移动距离较大，孔隙急剧减少，粉末接触面增大，压坯密度迅速增大。当压制压力足够大时，此时的压坯已具有足够的强度；若再增加压制压力，则压坯强度不再明显提高，反而会由于粉末颗粒局部加工硬化和应力集中压坯出现分层和裂纹现象。

生产实践证明，在一定范围内，压坯强度随成形剂加入量的增加而提高，所以硬质合金混合料中加入成形剂的主要作用是为了提高压坯强度和改善压坯密度不均匀性。

5.1.2.2　压坯弹性后效

在成形压力下，压坯中的粉末颗粒内部和颗粒间接触表面上，由于原子间引力与吸力的相互作用，会产生一个与颗粒受力方向相反的力来阻止颗粒的变形，这个与压制压力平衡的作用力称为弹性内应力。

在去除压制压力和压坯脱出模腔以后，由于弹性内应力的释放作用，而使压坯体积膨胀的现象称为弹性后效。它通常发生在压坯脱模的过程中，有时也发生在脱模以后，见图 5-4。

在许多情况下，脱模的一瞬间是弹性后效最显著的时刻，是压坯最容易出现分层、裂纹的时

图 5-4　脱模后压坯弹性后效发生的尺寸变化

候。压制方向的弹性后效比其他方向的大得多，压制高度方向的尺寸变化为 1.02 倍，而宽度方向的尺寸变化则为 1.005 倍。

裂纹的产生是由于粉末颗粒之间的黏结力相对较弱，承受不了正常的弹性后效（抗张强度），这就是它经常出现在压坯密度较低的部位的原因，例如，带后角的切削刃口，或压坯（以加压方向而言）中部。分层则是由于粉末之间的正常黏结力承受不了过于严重的弹性后效（剪切强度），这就是分层经常出现在压坯受压面的棱上或其附近、压坯台阶处的原因。形成分层的作用力图示见图 5-5。p_t 和 p_c 作用的结果就是在棱上撕开一条沿二者的合力方向的裂纹（分层）。

分层、裂纹是否形成取决于两个效果相反的力相互作用的结果：一个是力图使粉末颗粒之间的接触减弱或完全脱离的弹性后效作用力，另一个是力图保持粉末颗粒之间接触的成形剂的黏结力或/和粉末颗粒塑性变形可能形成的黏结力（机械嵌合力）。如果前者超过后者，就会出现分层或裂纹。没有弹性后效，压坯就不会有分层或裂纹。

弹性变形不可能在粉末颗粒之间的每一个接触区域均衡地发生。受力越大、弹性变形越严重的区域，弹性后效越强烈，甚至出现分层或裂纹。受力较小的

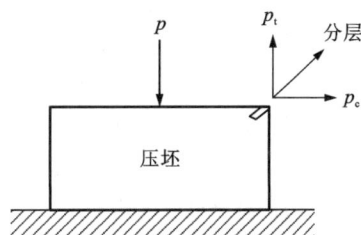

p—压制压力；p_t—正向弹性膨胀力；
p_c—侧向弹性膨胀力。

图 5-5 分层成因示意图

接触区域，弹性后效所产生的膨胀力不足以克服成形剂的黏结力，大体保持着加压后的接触状态而完好无损。

一切提高粉末颗粒间结合强度和降低其接触应力的因素都会导致弹性后效作用的降低，反之亦然。这包括成形剂的种类及用量、粉末颗粒的塑性、团粒状态（流动性）、粉末粒度、要求的压坯密度及压坯的形状。

5.1.3 线收缩系数、压坯单重与压制尺寸（高度）

5.1.3.1 线收缩系数

线收缩率有两种表示方式：一是压坯尺寸与其对应的毛坯尺寸之比，其值大于 1，一般为 1.20 左右（国内企业常用）。二是压坯尺寸与其对应的烧结毛坯尺寸之差与压坯尺寸之比，其值小于 1，一般为 17%~23%（国外企业常用）。线收缩率 K 的计算公式：

$$K = \frac{H_p - H_s}{H_p} \times 100\% \qquad (5-2)$$

式中：K 为加压方向线收缩系数，%；H_p 为压坯高度，mm；H_s 为烧结品高度，mm。

确定收缩系数的基本原则：在压块不出现层裂的条件下密度尽可能高，也就是收缩系数尽可能小。确定线收缩系数 K 还要考虑下列因素：

（1）压块尺寸和形状：大压块的收缩系数要大些；形状复杂产品的收缩系数也要大一些。

（2）粉末的粒度：粉末粒度越细，收缩系数越大。

（3）被压粉料的流动性：流动性差的产品，其收缩系数宜大些。

（4）成形剂的种类。

硬质合金生产中，对于形状复杂、大尺寸、高钴产品或对烧结块的尺寸精度要求较高的

产品，其收缩系数还要经试压和试烧产品来确定。

5.1.3.2　压坯单重

对于形状简单、可以准确地计算出其烧结块体积的制品，可由式（5-3）先算出其烧结块单重，然后由式（5-4）算出其压坯单重。

$$M_s = V_s \rho \tag{5-3}$$

$$M_p = \frac{M_s}{1 - C_1} \times 100\% \tag{5-4}$$

式中：M_s 为烧结块单重，g；V_s 为烧结块体积，cm^3；ρ 为合金密度，g/cm^3；M_p 为压块单重，g；C_1 为压制单重修正系数，%。

如果制品形状复杂，体积难以算准，而烧结块的尺寸精度要求又较高的话，往往需要反复试压、试烧才能确定其压制的单重。

每一套新压模（即使是老产品）的压制单重都要经试压确定。试压压块烧结后，不但可以确定哪个单重合适，而且还可以对这些烧结块进行测量，得到计算其他压制参数的数据。

5.1.3.3　压制尺寸（高度）

压块的压制高度 H_p 用下式表示：

$$H_p = \frac{H_s}{1 - (K + C_2)} \times 100\% \tag{5-5}$$

式中：H_s 为烧结块高度，mm；K 为线收缩系数；C_2 为压制尺寸修正系数。

要注意的是，纵（加压方）向与横向收缩系数的差别，往往会造成烧结毛坯的尺寸超过允许公差范围。因此，对每套新压模试压时都必须精确测量这种差别，并算出精确的压制高度，保证烧结块的各向尺寸控制在允许的误差范围之内。

✏ 练习题

一、单选题

1. 单向加压模压成形过程中，压制压力主要由哪两个部分组成？（　　　）

A. 净压力和侧压力　　　　　　　　B. 正压力和侧压力

C. 净压力和摩擦力　　　　　　　　D. 正压力和摩擦力

2. 在模压成形中，压坯强度主要取决于什么？（　　　）

A. 粉末颗粒的大小　　　　　　　　B. 粉末颗粒间的机械啮合及原子间力

C. 模具的材料　　　　　　　　　　D. 施加的温度

3. 压坯弹性后效通常发生在什么时候？（　　　）

A. 压制开始时　　　　　　　　　　B. 加热过程中

C. 脱模的瞬间或脱模以后　　　　　D. 压制结束后冷却过程中

二、多选题

1. 在模压成形中，影响压坯强度的因素有哪些？（　　　）

A. 压制压力　　　　　　　　　　　B. 粉末颗粒之间的机械啮合

C. 模具的材料　　　　　　　　　　D. 粉末颗粒的塑性

2.导致压坯密度不均匀的主要因素有哪些？（　　　）

A.粉末颗粒之间的摩擦　　　　　　　B.模具表面的粗糙度

C.压制后的冷却速度　　　　　　　　D.施加的压力

3.压坯弹性后效会受到哪些因素的影响？（　　　）

A.压制压力　　　　　　　　　　　　B.粉末颗粒的大小

C.成形剂的种类和用量　　　　　　　D.烧结温度

任务二：模压成形工艺与设备

【思政或素质目标】

1.了解模压成形工艺与设备。

2.树立模压模具设计与制造关键技术要求的意识。

3.了解模压成形设备选型与操作技术要求。

【知识目标】

1.掌握压制模具的分类、典型结构和设计原则。

2.了解闭式和开式压力机的特点及其选型原则。

3.了解精密自动模压成形的基本概念和工艺步骤。

【能力目标】

1.能分类不同类型的压制模具并描述其设计原则。

2.能区分闭式和开式压力机，并根据需求选择合适的设备。

3.能描述精密自动模压成形的基本概念和工艺步骤。

　　模压成形的三个要素是压力机、模具、混合料。高精性能的压力机、高精度的模具、压制性能优良的混合料，加上精确的压制工艺参数是实现精密压制成形的必备条件。

5.2.1　模压模具

　　模具是模压三要素之一，高精度的模具是实现精密压制成形的必备条件。熟悉并了解模具的特点、装卸模具熟练是提高压制质量和压制效率的重要保证。

5.2.1.1　压制模具的分类及其特点

　　模具主要分为两大类：一类是单向压制模具，另一类是双向压制模具。

1)单向压制模具

单向压制模具大部分是以人工操作为主的半自动压力机使用。除了一些形状特殊产品和特大型产品外，一般不用此类模具。

单向压制模具的特点：

(1)模具精度差，质量要求不高。

(2)为单向压制方式，压制密度差较大，压制质量较差。

(3)模具装卸简单，易操作，压制调整内容少。

2)双向压制模具

双向压制模具是目前普遍应用的模具，其中最具代表性的是应用在 TPA 系列压力机上的模具。模具主要由模体(阴模)、上冲头、下冲头(顶出器)和芯杆(非必需部件)等组成。双向压制模具是将阴模、上冲头、下冲头、芯杆装在模架的固定位置上。通过上冲头、阴模的运动来完成对粉末体的双向施压。

普通双向压制模具的特点:

(1)模具精度较高,质量要求也比较高。

(2)为双向压制方式,压制密度差较小,压制质量较好。

(3)模具装卸相对复杂,操作和压制调整内容较多。

(4)模具制作难度较大,成本较高。

3)自动装卡(3R 夹具)双向压制模具

自动装卡(3R 夹具)双向压制模具是目前档次极高的精密模具,其主要应用在电动直驱压力机、全自动液压机上,其在部分要求高的 TPA 系列压力机上也有应用。自动装卡(3R 夹具)双向压制模具不但拥有制作精良的阴模、上冲头、下冲头、芯杆等部件,而且在阴模、上冲头、下冲头等相应部位装有自动装卡(3R 夹具)系统,有利于快速、准确地装好模具。该模具通过上冲头、阴模或下冲头的运动来完成对粉末体的多种双向施压。

自动装卡(3R 夹具)双向压制模具的特点:

(1)模具结构相对复杂,模具带自动装卡(3R 夹具),能快速、准确地装卡模具。

(2)模具精度高,模具制作难度大,成本很高。

(3)为多种双向压制方式,其操作和压制调整内容较多,压制密度差小,压制质量好。

5.2.1.2 典型压制模具

普通双向压制模具是目前普遍应用的模具,其中最具代表性的是应用在 TPA 系列压力机上的模具。标准模具结构主要由模体、上冲头、下冲头(顶出器)和芯杆四部分组成(如果产品中间没有带孔,则不需要芯杆)。一般来说,它都是用硬质合金材料制造,模体材料和冲头材料的牌号会有不同选择,模体材料的硬度和耐磨性更好。为了节约成本且便于加工,在非工作部位可以用高强度钢材,使之与硬质合金材料焊接在一起使用。

图 5-6 为常见的 TPA 系列模具示意图,产品是中间带孔的三角形刀片。

典型球齿产品和模具结构示意图如图 5-7 和图 5-8 所示。

图 5-6 TPA 系列模具示意图

冲头
模体
顶出器
芯杆

图 5-7 球齿产品图

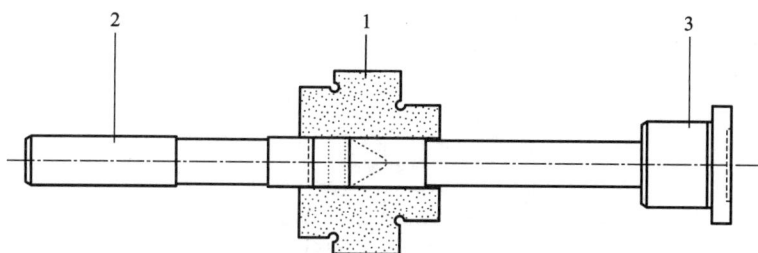

1—模体；2—上冲头；3—顶出器。

图 5-8　球齿双向压模

典型刀片类沉孔模具，如图 5-9 所示。

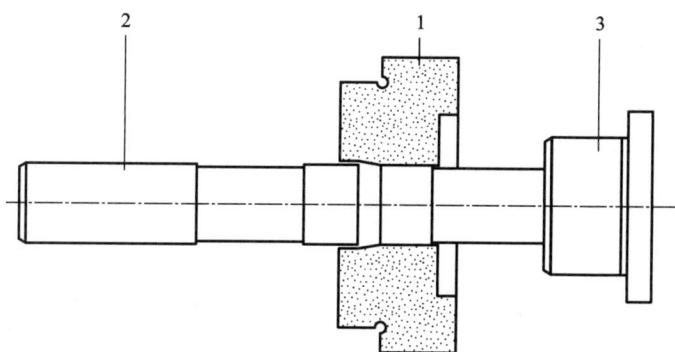

1—模体；2—冲头；3—顶出器。

图 5-9　带直台的刀片沉孔模

5.2.1.3　模具的设计原则

在模具设计制造中，从压制工艺角度考虑的设计原则主要有：线收缩率、产品压制方向、上冲头插入深度、压制位置值等。

设计压模时一般考虑以下要素：

（1）加压方向：通常选择产品的最大截面作为加压方向，还要考虑易于脱模。

（2）线收缩系数：原则是在保证不出现分层裂纹的条件下，采用尽可能小的线收缩系数。

（3）压坯密度尽可能均匀。即尽可能地满足粉末填装系数相同、压制时压缩比相同和压制速率相同的要求。

（4）考虑压坯的弹性后效，避免脱模时产生裂纹，一般在阴模中带一定锥度（脱模梢）。

（5）避免锐角部位粉末填充率过小，压力不能充分传递，压坯密度过小或出现裂纹，尖角处以圆弧 R 过渡。

（6）便于模具加工、装配和维修。

（7）对于无法模压直接成形的，则采用其他成形方法。

103

5.2.1.4　模具制造工艺

1）模具制造基本工艺流程

模具制造基本工艺流程图见图5-10。

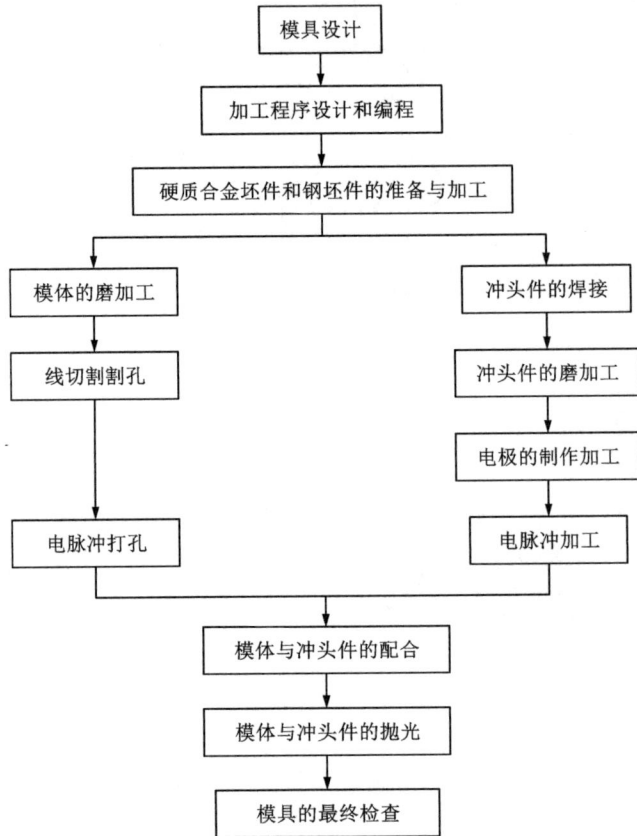

```
            ┌──────────┐
            │  模具设计  │
            └────┬─────┘
                 │
       ┌─────────┴──────────┐
       │  加工程序设计和编程   │
       └─────────┬──────────┘
                 │
   ┌─────────────┴───────────────┐
   │  硬质合金坯件和钢坯件的准备与加工  │
   └──┬───────────────────────┬──┘
      │                       │
  ┌───┴────┐              ┌───┴────┐
  │ 模体的磨加工 │            │ 冲头件的焊接 │
  └───┬────┘              └───┬────┘
      │                       │
  ┌───┴────┐              ┌───┴────┐
  │ 线切割割孔 │             │ 冲头件的磨加工 │
  └───┬────┘              └───┬────┘
      │                       │
      │                   ┌───┴────┐
      │                   │ 电极的制作加工 │
      │                   └───┬────┘
      │                       │
  ┌───┴────┐              ┌───┴────┐
  │ 电脉冲打孔 │             │ 电脉冲加工 │
  └───┬────┘              └───┬────┘
      └───────────┬───────────┘
                  │
         ┌────────┴─────────┐
         │  模体与冲头件的配合  │
         └────────┬─────────┘
                  │
         ┌────────┴─────────┐
         │  模体与冲头件的抛光  │
         └────────┬─────────┘
                  │
         ┌────────┴─────────┐
         │   模具的最终检查   │
         └──────────────────┘
```

图5-10　模具制造基本工艺流程图

2）模具制造工艺的特点

（1）模具的制作使用了统一的夹具系统，比如R3夹具系统，这使得模具制作过程中装卡系统公差一致，互换性好。

（2）采用数控刀片槽型设计与加工，用计算机编出槽型程序，并输入到高精度数控铣床，直接铣出电极，再通过电脉冲机床加工出上下冲头的槽型。

（3）对精密模具制作使用的加工设备和检验设备的要求都比较高，特别是精加工部分用的线切割机床、电脉冲机床、坐标铣床、内外园磨床等设备都是微米级精度的数控机床。检验设备除常规的工具显微镜、投影测量仪、轮廓测量仪外，还有三维坐标测量仪等高级检测设备。这些高精度的加工和检验设备，为制作高精度的模具提供了硬件保证。

（4）模具制作的工作环境要求与压制工作环境一样，必须是在恒温恒湿条件下。这是因为在同等条件下制作的模具，在同等条件下进行压制生产可以排除温度和相对湿度的影响，更有利于压制精度的控制。

5.2.2　模压成形主要设备

模压成形的主要设备就是压力机，其类型很多，分类方法也不相同。

传统的分类方法：按设备动力源划分为机械式压力机和液压式压力机两大类；按设备加压方式划分为单向压制压力机和双向压制压力机两大类。

而现在，则按功能性将压力机划分为闭式和开式两大类。原来所有机械式的压力机均属于闭式压力机，比如，德国多斯特(DORST)公司生产的 TPA 压力机。开式压力机分为液压开式和机械开式两类，具有代表性的液压开式压力机是瑞士奥斯瓦尔德(OSTERWALDER)公司生产的 CA-NC 系列全自动液压机和德国多斯特(DORST)公司生产的 EP-CNC 系列全自动液压机。现代最先进的压力机是电动直驱开式压力机，瑞士、德国、日本等国家的相关企业都在积极开发电动直驱压力机。

5.2.2.1　闭式压力机

闭式压力机的特点：压力机的所有动作(上冲头运动、阴模或下冲头运动、产品脱出、填料运动等)都是在一个 360° 的压制周期内分配完成，而且是联动的，不可随意改动。

闭式循环局限了压制工艺和功能的调整发挥，解决压制问题手段有限。机械定位设计和机械运转使其重复定位精度只有 $±(0.03\sim0.05)$ mm，南京某厂制造的 6D 型带机械手的粉末成形压力机的重复定位精度能达到 $±0.01$ mm。这种压力机的精度和功能配置，还不能全面满足高精度复杂刀片(如带槽型正刀片系列、切槽刀系列等)精密压制生产需要。

闭式压力机是机械式压力机，其动作连贯，压制速度快，通过良好的机械设计，也可以实现双向压制、预载脱模等一些提高压制质量的功能，加上价格相对比较便宜，所以仍是硬质合金企业压制成形常用设备。

5.2.2.2　开式压力机

开式压力机的特点：压力机的所有动作(上冲头运动、阴模或下冲头运动、产品脱出、填料运动等)都分别由各个独立的液压系统或直驱(伺服)电机所驱动，各个运动部件的运动可按压制工艺的要求随意调整，它是一个在压制周期内的开式循环。

开式循环放开了压制工艺和功能的调整发挥空间，增加了解决压制问题的手段。密封技术的发展，使长期困扰液压机因泄漏而造成的压力不稳的问题得到根本解决。开式液压设备重复定位精度为 $±(0.002\sim0.005)$ mm，开式电动直驱压力机重复定位精度可达 $±0.001$ mm。这些高精度、高性能的开式压力机已逐步取代原来的主流压力机，成为数控刀片精密压制的首选设备。

虽然开式压力机有良好的压制性能和压制精度，但昂贵的价格使其不能被推广应用到普通产品的压制生产中，其大多应用于数控刀片（特别是正刀片系列）的精密压制生产。

5.2.2.3　压力机的选型原则

(1)压力机的吨位：压力机的额定压力必须大于压坯所需要的总压制压力。

(2)脱模压力：下拉力或下缸的顶出力必须大于压坯的脱模压力。

(3)压力机行程：压力机的压制行程、脱模行程和压制滑块(或上杠)的上极限位置到工作台面的距离必须满足压制品型号的要求。

若要全面衡量压力机的技术先进性和实用性，则还要考虑下列因素：

(1)压制方式：包括单向压制、双向压制、非同时三次压制、等比例压制和摩擦芯杆压制等；双向压制、非同时三次压制、等比例压制都属于双向压制。

（2）脱模方式：脱模方式可分为顶出式和下拉式。上述两种脱模方式又有预载保护脱模和无载自由脱模两种形式。

（3）装粉方式：装粉方式可分为落入法、吸入法、容积法、过量装粉法等。

（4）工作台面尺寸。

（5）生产效率、安全装置和机械手。

5.2.2.4　全自动机械压力机（闭式压制）

德国 DORST 公司生产的 TPA 压力机获得了较广泛的应用。日本玉川型压力机的应用也越来越多。通过引进、消化、吸收，我国自行设计、制造的类似 TPA、玉川型压力机的设备也已相当成熟，不仅在国内市场有很高的占有率，其出口量也在逐年增加。

TPA 类型系列压力机的主要特点：①结构紧凑、密封性好；②模具为刚性定位，精度高；③采用可装卸模架结构，且高精度模架可保证压制精度；④具有顶压功能，可实现分步双向压制，可调整压坯中性区位置；⑤可施加预载，有效控制压坯脱出裂纹。另外，还可通过附属装置实现机械手称单重、刷毛刺和装盘等其他辅助功能(图 5-11)。

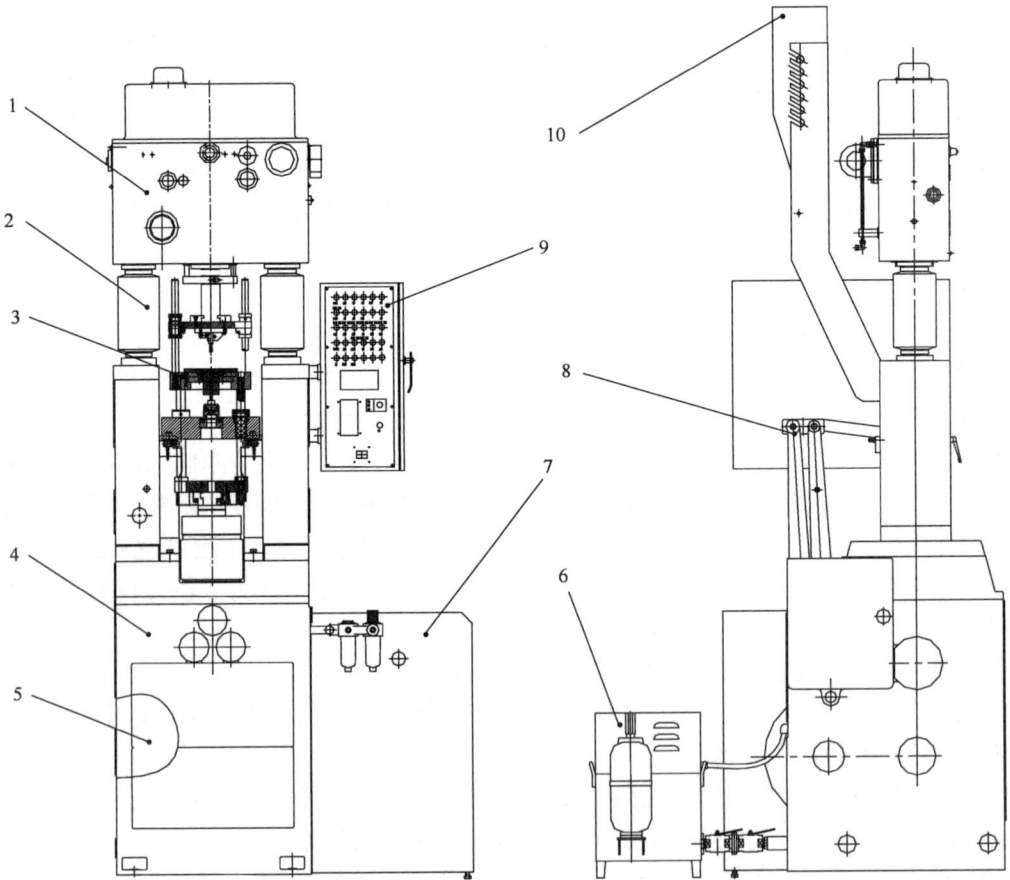

(不同型号或不同厂家的压力机，其液压系统有的为外置，有的为内置。)

1—上横梁；2—立柱；3—横架；4—主床身；5—主传动装置；6—液压站；

7—电机和离合器；8—送料机构；9—电控箱；10—料斗。

图 5-11　TPA 压力机结构示意图

　　玉川型压力机的基本功能和设备精度与 TPA 压力机相当。除此之外，它还具有以下特点。①机身为整体式钢板焊接机架，具有良好的刚性和刚性保持性；②上台面的驱动机构为曲柄轴传动机构，其产生的加压曲线有加压时间长、粉末压缩时排气性好的特点；③主机为纯机械式，不带液压系统，故障率更低，润滑系统采用定时定点集中式供油，使维修、保养、故障排除非常方便(图 5-12)。

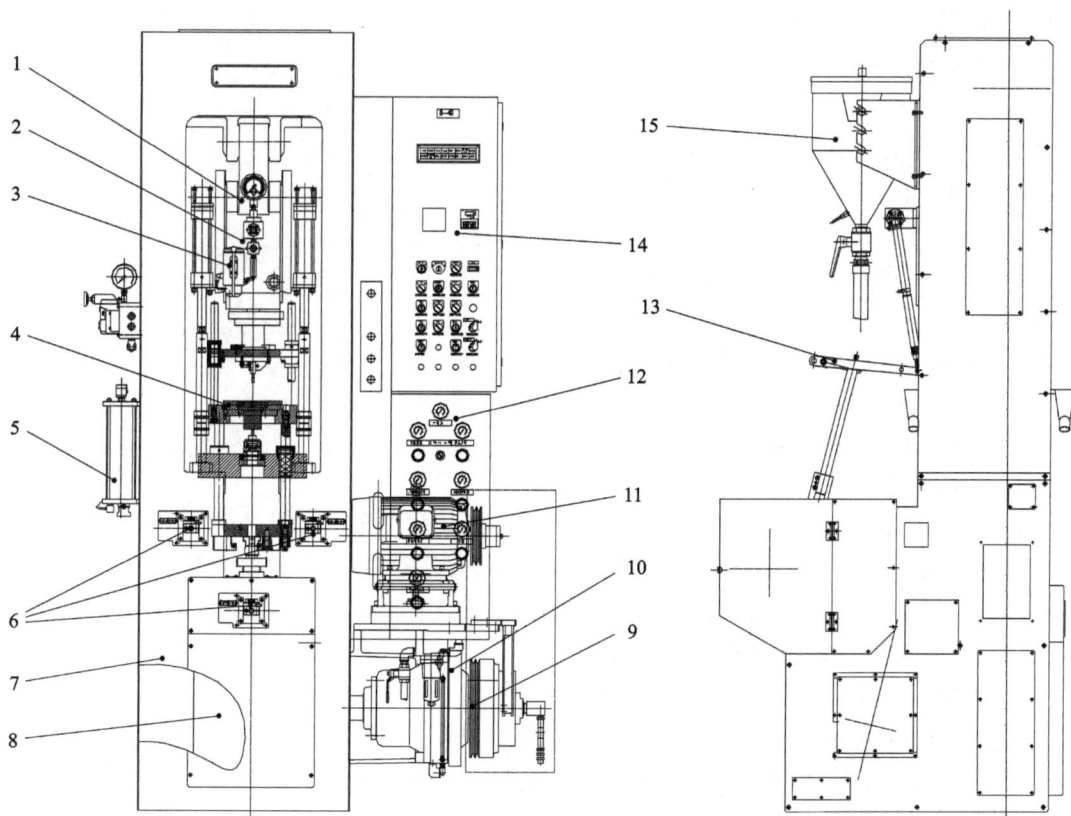

1—双臂曲柄轴机构；2—上滑块；3—油泵；4—模架；5—气动润滑泵；6—调节手柄；7—整体框架式机身；
8—主传动装置；9—离合器；10—减速机；11—电机；12—气控箱；13—送料机构；14—电控箱；15—料斗。

图 5-12　玉川型压力机结构示意图

DORST 公司生产的 TPA 系列压力机介绍如下。

　　德国 DORST 公司生产的 TPA 系列压力机，自 20 世纪 70 年代以来，一直是精密压制的首选设备，TPA 系列压力机在结构上、功能上都具有突出的特点。

　　TPA 系列压力机的基本结构可分为传动部分(主电机、皮带轮、离合器、变速机、偏心齿轮、传动轴、曲柄连杆、大拉杆)、上横梁部分(上 T 形杆、位置调节机构、预载气动装置)、压制机构部分(压制横梁、控制横梁、支撑凸轮、顶压机构、下 T 形杆)、下拉机构部分(下拉横梁、下拉凸轮)、复位机构部分(复位油缸)、送料机构部分(四连杆、进给凸轮)、控制部分(PQC3、角度编码器、配电箱)、可装卸的模架和机身这九大部分(图 5-13)。另外，还可根据用户要求配置机械手等其他功能附件。

TPA 系列压力机在结构上的主要特点：①主机为机械式底传动结构，重心低，传动平稳，其结构紧凑，密封性好；②传动以机械为主，并辅以液压和气动来完成各项功能动作；③采用可装卸模架结构，便于模具的装卸；④其附属装置松散，调整较困难，并且需要良好的工作环境和维护保养。

TPA 系列压力机在功能上的主要特点：①刚性定位，模具定位精度高，下 T 形的跳动量（在压制结束，脱模开始之前下 T 运动亦称下 T 反弹）一般在 0.05 mm 左右；②具有顶压功能，可实现分步双向压制，调整压坯中性区位置，改善压坯密度分布；③高精度的模架可保证压制精度，实现精密产品的压制，毛坯的尺寸精度可控制在 ±0.05 mm 之内；④可施加

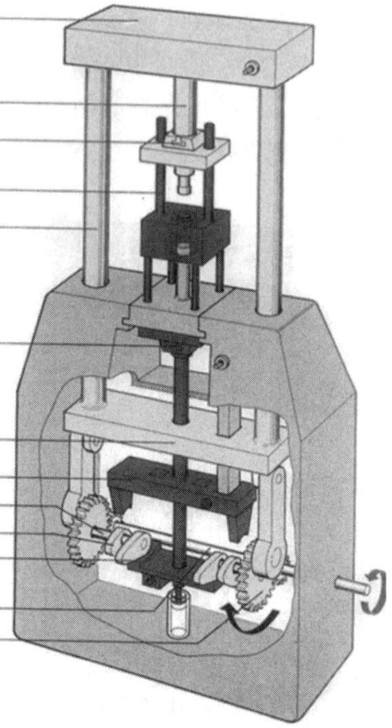

图 5-13 DORST 公司 TPA 压力机结构示意图

预载的下拉式脱模，有效地避免压坯脱出裂纹；⑤具有压力、单重的控制和监测功能，保证压制质量处于受控状态；⑥可通过附属装置实现机械手拣压坯等其他辅助功能。

5.2.2.5 全自动液压式压力机（开式压制）

瑞士奥斯瓦尔德公司和德国多斯特公司生产的新一代全自动液压式压力机，其重复定位精度可达到 ±0.002 mm。全自动液压式压力机的上冲头、模体、送料舟及活动芯杆分别由各自的液压系统驱动，其运行速度、运行距离及停留时间均可通过 CNC 编程各自随意调节。这样就可以实现多种压制方式（差动式双向压制、等双向压制等）、多种脱模方式（下拉式脱模、顶出式脱模等）及多种装料方式（吸入式装料、振动装料等），以满足不同的压制工艺要求。目前世界上一些硬质合金知名企业，已选用全自动液压式压力机作为精密压制的主要设备之一。

1）基本结构及其特点

全自动液压式压力机的基本结构可分为上冲头驱动部分、模体驱动部分、送料舟驱动部分、CNC 控制部分、机械手、可装卸的模架和机身等几大部分。

全自动液压式压力机的主要特点：一是液压驱动结构，传动平稳、结构紧凑、密封性好；二是压制曲线能通过编程自由调整，可实现复杂压制工艺，各项功能动作均可独立进行；三是采用可装卸模架结构，便于模具的装卸；四是附属装置调整较困难，并且需要良好的工作环境和维护保养。

新一代的全自动液压式压力机不需要模架，可提供多达 15 个液压回路来完成上冲头、下冲头、上冲头预载、芯杆、送料舟以及辅助冲模和侧压轴的运动，其定位精度达微米级。

2）主要功能及其特点

（1）可实现多种双向压制。

全自动液压式压力机各工作轴的运行速度、运行距离及停留时间均可通过 CNC 工控机随机编程调节，整个压制过程都可以按工艺要求进行调整，具有很大的灵活性。通过调整上冲头与阴模运行速度比，可实现等双向、分步式、差动式等多种双向压制，并可任意调节压坯中性区的分布位置，以保证压制密度按工艺要求分布。

（2）可实现分段卸压脱模。

通过液压式上冲头的"压力保持"装置，脱模过程的卸压可分阶段完成，有效地降低压坯弹性后效作用，防止压坯出现脱模裂纹。

（3）可实现多种装料方式。

通过编程可使模体与送料舟联动，从而可实现重力装料、吸入式装料、欠装料、过装料、振动装料、仿形装料、组合式装料（即以上多种装料方式组合使用）等，确保装料的充分和均匀。

（4）可实现过程统计质量控制。

全自动液压式压力机可按设定的压制压力，检测上冲头的压制位置；也可按设定的压制位置，监测压制压力；还可按设定的压制位置，监测压坯重量。CNC 控制系统可根据压制压力、压坯单重、压制位置及各参数的变化趋势自动校准装料高度，从而保证压坯质量稳定。屏幕可显示最后压制的 100 个压坯的测量参数值，可直接查看当前压坯的质量状况。同时，还可通过对压制压力大小及曲线模式进行跟踪，实现对模具的实时监测，保护模具不因意外而损坏。

（5）可实现设备故障的远程诊断。

全自动液压式压力机（图 5-14）配置了一个数据 MODEM 调制解调器，可实现对设备故障的远程诊断。

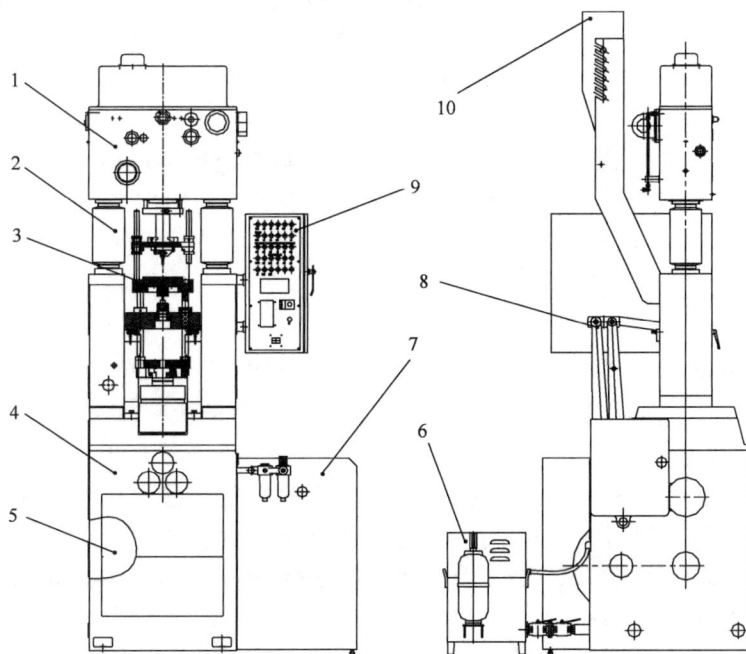

1—上横梁；2—立柱；3—横架；4—主床身；5—主传动装置；6—液压站；
7—电机和离合器；8—送料机构；9—电控箱；10—料斗。

图 5-14　TPA 全自动压力机结构示意图

5.2.2.6　全自动电动压力机(开式压制)

电动直驱压力机是当前压力机的先进设备,它集成了机械式压力机和液压式压力机的优点——速度和精度,可以满足复杂的工艺曲线需求,同时能快速更换模具。

电动直驱压力机的基本压制原理:上、下直驱(伺服)电机分别驱动上、下精密丝杆,分别带动上、下冲头与阴模做相对运动,从而使粉末分别受到上和下两个不同方向的压力而被压制成形。这类压力机的重复定位精度可达到±0.001 mm,并可将压制过程调整成多次压制来改变压坯密度分布状况,从而得到高精度的产品。因此,该压力机适用于生产可转位刀片等一些精度要求很高的产品。瑞士奥斯瓦尔德公司和德国多斯特公司为目前这类压力机的主要生产厂家,国内有东莞鑫信、广州创新旗等公司。

下面将简要介绍瑞士奥斯瓦尔德公司的 SP 320(160)压力机(图 5-15)。

图 5-15　SP 320 压力机

SP 320 压力机通过四根立柱承受压制力,通过测量系统的特别布局自动补偿因压制力而引起的延伸变形,机身刚性好。由导向系统确保模架精度,使用带有快速夹紧系统的高精度模具来实现压制,采用下拉脱模工艺。

1)SP 320 压力机的结构说明

(1)导向系统。

自动电动压力机的导向系统的功能类似其他压力机的模架,能够安装压制产品的模具,实现高精度压制生产,同时可以采用 3R 快装夹具实现模具的快装,压制效率高。

(2)主传动轴结构及功能。

各驱动电机轴功能描述:①A 轴控制上模运动,电器闭环控制;②添料靴压制力,减少料盒漏料;③F1 轴用于添料靴的水平运动,通过机械式的肘杆使添料靴做前后往复运动,由电器闭环控制;④B 轴带动凹模运动,由电器闭环控制;⑤N 轴使中间芯轴运动,由电器闭环控制,中心芯杆可以开环或闭环控制并可在柱塞上切换。

图 5-16、图 5-17、图 5-18 分别为导向系统、电机驱动系统和填充装置。

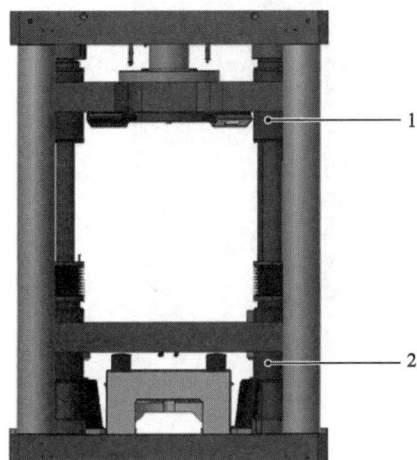

1—A-轴导向；2—B-轴导向。

图 5-16 导向系统

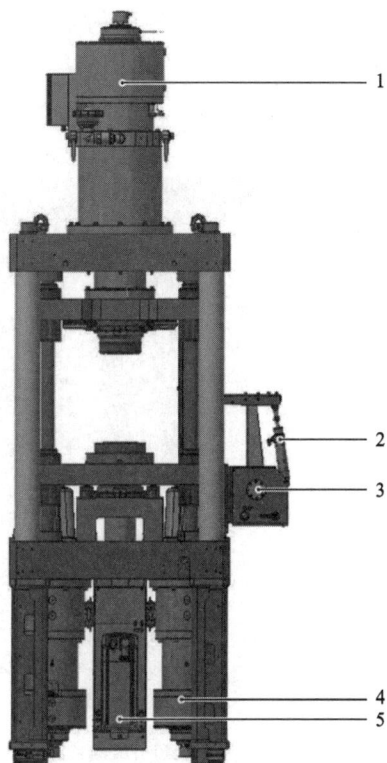

1—上模；2—添料靴压制力；3—添料靴驱动；
4—凹模；5—中间芯轴。

图 5-17 电机驱动系统

（3）粉末原料填充装置。

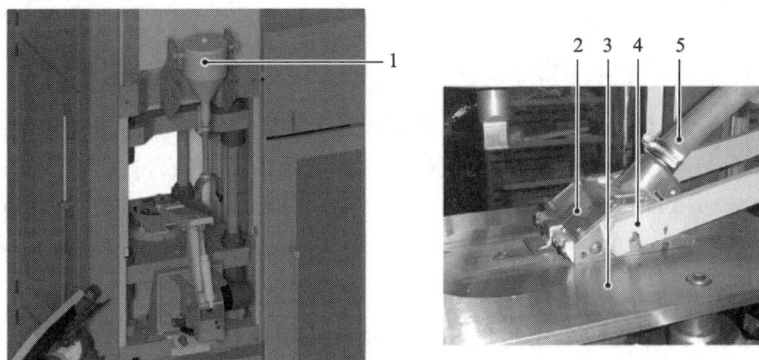

1—粉末料斗；2—添料靴；3—磨削板；4—添料靴叉；5—填充软管。

图 5-18 填充装置

通过电机闭环控制，可确保添料靴可靠和准确地填料。可以采用下列填充工艺：①吸入式填料；②落入式填料；③上部填料；④下部填料；⑤轮廓填料。必要时，在填充过程中执行振动往复行程，这可使模腔的粉末更加均匀一致。

添料靴设有一个观察窗口，用于查看粉末的状态。

（4）气动控制系统及功能（图5-19）。

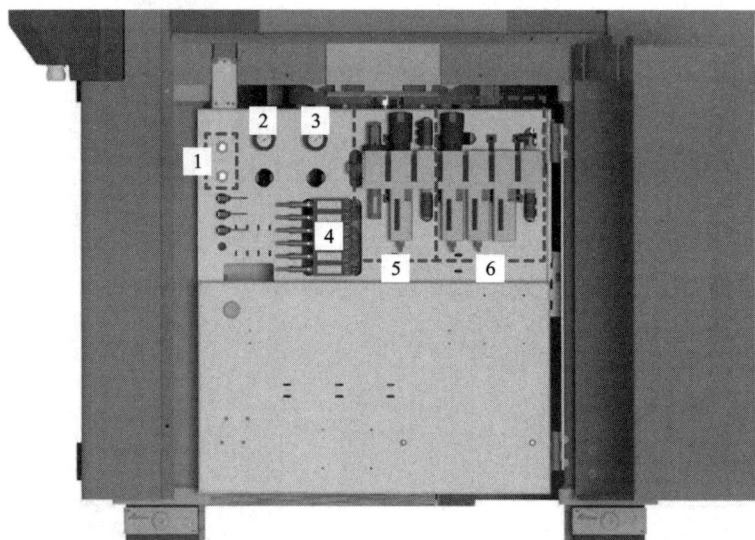

1—门到门节流阀；2—中间芯轴挤压压力设置；3—清洁和监控压力设置；
4—刀具夹紧机构流量监控；5—主系统维护单元；6—玻璃测量尺维护单元。

图5-19　气动装备

气动装置主要由下列部件组成：①主系统气动维护；②玻璃测量尺气动维护单元；③气动调整阀中间芯轴挤压压力设置；④气动调整阀刀具清洁和监控系统。

气动装置驱动下列部件：①将填充靴的压制力直接设置在填充装置上；②中间芯轴挤压单元；③模具气动夹紧。

（5）控制系统。

①电气控制柜。

电气控制柜里安装了PLC-CNC电器控制和驱动系统，负责压力机的自动化控制和编程，同时配备有各种通信接口，便于与MES系统联通。控制柜配备有冷却机，该冷却机根据冷凝水蒸发原理工作并免维护。传递压力的介质在空间上与电气设备分隔开。机床主开关位于电气控制柜的前面。

②操作面板。

操作面板上有用于控制粉末压力机的操作元件。通过回转臂，可以使操作面板定位到合适的位置。它的控制功能分为机床操作面板和机床状态显示屏。机床操作区上有用于操作机床的按键和钥匙开关。借助显示屏人机界面，可以对粉末压制过程编程和图形化检查粉末压力机的状态。

在机床上有下列通信接口：电气控制柜、与用户方网络/互联网的连接口、选项机器人的连接口、运行数据采集接口、模拟量调制解调器、操作面板（图5-20）、USB接口、自动捡产品机械手（图5-21）。

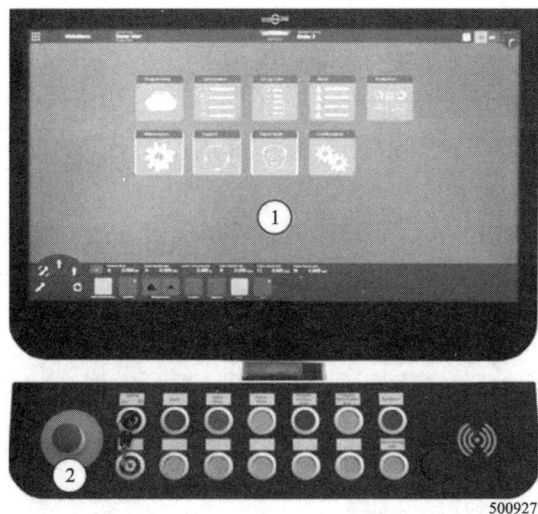

①—机床状态显示屏；②—机床控制面板。

图5-20　操作面板

（6）自动捡产品机械手。

全自动电动压力机可以配备自动捡料机械手，实现压制产品的自动捡料、产品质量自动检测、产品自动摆盘等功能。

2）德国 DORST 的 EP15（EP30）CNC 压力机简介

DORST 公司生产的压力机是最新设计的伺服马达直驱的成形设备，压力机用于硬质合金以及其他粉体材料的成形。压力机在动态性能、灵活性以及经济性上都达到了一个新的水准。

（1）压力机的结构。可分为上横梁传动部分（伺服马达、行星减速器、高强度精密丝杆）、上横梁部分（上 T 形块、高精度线性导向系统、气动预载装置）、阴模传动机构（伺服马达、减速器、高强度精密丝杆）、填料机构（伺服马达、减速器、推料连杆）、芯杆机构（伺服马达、皮带轮、丝杆）、控制部分［PC 控制系统（由 DVS 可视化系统和 DCS 机器控

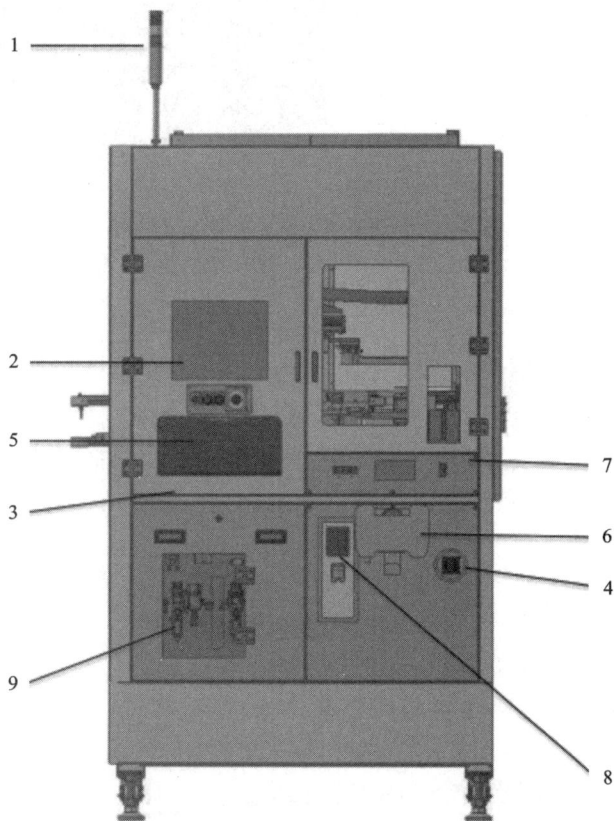

1—信号指示灯；2—人机界面显示屏（HMI 触摸屏）；3—键盘；
4—主电源开关；5—操作按键；6—示教器；7—丢弃桶；
8—接口（USB、LAN、220 V 电源）；9—主气源、主电源。

图5-21　WTA 机械手结构示意图

制)、配电柜]。图 5-22 为 EP15 CNC 电动压力机结构和外观图。

压力机有伺服马达驱动的 3 个闭环控制的运动轴：上压力轴、阴模驱动轴(下轴)、填料器驱动轴。其中上压力轴也可以对压力做闭环控制。

压力机的运行控制由 2 台 PC 完成，其中 DCS 用于运动轴的闭环控制，DVS 可视化系统用于可视化监控。

压力机的控制面板装在悬挂臂上，其工艺程序的设置通过 IPG 智能程序生成器来完成。

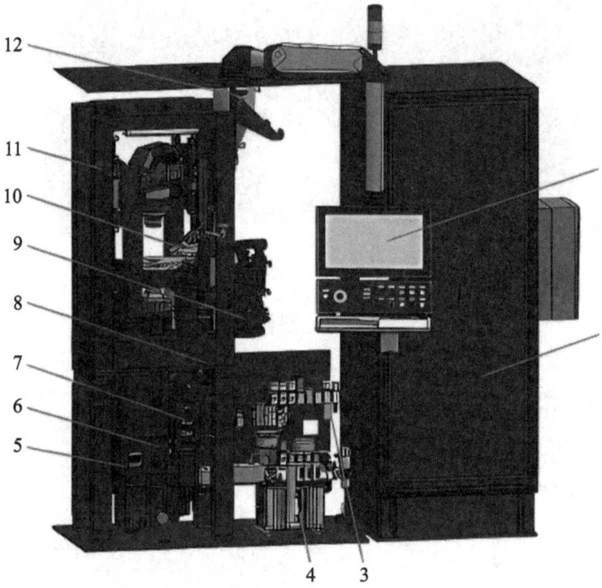

1—操作终端；2—电气开关柜；3—气动装置；4—油润滑泵；5—上方主驱动装置；6—驱动装置(芯杆)；
7—下方主驱动装置；8—气动中心销垫手柄；9—喂料器驱动装置；10—喂料鞋；11—机器支架；12—填料仓。

图 5-22 EP15 CNC 电动压力机结构和外观图

(2)填料器。填料器由料斗和支架、粉料水平监测装置、输料软管、单管填料靴、料靴更换装置等组成。填料器的驱动已经集成在压力机中，填料靴在阴模平台上由带压力控制阀的气动压紧装置，通过调整压力，可将接触磨损降到最低。

换粉料的时候，将填料靴退回到停止位上，然后将其跟下面的盖板一起拿走，防止粉尘渗出。

料斗是不锈钢材质，有一个监测粉料水平的传感器。在换粉料时，料斗可方便地取下。通过以上设计，供料系统可实现整体更换。

(3)模具装载。可使用高精度快装夹具，压力机可以跟瑞典 3R 快装夹具配套使用，包括装载上冲模和下冲模的底座(气动锁紧)以及固定阴模的 2 个定位轴、标准阴模台和填料平板。模具装载器为在不使用模架时的阴模台装载元件。

(4)调节手轮。调节手轮由手持控制器、机械和电子元件、软件组成。主压力轴(上压力轴、阴模、芯杆)可以用手轮调节。在模具更换和设置模式下，可以精确地调整位置，单步调节单位为 0.005~0.1 mm。在单次压制模式下，可操作压力机步进式地前进和后退。

(5)跟机械手配套的安全装置。压力机的安全装置符合欧盟 EU 指令。压力机前面装有气动提升的 2 扇窗，左边是铰链门，保护填料区域。压力机后方的安全护栏属于机械手配备范围。安全装置配有安全开关。

（6）半自动油脂润滑系统。半自动油脂润滑系统由马达、泵、油脂换向器、传感器等组成。操作员按照屏幕提示将上运动轴和下运动轴归位到润滑位置，然后启动润滑过程。

（7）六轴侧向压制成形装置。侧向压制成形装置包括一个特殊的阴模台，带6个驱动单元，为生产带侧向槽位的产品。电气控制元件和控制系统软件已经集成在其内；各个加压轴可以在水平面上进行偏心调节；客户的阴模夹紧工具采用楔形装置，横向杆用T形槽进行固定。

（8）捡料装置。捡料装置由1个径向运动的手臂和3个捡料抓手（真空吸头式1个，膨胀头1个，夹持式1个）组成，用于将压坯捡出来，并放在步进式驱动的压坯传送带上。

其结构特点：压力机为电动控制，各个机构能独立和组合运动，四立柱设计，填料装置安排在压力机的侧面，也可以置于压力机的前面或后面。压力机脱模方式为阴模下浮脱模，这样可以兼容现有的标准模架。模架可以从压力机前面或者后面安装（模架夹紧装置为选项），压力机也支持高精度快装夹具。采用同步双向压制，带预加载功能的下拉脱模方式。

功能上的特点：具备IPG智能程序生成器，图形化设置环境，只需输入几个参数就可自动生成完整的压制程序，可在极短的时间设置压力机，压力机只要进行几次试压就可进入正常生产。用户也可以自行设置压制程序；可设置模具保护的相关极限值。图形化显示使数据输入和错误检查非常便利。IPG支持生产中质量控制，在连续生产中可实现自我纠正。该功能保证了最大的重复性精度，使得形状较复杂的产品也可达到很高的稳定性。另外，IPG的使用也大大降低了换粉料时粉末参数变动的影响。

主运动轴的位移测量系统的分辨率（运动误差）小于1 μm；测量上冲模的压力时，整个压力曲线可以设控制公差；压力和位置的实际值和控制线可以用曲线显示和数值显示，压制程序可以细化到24步之多。这样，模具保护安全度高，进行质量过程控制时可防止出错。

实际值图形化可以实时显示8个参数的曲线，所有的压制参数（如位置、压力、设定值和实际值）都可以在对话菜单中选定，自动记录前5个周期的数据。这样，压制过程信息透明度高，能够精确分析和优化压制过程、快速分析故障。

自动调整填料高度有三种模式：测量上冲模压力、产品单重、外部信号；模具信息存储在硬盘上或网络上。

100 Mbit高速传输以太网接口用于可视化、用户终端和企业网接入，压力机之间互联和集中操作，可以实现模具程序管理、远程诊断、数据下载、远程控制和显示、软件升级等。

5.2.2.7　模架

模架由模具、模具支座及连接件组成。其作用是使阴模、模冲与芯棒分别保持在更精确的相关位置，提高压坯各部位密度的均匀性，从而得到形位公差更小和尺寸精度更高的合金产品。根据压制品形状的复杂程度，模架可以分为A型、B型、C型。A型模架（图5-23）简称上一下一模架，可连接一个上冲和一个下冲，可以压制不带台阶的产品（小的台阶可以做在凹模或芯棒上）；B型模架简称上一下二模架，可连接一个上冲和两个下冲，在模架的下连接板与凹模座之间添加了一块浮动板用于安装第二下冲（浮动冲），可压制带一个台阶的产品；C型模架简称上二下三模架，在其上连接板上可安装两个上冲，即一个固定上冲，一个浮动上冲，在模架的下连接板与凹模座之间添加了两块浮动板用于安装第二和第三下冲，可压制带多个台阶的产品。硬质合金粉末压制常用的是A型模架，B型和C型模架近年来也得到了越来越多的应用。

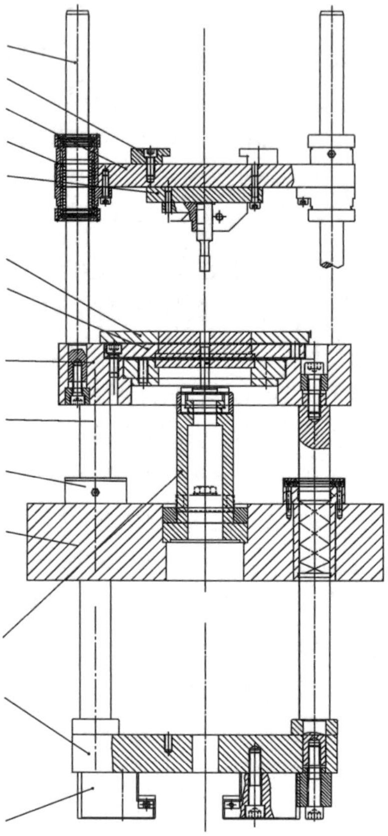

1—上导柱；2—上联结块；3—上模板；4—上导套；5—上冲安装座；6—工作面板；7—凹模压圈；
8—凹模板；9—下导柱；10—下导套；11—下冲板；12—下冲安装座；13—下联结板；14—下联结块。

图 5-23　模架示意图

硬质合金粉末压制常用模架的精度见表 5-1。

表 5-1　硬质合金粉末压制常用模架的精度

序号	检测项目	允许误差/mm
1	上导柱对阴模安装平面的垂直度	0.015
2	下导柱对模架安装平面的垂直度	0.015
3	上冲头安装面对模架安装平面的平行度	0.020
4	下冲头安装面对模架安装平面的平行度	0.020
5	阴模安装平面对模架安装平面的平行度	0.020
6	上冲头安装面的平面度	0.010

世界领先的瑞典 System 3R 公司是模具制造和精密机床加工业的柔性生产系统制造商，

System 3R 系统的概念是指在所有机床上建立统一工件电极基准系统，使每个工件或电极在每道工序的机床上实现"一分钟换装"，并且达到微米级的定位精度。硬质合金压制 3R 模具由上、下冲头固定定位块和两个模套定位销组成，其特点：①装夹速度快；②定位精度高，达 0.001 mm。

5.2.2.8 脱模方式分类及其特点

模压成形的常用脱模方式有顶出脱模、下拉脱模和下拉预载保护脱模三种方式。

（1）顶出脱模方式及其特点。

顶出脱模方式是压坯脱出时，阴模不动，靠下冲头的向上运动将压坯顶出阴模的脱模方式。杠杆式自动压力机、苏式凸轮式自动压力机等老压力机都是这种方式。

这种脱模方式由于下冲头的向上运动大多都是靠杠杆作用产生的，加上下冲头的导向面长度很短，压坯的顶出很难做到垂直上升，因此整个过程会不太平稳，压坯易产生脱出裂纹。

（2）下拉脱模方式及其特点。

下拉脱模方式脱模时，下冲头和压坯不动，阴模继续向下运动到阴模上平面与下冲上平面相平时而使压坯脱出，如 TPA 自动压力机、CA-NC250 自动液压机采用该方式。由于下冲头和压坯保持不动，只是阴模对其作相对垂直的下拉运动，因此压坯脱出比较平稳，压坯不易产生脱出裂纹。

（3）下拉预载保护脱模方式及其特点。

下拉预载保护脱模方式是指压坯在下拉脱模过程中，上冲头仍以一定的压力压在压坯上，直至压坯脱出阴模，上冲头才迅速离开压坯的脱模方式，这种脱模方式大多都是在下拉脱模的基础上增加了气动预载保护脱模的功能，如 TPA 自动压力机、CA-NC250 自动液压机就采用了该模式。

气动预载保护脱模能较好地克服压坯的弹性后效，可有效地防止弹性后效作用产生的脱出裂纹。

5.2.3 精密自动模压成形工艺

5.2.3.1 精密自动模压成形基本概念

硬质合金普通压制生产工艺比较简单，只是通过试压确定某一型号的压制单重和压制尺寸，并以此作为生产工艺参数贯彻始终。压制生产中对设备、模具、混合料等都没有明确要求，因此该工艺只能用于生产一些压制精度要求不高的中低档产品。而要进行精密压制，不但要有好的硬件，也要有好的软件，具体来说就是要有高精度的压力机（类似 TPA 压力机）、高精度的模具（微米级合金化模具）、高性能的混合料（流动性、松装密度等压制性能好）、精确的压制工艺参数（PM、PH、OB、L 等参数）等基本条件，才能较好地进行精密压制。本节介绍的精密自动模压成形工艺主要针对的是 TPA 压力机，其计算的工艺参数同时也适用于其他类型的全自动压力机。但是由于其他压力机的结构及运行原理有所不同，其应用也相应有变化，以实际操作的设备为准。

1）精密模压成形中位置概念

普通模压成形对整个压制过程的几个位置没有进行明确的划分。引进 DORST 的 TPA 压力机后，按压制过程阴模所处的不同位置，给压制位置、脱模位置、装料位置等以明确定义；并且有压坯密度分布状况中性区的概念。

（1）压制位置。压制位置是指上冲头与阴模向下运动到压制最低点时阴模所处的位置，即压坯成形位置。按一个压制冲程360°划分，压制位置处在180°压力机下死点位置。

（2）脱模位置。脱模位置是指阴模到达压制位置后，上冲头开始回升，阴模继续向下运动到其上平面，且与下冲头上平面处在同一平面时所处的位置，即压坯脱出位置。脱出位置一般在240°至280°范围内。

（3）装料位置。装料位置是指压坯脱出后，上冲头与阴模回升复位到最高位置时阴模所处的位置，即原料填充位置。装料位置通常处在0°压力机上死点位置。

（4）中性区。中性区是指压坯密度分布最差的区域。单向压制的中性区在压坯的上面或下面的区域，双向压制的中性区在压坯的中间区域。

2）压制过程中的"时间"概念

（1）中间停留时间。中间停留时间是指压制完成后，阴模不能马上进入下拉，需要一个动作转换的时间，即为中间停留时间。这个时间是由机械来实现的，而且是随下拉行程的改变而改变的，下拉行程缩短，停留时间加长，只有TPA20/3压力机将其设置为一定值（25°范围）。

（2）下拉停留时间。下拉停留时间是指下拉完成后，阴模不能马上返回到装料位置，需要一段时间让压坯拣出，即为下拉停留时间。这个时间是由机械来实现的，而且是不变的。对于各种规格的TPA压力机，其下拉停留时间各不相同，TPA6压力机在15°范围、TPA15/3压力机在20°范围、TPA50/2压力机在5°范围，只有TPA20/3压力机在设计上没有考虑设置这一时间。

（3）保压时间。保压时间是指根据压坯质量要求，在压制位置上自行设定的工艺延时时间，即为保压时间。它是由时间继电器控制离合器来实现的，保压时间是可调可变的。

3）主要运动及传动原理

（1）上冲头运动。上冲头运动是压力机的主传动运动。它的传动路线为：主电机→皮带轮→气动离合器→蜗轮变速机→传动轴→小齿轮→带偏心轮的大齿轮→曲柄连杆→大拉杆（做垂直运动）→上横梁→上T形杆→上冲头的冲程运动。

（2）阴模运动。阴模运动包括压制运动、下拉运动、复位运动。其运动原理分别如下。

①压制运动：由于曲柄连杆与大拉杆的连接销由压制横梁的两端圆柱取代，因此曲柄连杆的运动也就带动了压制横梁的运动；中心轴与压制横梁是滑动配合而与控制横梁是紧配合，上冲头下行直至进入阴模孔（封口）的这段行程，压制横梁是沿中心轴滑动下行的，只有压制横梁下行到压迫控制横梁时才带动中心轴一起下行；中心轴上端T形键与模架的下离合板的T形槽连接，下离合板通过四根导向杆与模板（阴模）相连，所以中心轴的下行带动阴模的下行；由于运动都是由曲柄连杆的运动带动的，因此此时上冲头与阴模的运动都是同步对下冲头做相对运动并进入压制位置，使粉末体压制成形。

②下拉运动：进入压制位置时，控制横梁的两个半月形滑块坐落在支承凸轮上，使阴模被支承定位；压制完成后，支承凸轮由大半径转到小半径，空出位置使阴模可以继续下行；这时上冲头开始回升，而主齿轮上的下拉凸轮却压迫下拉横梁上半月形滑块使之下行，下拉横梁与中心轴也是紧配合，所以带动阴模继续下行到脱模位置，使压坯脱出。

③复位运动：压坯脱出后，在复位油缸（TPA50/3、TPA20/3）、气缸（TPA15/3）活塞或复位弹簧的作用下，中心轴带动阴模迅速回升，复位到装料位置。

（3）顶压运动。顶压运动是指在压制过程中，压制横梁内的蝶形弹簧或顶出装置强迫控制横梁提前到达支承凸轮上，使阴模支承定位。此时，上冲头并未到达下死点位置，所以继续下行一个距离（即顶压行程），上冲头这个运动是从上往下对阴模做相对运动，所以完成对压坯的最后压制。

（4）其他运动。送料舟的运动是指驱动副轴带动进给凸轮以使四连杆驱动送料舟前后运动；预载保护脱模运动是由于上T形压杆内双向气缸（TPA6压力机是弹簧）的作用而形成的。其他辅助运动大都是通过相应的辅助装置来完成的。

5.2.3.2　精密模压成形工艺

精密模压工艺包括压制周期和压制工艺参数及其计算、混合料选择标准、压模选择标准、舟皿选择标准、压制品质量标准、返回料的处理等内容。

压制工艺参数的计算包括线收缩系数 K、压坯单重、压坯高度、三大行程值和压制位置值的确定。

1）压制周期和工艺参数在压制过程中的描述

工艺参数在压制过程中的描述示意图，见图5-24。

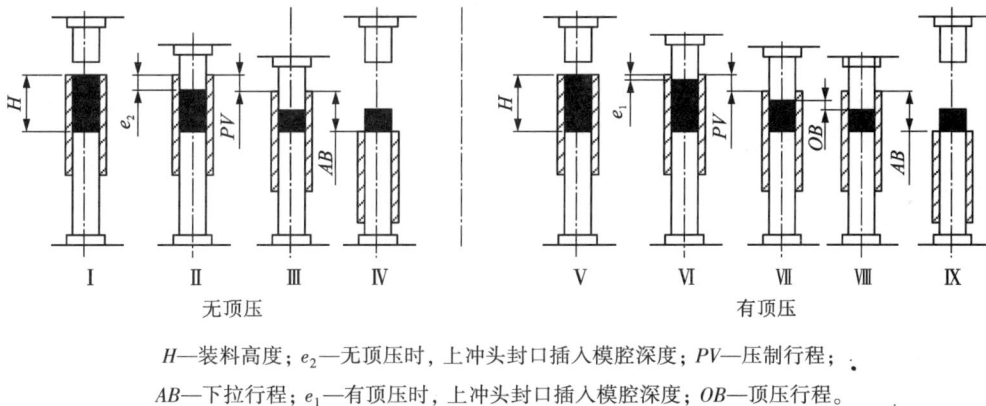

H—装料高度；e_2—无顶压时，上冲头封口插入模腔深度；PV—压制行程；
AB—下拉行程；e_1—有顶压时，上冲头封口插入模腔深度；OB—顶压行程。

图5-24　工艺参数在压制过程中的描述示意图

（1）无顶压：Ⅰ上冲头在最上部位置，模体升到装料位置（充填粉末）→Ⅱ上冲头下行进入阴模孔（封口、预压排气）→Ⅲ上冲头与阴模同步下行（底压）→Ⅳ上冲头回升，阴模继续下拉至脱模位置（脱出）。

（2）有顶压：Ⅴ上冲头在最上部位置，模体升到装料位置（充填粉末）→Ⅵ上冲头下行进入阴模孔（封口、预压排气）→Ⅶ上冲头与阴模同步下行（底压）→Ⅷ阴模提前进入压制位置被支撑，上冲头继续下行至下死点（顶压）→Ⅸ上冲头回升，阴模继续下拉至脱模位置（脱出）。

压制周期曲线图见图5-25。

2）三大行程值和压制位置值

（1）压制单重：

$$M_\mathrm{p} = \frac{M_\mathrm{s}}{1 - C_1} \times 100\% \tag{5-6}$$

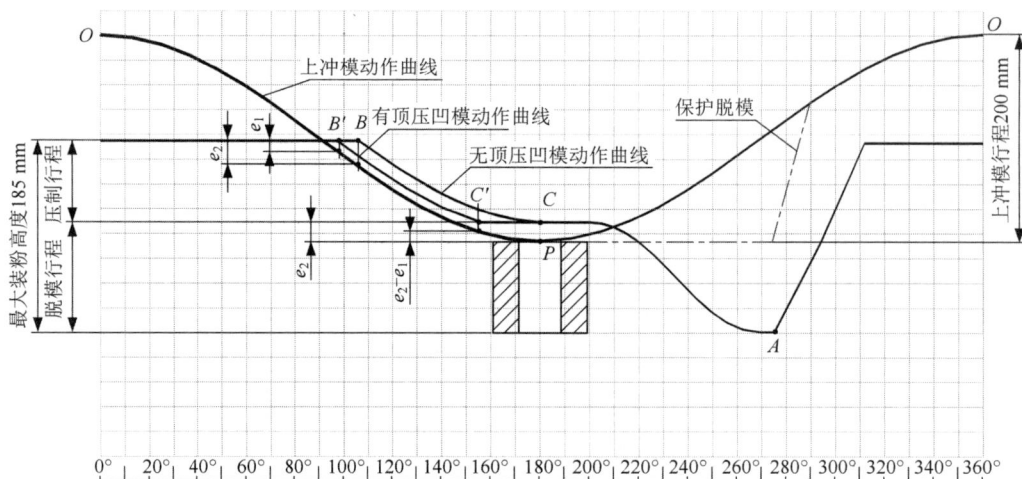

e_1—有顶压时,上冲头封口插入模腔深度;e_2—无顶压时,上冲头封口插入模腔深度;P—压制过程完成时,模体所处的位置;A—产品脱出模腔后模体所处的位置;B、B'、C、C'—压制过程中模体的不同位置。

图 5-25 压制周期曲线图

式中:M_s 为烧结块单重,g;V_s 为烧结块体积,cm³;ρ 为合金密度,g/cm³;M_p 为压块单重,g;C_1 为压制单重修正系数,%。

(2)压制尺寸(高度):

压块的压制高度 H_p 用下式表示:

$$H_p = \frac{H_s}{1 - (K + C_2)} \times 100\% \tag{5-7}$$

式中:H_s 为烧结块高度,mm;K 为线收缩系数;C_2 为压制尺寸修正系数。

三大行程值是指顶压行程、压制行程、下拉行程,分别用"OB""PV"和"AB"表示。压制位置值是指压坯压制成形时,阴模平面到下冲头平面的深度值,用"L"表示。其中负刀片和正刀片(示意图见图 5-37 和图 5-38)由于刀片后角角度的精度要求不同,这样使得顶压行程 OB 和压制位置 L 的确定也有所不同。

(3)顶压行程(OB):按式(5-8)与式(5-9)计算(说明:正刀片的后角为零,即类似于正方体形状;负刀片的后角不为零,即类似于上面大、下面小的锥体形状,其示意图见图 5-37 和图 5-38)。

负刀片

$$OB = 0.10 \times H_p \tag{5-8}$$

正刀片

$$OB = L - H_p - 1.5 \tag{5-9}$$

(4)压制行程(PV):其计算式见式(5-10),为压制调整的参考值。

$$PV \approx 0.5 \times H_p \tag{5-10}$$

(5)下拉行程(AB):其计算式见式(5-11),为压制调整的参考值,最终以压坯推出来定。

$$AB = L + (0 \sim 0.3) \tag{5-11}$$

（6）压制位置（L）：其计算式见式（5-12）与式（5-13），压制调整时，以模具装配图提供的 L 值为准。

负刀片：

$$L = 1.5 \times H_p \tag{5-12}$$

正刀片：

$$L = 1.70 \times H_p \tag{5-13}$$

（正刀片收缩率 17% 取 1.70，17.5% 取 1.675，18% 取 1.65，19% 取 1.60；压制调整时，以模具装配图提供的 L 值为准。）

3）压制试验参数的确定

压制工艺参数中，单重（M_p）、尺寸（H_p）、顶压行程值（OB）等参数是变量，要通过压制试验来确定其精确值。在试验中，压制的试验压坯不能同时改变三个参数，一次实验只能改变一个变量。压制单重的试验是按同一个压制尺寸和 OB 值，压制上、中、下三个单重值的试验坯样；OB 值的试验是按同一个压制尺寸和单重值，压制上、中、下三个 OB 值的试验坯样，一般不对压制尺寸作专项压制试验。所以压制试验参数的确定主要是单重、尺寸、顶压行程值的计算确定，其他的压制工艺参数和上面讲到的一样。

（1）压制单重。

压制试验单重的中间值按单重计算式（5-6）求取，单重上限值和单重下限值按计算式（5-14）求取：

$$M_{p上、下} = M_p \pm \left[(0.5\% \sim 1.0\%) \times M_p \right] \tag{5-14}$$

（2）顶压行程。

压制试验顶压行程的中间值按计算式（5-8）和式（5-9）求取，上限值和下限值按计算式（5-15）、式（5-16）求取：

负刀片：

$$OB_上 = (0.15 \sim 0.25) \times H_p \qquad OB_下 = (0.05 \sim 0.15) \times H_p \tag{5-15}$$

正刀片：

$$OB_上 = L - H_p - 1.0 \qquad OB_下 = L - H_p - 2.0 \tag{5-16}$$

（3）压制尺寸。

压制试验一般不对压制尺寸作专项压制试验，压制尺寸按计算式（5-7）求取。压制试样坯分上、中、下三组，每组 3~5 片，每组试样的压制尺寸和压制单重的波动控制在 ±0.01 mm 和 ±0.01 g 范围内。

压制实验的压坯烧结后，对所有试样尺寸进行测量，然后根据使产品变形最小的目标值，按照一定的工艺方法精密计算并确定压坯的单重、顶压值和压制尺寸（高度）等工艺参数。确定好的压制工艺参数下达给压制工序，进行产品的批量生产。

为了实现精密压制，必须满足 TPA 系列压力机的基本要求：

（1）要使用高精度的模具。

（2）要使用压制性能良好的混合料。

（3）要有完整的压制工艺和精确的压制参数。

（4）要有技术水平和文化素质较高的调整、操作、维修人员。

（5）要有良好的工作环境和维护保养（保持工作环境恒温恒湿，每天润滑）。

练习题

一、单选题

1. 单向压制模具的主要特点是什么？（　　）

A. 模具精度高　　　B. 压制密度差较大　　　C. 模具装卸复杂　　　　D. 成本较高

2. 在模具设计制造中，通常选择什么作为加压方向？（　　）

A. 最小截面　　　B. 最大截面　　　　C. 中间截面　　　　D. 任意截面

3. 在模压成形中，常用的脱模方式有哪些？（　　）

A. 侧向脱模　　　B. 旋转脱模　　　　C. 顶出脱模　　　　　D. 滚动脱模

二、多选题

1. 模具设计制造中需要考虑的要素有哪些？（　　）

A. 加压方向　　　　　　　　　　B. 压坯的弹性后效

C. 模具成本　　　　　　　　　　D. 压坯密度尽可能均匀

2. 影响模压成形工艺的主要因素有哪些？（　　）

A. 压力机　　　B. 模具　　　　　C. 混合料　　　　D. 温度控制

3. 开式压力机的优点有哪些？（　　）

A. 动作可随意调整　　　　　　　B. 重复定位精度高

C. 成本较低　　　　　　　　　　D. 解决压制问题手段多

4. 下列哪些方式是常见的模压成形脱模方式？（　　）

A. 顶出脱模　　　B. 侧向脱模　　　　C. 下拉脱模　　　　D. 下拉预载保护脱模

5. 精密自动模压成形的基本条件包括哪些？（　　）

A. 高精度的压力机　　　　　　　B. 高精度的模具

C. 高性能的混合料　　　　　　　D. 精确的压制工艺参数

任务三：挤压成形工艺与设备

学习目标

【思政或素质目标】

1. 了解挤压成形工艺与设备。

2. 了解挤压工艺关键技术要求。

3. 了解挤压成形设备选型与操作技术要求。

【知识目标】

1. 掌握挤压成形的基本原理和过程。

2. 了解挤压成形剂的种类及其选择原则。

3. 了解挤压成形过程中应力状态和密度分布的影响因素。

【能力目标】

1.能描述挤压成形的基本原理和过程。

2.能分析挤压成形剂对坯料性能的影响。

3.能解释挤压过程中应力状态和密度分布的影响因素。

挤压是指将粉末与一定量的挤压成形剂组成的混合物，经挤压模孔(挤压嘴)挤成所需形状和尺寸的坯件的生产过程。

硬质合金挤压成形工艺主要适用于生产断面形状和尺寸不变而长度远大于横截面尺寸的产品，目前主要用于圆棒、管材、扁材、方棒以及其他型材的成形，挤压坯的外径尺寸一般为0.5~40 mm。

挤压成形工艺的特点：产品长度原则上不受限制，纵向密度比较均匀，生产过程连续性强，效率高，设备比较简单。一台挤压机只要更换模具，便可生产多种型材。

目前挤压产品主要应用于各类整体硬质合金工具，如钻头、立铣刀、丝锥、铰刀、刮刀、旋转锉刀以及木工刀具、切断刀、量具、螺旋铣刀、模具等产品的原料棒材。随着微钻棒材钻径的减小和适应降低成本的需要，用于PCB的微钻挤压的棒材也在迅速增加。

硬质合金挤压工艺流程如图5-26所示。

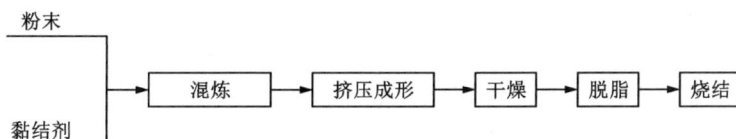

图 5-26　硬质合金挤压生产工艺流程

5.3.1　挤压原理

挤压时混合料在外力作用下的应力状态如图5-27所示。作用的外力是冲头对混合料的正压力以及模壁对混合料的侧压力，同时还有混合料与模壁、冲头间因相对移动而产生的摩擦力。因此，在挤压过程中混合料的变形是两向压缩和一向向外挤出的拉伸变形。

摩擦力阻止混合料的流动。混合料在挤压料筒内的流动情况如图5-28所示。在挤压过程中，V1区内的混合料向挤压嘴内流动，而V2区内的混合料则向上流入V1区内；V3区内的混合料由于冲头的摩擦力作用，在挤压初期和中期不流动，只是在挤压后期流入V1区内。V1、V2、V3三个区的大小和形状均取决于混合料的塑性和模具的结构。

与普通模压时的情况一样，挤压过程中，靠近冲头的混合料受力最大，远离冲头的混合料受力逐渐减小。在挤压料筒的径向上，愈靠近模壁，混合料受向后的摩擦力愈大，愈接近中心，受力愈小，所以挤压时中心部位的混合料要比外层的流动得快(称为超前现象)，压坯中心的密度要比外层的小。

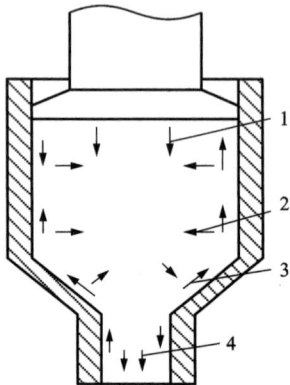

1—轴向压应力；2—径向压应力；
3—模壁摩擦力；4—拉应力。

图 5-27 挤压时混合料的应力状态

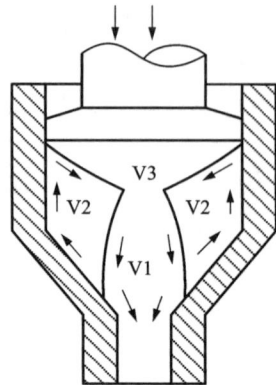

图 5-28 挤压时混合料的流动状态

在挤出速度较快时，由于挤压嘴壁的摩擦作用，超前现象更为严重，如图 5-29 所示。此时，流动快的中心部位的混合料便对流动慢的外层混合料产生一个作用力，力图加快外层混合料的流动速度；反过来，外层混合料也给中心部位的混合料以相反的力，力图减缓中心部位混合料的流动。这就在其中产生了两个方向相反的作用力，这种力叫附加内应力（若这种附加内应力仍存在于挤压好的毛坯中便形成了残留应力）。所以在毛坯的轴向上也就存在着两个方向相反的应力，如图 5-30 所示。

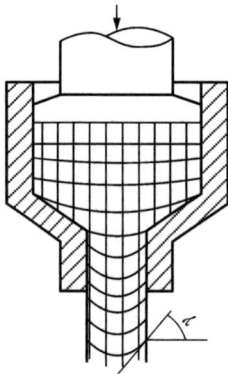

图 5-29 混合料在挤压嘴内的流动状态

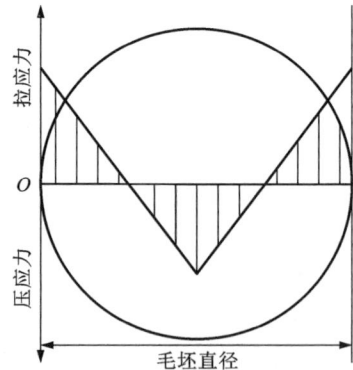

图 5-30 毛坯中的轴向附加应力

图 5-29 中的 γ 叫作剪切角。超前现象愈严重，剪切角愈大，剪切应力愈大。

由于挤压毛坯中横向密度是不均匀的，因此在毛坯的直径方向上，亦存在着两个互相平衡的作用力，外层受拉应力，中心部位则受压应力。当毛坯的强度不足时，外层的径向拉应力往往导致毛坯产生纵向裂纹。

附加内应力中的拉应力害处最大，它会助长裂纹的形成。例如，当毛坯的强度不足时，轴向拉应力往往会导致毛坯产生横向裂纹。同样的道理，剪应力也会导致毛坯折断。因此，挤压后的毛坯通常要放置几天,以消除内应力。

5.3.2 挤压生产工艺与主要设备

挤压生产工艺要点:挤压成形剂是挤压工艺的关键要素。成形剂性能的好坏,对挤压生产的顺利进行和产品质量关系极大。挤压料加入成形剂后,要先进行充分的混合才能进行挤压成形。挤压后的坯料还需要进行干燥处理。

5.3.2.1 挤压成形剂

成形剂是使挤压料团具备所需的塑性和适当的坯料强度的关键因素。对成形剂的要求如下。

(1)能润湿粉末并附于粉末间产生一定的黏结力。采用相对分子质量低的成分,或加入表面活性剂,均可显著降低成形剂对粉末的接触角,提高黏附性。但料团要达到一定的硬度和强度,则需要加入一定量的高分子物质。

(2)它本身及其分解产物无腐蚀性,无毒或低毒。

(3)成形剂各组分可溶于同一种溶剂。

(4)可在低温(<500 ℃)下脱除,无残留物。

常用成形剂的种类,目前主要有下列四类:

(1)热塑性高分子化合物,如聚乙酸乙烯酯、聚乙烯醇、聚乙烯醇缩丁醛(PVB)、聚乙烯(PE)、聚丙烯(PP)、聚苯乙烯(PS)、聚甲醛(POM)等。

(2)石蜡及其改性物等。

(3)凝胶体系,如琼脂、黄原胶等。

(4)水基体系,主要有甲基纤维素(MC)、羟丙基甲基纤维素(HPMC)、羧甲基纤维素(CMC)等。

5.3.2.2 挤压坯的干燥

挤压后的棒材需进行自然干燥和加热干燥。自然干燥的主要目的是部分去除溶剂及松弛内应力。加热干燥一般在电热干燥柜中进行。加热干燥的目的是除去溶剂或使某些种类的成形剂固化。干燥时间长短与棒材直径有关。棒材直径越大,干燥时间越长。干燥过程注意升温不能过快,时间不能太短,抽风阀不能开得太大。对大棒材尤其如此,否则,溶剂挥发过快,则棒材易产生裂纹。

在成形剂的溶剂为有机溶剂的情况下,干燥过程要注意防爆,尤其在加热干燥过程中,干燥柜应有防爆设施。

5.3.2.3 挤压主要生产设备简介

按挤压方式分类,挤压设备有以下几种。

(1)液压柱塞式挤压机(图5-31)。

优点:真空条件好,压力高,易清理,挤压坯密度高,成形剂加入量少。

缺点:不能连续生产。

目前,大多数棒材生产厂家均采用柱塞式挤压机。

(2)机械螺旋式挤压机(图5-32)。

优点:可连续生产,生产效率高。

缺点:真空度较差,压力较低,换牌号时清理较困难,成形剂加入量多,挤压坯密度较低。

图 5-31 柱塞式挤压机

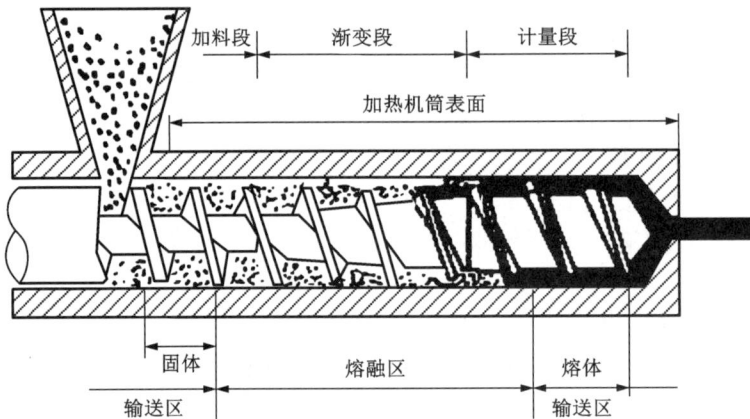

图 5-32 螺旋式挤压机示意图

欧洲一些公司采用机械螺旋式挤压机。

按挤压时料筒及挤压嘴是否加热分类，挤压设备分为如下几种。

（1）冷挤。挤压时料筒及挤压嘴不加热。主要适用于挤压时不需加热的成形剂体系，如水基成形剂类。

（2）热挤。挤压时料筒及挤压嘴需加热。主要适用于挤压时需加热提高塑性的成形剂体系，如蜡基成形剂类。

随着光电控制技术、微处理机技术等先进技术在挤压机上的广泛应用，挤压机的自动化程度和生产效率日益提高。如采用多孔模技术，德国一家公司在挤压小棒材时，一次可挤压9根。采用空气垫技术使小直径高精度螺旋孔棒的挤压成为可能。采用双倾斜技术（料筒和柱塞可分别倾斜）可使加料操作更加方便。

挤压机的国外制造厂家主要有德国多斯特（DORST）公司、美国卢米斯（Loomis）公司、日本株式会社石川铁工所等。

国内厂家主要有厦门昱昌公司、湘潭新大粉末冶金设备公司等。

5.3.2.4　挤压嘴

设计挤压嘴时要考虑三个要素，即定径带长度、锥角大小和表面光洁度。挤压嘴一般采用硬质合金或高硬度工具钢制造。

1）定径带长度

定径带长度 L 根据挤压嘴孔径 d 大小而定，一般取 $L=(4\sim6)d$（图 5-33）。

2）锥角 α

当柱塞的轴向压应力 P 作用于挤压嘴的锥面上时，可分解为两个应力，即垂直于锥面的应力 P_n 和平行于锥面的应力 P_t（图 5-34）。应力 P_n 将混合料压缩，而应力 P_t 则克服锥面的摩擦力而将混合料推入定径带内。P_n 与 P_t 的分配取决于 α 角。在实际工作中，锥角 α 通常在 45° 和 75° 之间选取，一般认为 60° 比较适宜。但现在也有些公司在采用大吨位挤压机时，采用高达 120° 的锥角。

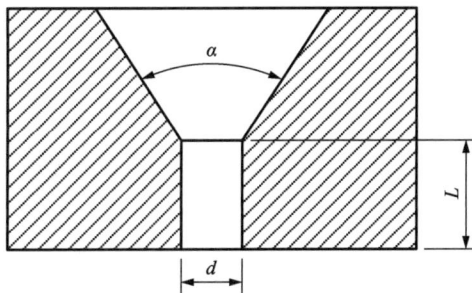

图 5-33　定径带长度示意图

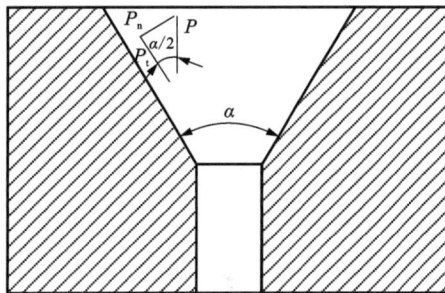

图 5-34　锥角示意图

3）挤压嘴的表面粗糙度

挤压嘴主要影响挤压时的摩擦力，其表面粗糙度要求小于 0.2 μm。对于形状复杂的毛坯，光洁度则要求更高。

练习题

一、单选题

1. 挤压成形工艺主要适用于生产哪些类型的产品？（　　）

A. 长度短的产品　　　　　　　B. 断面形状和尺寸不变而长度远大于横截面的产品

C. 形状复杂的产品　　　　　D. 块状产品

2. 挤压过程中混合料的变形方式是什么？（　　）

A. 单向压缩　　　　　　　　　　　　　　　B. 双向压缩

C. 两向压缩和一向向外挤出的拉伸变形　　　　　　　　　D. 径向压缩

3. 设计挤压嘴时需要考虑的三个要素是什么？（　　）

A. 材料、尺寸、重量　　　　　　B. 定径带长度、锥角大小、表面光洁度

C. 温度、压力、速度　　　　　　D. 形状、颜色、硬度

二、多选题

1. 挤压成形剂应具备哪些特点？（　　　）

A. 能润湿粉末并附于粉末间一定的黏结力

B. 本身及其分解产物无腐蚀性，无毒或低毒

C. 成形剂各组分可溶于同一种溶剂

D. 可在高温（>500 ℃）下脱除，无残留物

2. 挤压主要生产设备按挤压方式可分为哪些类型？（　　　）

A. 液压柱塞式挤压机　　　　　　　　B. 机械螺旋式挤压机

C. 气动压缩机　　　　　　　　　　　D. 液体静电机

3. 挤压后的棒材干燥需要注意哪些事项？（　　　）

A. 升温不能过快　　　　　　　　　　B. 干燥时间不能太短

C. 抽风阀不能开得太大　　　　　　　D. 干燥过程中要注意防爆

任务四：压坯质量控制

✏️ 学习目标

【思政或素质目标】

1. 了解压坯质量控制。

2. 了解压坯质量检测和缺陷分析的关键技术要求。

3. 树立压坯质量改进和优化的意识。

【知识目标】

1. 掌握压坯质量标准和检测方法。

2. 了解压坯缺陷的类型、产生原因及其控制方法。

3. 了解压制参数对压坯质量的影响。

【能力目标】

1. 能描述压坯质量的检测方法和标准。

2. 能分析压坯缺陷的类型及其产生原因。

3. 能制订压坯质量改进和优化的方案。

5.4.1　压坯质量标准

精密压坯的质量标准包括几何形状、单重公差、压制尺寸公差、压制平行度、毛刺、黏模黏料痕迹、裂纹、密度、掉边角崩刃等内容。

（1）几何形状和尺寸：压坯形状符合毛坯图或产品加工图的要求，经试压、试烧证明合金毛坯的尺寸和形位公差符合要求。

（2）压制单重允许公差：原则上不大于公称单重的±0.7%，一般取±0.5%。

（3）压制高度允许公差：一般为±（0.01~0.02）mm，随单重大小而定。

（4）加压面的平行度允许偏差：在同一平面任意测定 2~4 点的压制高度，其相互之差不超过 0.03 mm。

（5）毛刺允许范围：毛刺主要是控制其厚度，不研磨的制品一般要求不超过 0.03 mm；需要研磨的制品根据其研磨加工要求可控制在 0.04~0.06 mm。

（6）黏模、黏料、痕迹允许范围：需要研磨加工的刀片或部位，以通过研磨加工能消除缺陷为准。无须研磨的制品或部位，则应对工作部位和非工作部位提出不同的要求。

（7）裂纹允许范围：宽度小于长度 1/5 的缝隙为裂纹，原则上不允许出现；经试烧证明烧结能吻合、研磨加工能磨去的裂纹可酌情处理。

（8）掉边角（崩刃）允许范围的标准原则：不研磨加工的工作部位不允许；其他部位和研磨加工区域允许范围根据不同产品的具体要求或压制工艺操作指令所规定的级别进行控制。

5.4.2 压制参数选择对合金毛坯质量的影响

5.4.2.1 压制单重与压制尺寸对毛坯尺寸的影响

影响毛坯产品尺寸精度的因素诸多，但影响最大且相对容易控制的因素是压制单重（M_p）和压制高度（H_p）。M_p 值和 H_p 值的变化改变了压制品的密度，使其烧结过程中的收缩率发生变化而影响合金产品的尺寸精度。试验证明增加 3% 的压制重量，可以降低 1% 的收缩率。在 M_p 值和 H_p 值的控制上，压制重量变化可以控制在其名义值的 ±0.35% 内，压制高度可以控制在 ±0.005 mm 至 ±0.02 mm 的范围内。事实上，单重公差控制在 ±0.7% 以内，其尺寸精度就有保证。所以，精密压制将单重公差控制在计算值的 ±0.5% 内，高度公差根据其压制单重的大小控制在 ±0.01 mm 至 ±0.02 mm 内。

5.4.2.2 顶压（OB）值对烧结毛坯精度的影响

毛坯表面精度（锥度、平直度等）直接与压制品的密度分布相关，密度大的部位收缩小，密度小的部位收缩大。如果压制品各部位密度差大，烧结后收缩不一致，产品势必出现锥度、平直度差等表观缺陷，也影响到产品的尺寸精度。TPA 压力机在精密压制生产中，主要通过对顶压行程（OB）的控制来调整压制品中性区（即密度最差的区域）的位置，改善其密度分布状态，减小和消除产品的锥度或平直度超差的缺陷。OB 值大小给产品带来的影响见图 5-35。

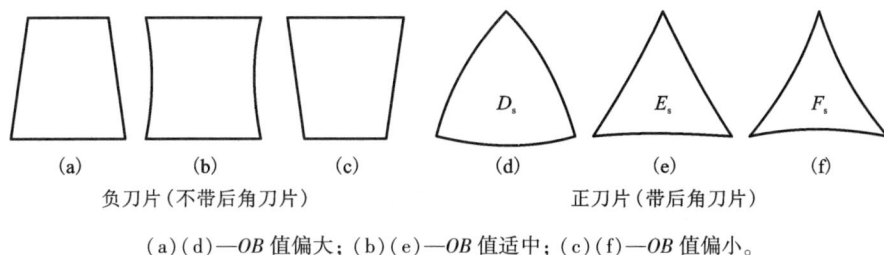

（a）（b）（c）负刀片（不带后角刀片）　（d）（e）（f）正刀片（带后角刀片）

（a）（d）—OB 值偏大；（b）（e）—OB 值适中；（c）（f）—OB 值偏小。

图 5-35 OB 值对产品精度影响示意图

一个型号的 OB 值经压制试验确定后可应用于不同批料和不同牌号压坯。更换批料或更换牌号时，用试验确定的烧结体积 V_s、烧结高度 H_s 和更换批料或更换牌号的 ρ、C_1、C_2 实测值，计算出压制单重、压制尺寸用于实际生产，这种条件一般都能保证生产出精度较高的产品。

5.4.2.3 压制位置(L值)对毛坯精度影响

压制位置(L值)决定了压制品在模具中的成形位置。这对负刀片产品来说不太重要，但对正刀片产品来说却十分重要。L值定得不准，压制出来的产品就会出现缺陷，如图 5-36 所示。L值小，制品成形位置上移，其底面毛刺加大且容易掉边角；L值大，制品成形位置下移，其底面形成台阶且容易出现裂纹。同时，由于刀片成形位置下移，刀片内切圆尺寸和 m 值变小；反之，刀片成形位置上移，刀片内切圆尺寸和 m 值增大。

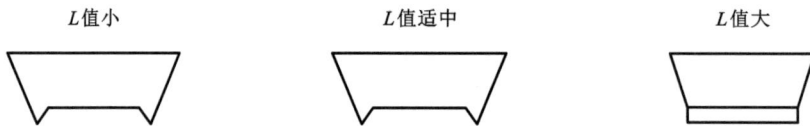

图 5-36 L 值对产品精度影响示意图

压制工艺参数中，单重(M_p)、尺寸(H_p)、顶压行程值(OB)这三个参数最为重要，其精确值要通过压制试验并进行修正计算求得。如果生产过程中，毛坯出现尺寸超差或锥度、平直度超差，则应通过单重、尺寸试验或顶压行程值试验来求得精确的参数。

产品的尺寸精度和外观精度，很大程度上取决于压制工艺参数的精确度，所以压制试验是一个经常性的、细致的工作。

5.4.3 产品压制工艺技术分析

5.4.3.1 可转位刀片

(1)负刀片。负刀片是指法后角为 0°的刀片，即不带后角的刀片，如图 5-37 所示。负刀片的生产用模是不带后角的直孔模，其压制调整操作比较简单，只要注意上冲头相对位置往下调节时不要压到下冲头，一般就不会损坏冲头。要精确调整好 OB 值，避免锥度的产生。大多采用气动预载脱模，以防止产品底部产生脱出裂纹。

(2)正刀片。正刀片是指法后角不是 0°(一般有 3°、5°、7°、11°、15°、20°、25°、30° 等)的刀片，即带后角的刀片，如图 5-38 所示。正刀片的生产用模是带后角的沉孔模，其压制调整操作比较复杂，且压制位置和上冲头相对位置都需要准确调整。上冲头最终进入模孔的深度要恰到好处，既不能让毛刺过大，但又要保留 0.04 mm 厚的毛刺，以免上冲头损坏。要精确调整好 OB 值，以保证产品平直度合格。一般不采用气动预载脱模，如果施加气动预载脱模，切断位置应在压坯刚脱出处，以防止产品刃口产生裂纹。

(3)负倒棱刀片。负倒棱刀片是指刃口有 0.5 mm 左右法后角为 0°的正刀片。刀片的生产用模是带后角的沉孔模，但由于压坯有负倒棱，因此其调整操作和负刀片压制基本相同。不同的是，上冲头相对位置的调节必须以负倒棱的尺寸为准，必要时也要通过下 T 形键螺杆调节 L 值来满足两者的要求。施加气动预载脱模，切断点应在负倒棱脱出的位置。

(4)沉孔刀片。沉孔刀片是指中心孔上部带锥度以便于夹固螺钉沉下去的刀片。这种刀片的生产用模大多是带后角的沉孔模，而且上冲头都带内冲头，所以其调整操作除与正刀片的压制基本相同外，还要注意调整上冲头与阴模四周的间隙，要注意上冲头、内冲头与下冲头中心孔的配合间隙，以保证刀片周边毛刺和中心孔毛刺均在合格的范围内。由于上冲头、内冲头要进入下冲头的中心孔，因此必须使用气动芯杆。

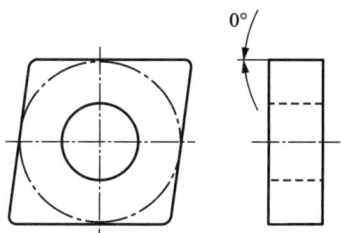

图 5-37　负刀片

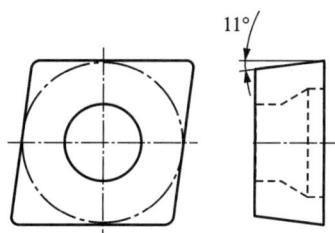

图 5-38　正刀片（带后角）

5.4.3.2　矿用合金

（1）矿用钎片。矿用钎片中十字钎片的压制生产尽量采用立压形式，将模具设计成直孔模，带 3°角的圆弧端面和带 45°倒棱的端面分别设计在下冲头和上冲头上。除压制高度大一些外，其他与负刀片的压制调整操作一样。一字钎片侧只能采用横压形式，两端 3°角的圆弧面设计由阴模带出跟沉孔模一样。所以，压制调整操作跟正刀片一样。由于其压制高度较大，要特别注意送料舟进入位置的调节，防止阴模还未复位到直孔部位就已加料，避免因两端漏料而出现卡模的现象。

（2）矿用球齿。矿用球齿一般为直孔模，而且球齿部位大多由下冲头带出。压制操作时，采用大的封口量，小的压制行程值，不加顶压值。这样的压制过程，大封口量变为上冲头向下施压使压坯趋于成形，小的压制行程变为下部施压使压坯最终成形。这样可加大球齿部位的密度，避免产品出现倒锥。由于球齿部位在下，压坯脱出时冲头高出模面很多，因此要调整进给凸轮，使其进入滞后一些，以保证压坯的脱出。

5.4.3.3　拉伸模

拉抻模的压制生产把喇叭口和中心杆都设计在下冲头上一次带出，上冲头带出出口区角度（或不带，由割形加工出口区角度）和 45°倒棱，但压坯只能靠手一个一个地拣出。对于中心孔很小的拉伸模坯，则与上面所讲的相反，上冲头带喇叭口和中心杆，下冲头中心不带孔，但带一个凹坑和 45°倒棱，这样将应力和可能出现的裂纹都集中在凹坑部位，然后将压坯凸出部位割形加工成出口区角度，可能出现的裂纹也被加工掉了。

5.4.4　主要压坯缺陷分析

硬质合金毛坯精度和表观质量缺陷大多发生在压制生产过程，有效地控制压制缺陷的产生，是保证硬质合金毛坯精度和表观质量的关键。

随着硬质合金精密化生产的发展，由此而出现的压制精度、形位公差等缺陷已成为需要控制的主要压制缺陷之一。这些缺陷的产生原因多种多样，控制方法也不尽相同，有许多问题是由压制工艺引起的。所以，压制缺陷除内部缺陷（工艺缺陷）、表观缺陷（机械缺陷）之外，还应包括压制精度缺陷、形位公差缺陷。

（1）工艺缺陷包括分层、裂纹、未压好等缺陷。

（2）表观缺陷包括掉边掉角、毛刺、黏模、黏料、痕迹等缺陷。

（3）压制精度缺陷。压制生产过程中，压制参数精度控制主要有压制单重、压制尺寸、压制位置等工艺参数精度控制。这些压制工艺参数不精确或控制超差，都可能造成合金毛坯尺寸超差、未压好，以及出现台面或毛刺等缺陷。

5.4.4.1 内部缺陷

压制原因造成的内部缺陷主要有分层、裂纹、未压好等工艺缺陷。虽然，这些缺陷也可从表观上发现，但其缺陷一般都深入合金表层之内，因而可视为内部组织缺陷。值得指出的是，这类缺陷由表及里为开放式缺陷，一经形成，则难以修复。

1）分层

分层是指沿压坯棱角出现的，并与受压面呈一定角度（45°）的整齐界面的缺陷。压制过程所造成的分层主要出现在应力集中的部位，它总是从受压端面棱上开始，并向内部延伸。界面延伸的深度即为分层的严重程度。

分层是弹性后效作用的一种破坏性结果。图 5-39 表示矩形压坯垂直截面的应力状况，从图 5-39 中可以看出：压力取消后，压坯内同时出现 AC 和 CB 两个方向的弹性张力，这两个力还会形成一个 AB 方向的剪切合力。如果压坯的抗剪强度较低，则压坯在图 5-39 中所示的 AB 方向力的作用下沿 AB 线裂开并形成整齐的界面，而出现分层缺陷。

因为受压面应力较大，所以分层通常从受压面的棱角开始，随着分层程度的加剧，分层向压坯内部发展；特别严重的分层，甚至可以形成一个锥体，从压坯中脱离开来。有分层的压坯，在

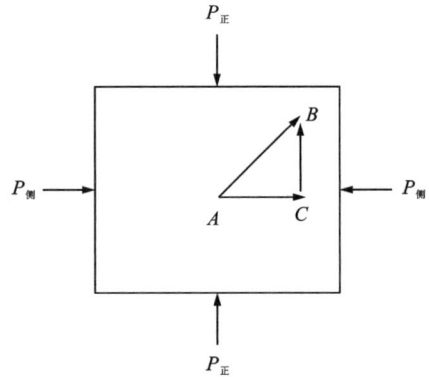

图 5-39　矩形压坯的应力状况

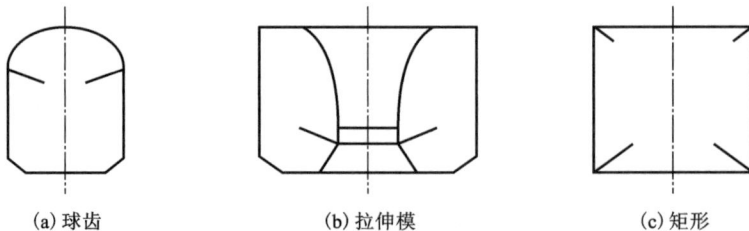

其受压面的棱角上，用指甲顺 45°线去剥离，可现出分层的整齐界面，常见压坯分层部位见图 5-40。

(a) 球齿　　　　　　(b) 拉伸模　　　　　　(c) 矩形

图 5-40　常见压坯分层部位

凡是增大弹性后效的因素都有增大分层的倾向。实际生产中，应尽可能地降低诸因素引起的弹性后效作用，才能有效地阻止分层增大倾向。这些因素大致归纳如下。

（1）粉末本身的特性。

金属粉末的塑性和硬度：塑性好的粉末在压制中主要产生塑性变形，通常能压成较高的

相对密度，因而粉末颗粒间的结合强度高，接触应力较低，层裂的倾向也相应较小。硬而脆的碳化物粉末颗粒很难产生明显的塑性变形，大多为弹性变形，所以粉末颗粒间的结合强度低，接触应力较高；同时，硬粉末对模壁的摩擦系数较大，其侧压系数相对较小，又导致压坯密度差增大，局部接触应力增高，因而硬粉末层裂的倾向也相应较大。这也是其他条件相同时，钴含量越低，越易产生分层的原因，因而钨钛钴混合料比钨钴混合料易分层。

粉末粒度、颗粒形状和表面状况：当粉末制取方法一定时，粉末粒度变化造成的影响较大。粉末颗粒愈细，松装体积愈大，流动性就越差，其压缩比也愈大；压缩比的增大必然导致压制压力及其摩擦损失增大，因而压坯密度的不均匀性加大，分层的倾向也随之增大。粉末颗粒变细意味着黏结金属进一步分散，从某种意义上说，相当于塑性黏结金属减少，因而分层倾向增大。同时，粒度愈细的粉末通常氧含量愈高，含氧量的提高会使粉末颗粒变硬、松装体积增加，这些都使分层倾向加大。

分析粉末特性对分层的影响，只是增强了我们的理性认识。实际生产过程中，每一种牌号的混合料都有其固定的工艺参数及工艺要求。黏结金属的含量、碳化物的粒度等都是决定材质性能的一些基本要素，为减少分层倾向去改变对这些要素的要求，显然是不可行的。我们能做的充其量就是严格控制球磨时间等工艺参数，防止人为造成的粒度细化和氧量的增加。

（2）混合料的特性。

混合料中成形剂加入量及其均匀度：成形剂的加入量增大，混合料粒的塑性增强，压坯的强度提高，分层倾向减小。成形剂混合均匀可使混合料粒表面都均匀地被成形剂包覆而使料粒间黏结强度增加，分层倾向减小。

混合料粒大小及其组成：料粒（粉末颗粒集团）大小及其组成对分层的影响与粉末粒度的影响相似。

混合料温及其干湿程度：料过湿，其残留酒精（或汽油）量过多，料愈细，其黏滞性愈大；喷雾料的料粒易破碎，且细粉料增加。因而其流动性差，压坯密度差加大，所以分层倾向增大。反之，料过干，部分料粒结成硬壳，压制压力加大，同样使分层倾向增大。

不管是什么成形剂都有可能起到增碳作用，所以，其加入量总是受工艺的严格限制。一般不把增大成形剂加入量作为改善混合料压制性能的措施，而是从成形剂加入的工艺方法上着手，把定量的成形剂，均匀地掺到混合料中去。

良好的粒度和合理的粒度组成可有效地减少分层倾向。传统的掺胶制粒，料粒的大小主要决定于擦筛网目，其料粒很不规则，粒度组成难以控制。喷雾干燥制粒，料粒的大小决定于料浆黏度、喷嘴规格型号、喷雾压力、干燥气体温度等因素，这些因素都可通过喷雾干燥系统的控制和工艺控制来实现。目前，还没有混合料经典粒度组成的技术报告。

精密压制要求混合料的储存和压制生产都应具备同等的良好工作环境，这主要是为了有效地保证混合料干湿程度和压制工艺性能的一致。一般精密压制生产的工作环境应保持在恒温恒湿条件下。

（3）压制压力。

压制过程中，压制压力的分布与压坯密度的分布是一致的，粉末与模壁的摩擦压力损失与压制压力也成正比。所以压制压力愈大，压坯密度分布越不均匀；同时，压制压力超过一定的范围后，粉末内应力随压力增加的速度大于压坯强度增加的速度，所以过大的压制压力会使分层倾向增加。

原压制生产中，常用减小压坯单重或加大压制方向尺寸来降低压制压力，避免分层的出现。但压坯单重或压制方向尺寸的改变，势必会影响到压坯密度的分布状况，制品烧结后，其轴向(压制方向)尺寸和径向(阴模限制方向)尺寸都会发生变化，这有可能造成尺寸超差缺陷。所以，压制压力的调整应从选择合理的模具收缩系数、改变压制方式(如双向压制、预载卸压、反复施压)、改善混合料的物理性能(如提高松装密度、流动性)等方面着手，在保证密度尽可能一致的前提下，来降低压制压力。

(4)压坯尺寸与形状。

压力的摩擦损失所引起的压坯密度不均匀性与其高度成正比，与其直径成反比。因而压坯出现分层倾向与其高度和直径的关系也大致相同。但是，高度太小的压坯(如长条薄片、圆盘切刀等)，由于其密度沿断面分布不均匀性加大，分层倾向也增大。

复杂形状的压坯成形时，混合料难以均匀充填模腔的各个部位，造成压力分布不均，使得压坯接触应力偏高的部位，容易出现分层。所以在压制生产中，压制高度与直径之比，通常控制在 3∶1 之内，用比较好的双向压力机进行生产时，一般也只放宽到 5∶1 左右。更大的高度与直径之比，应改为横向压制(如微钻棒坯为 10∶1 左右，自动压力机生产改为横压)或采用挤压、割型等成形方法。

(5)压模与压力机。

粗糙度较差的模具，模壁与粉末的摩擦阻力增大，使压坯密度差增大，因而出现分层的概率上升。冲头与模孔的配合间隙太大或上、下冲头不平，压制时产生倾斜而使压坯受压不平衡，也可导致压坯分层。压力机上、下压杆与基准面平行度超差，压杆运行时不垂直，均可导致压坯受压不均而产生分层。过快的压制速度，使粉末颗粒破坏未定形而来不及做最致密排列，其结合力减小，弹性后效作用加大，分层倾向也随之增大。高精度模具能有效地防止压制时产生的倾斜，而使压坯受压均衡，避免分层的产生。

好的压力机，上、下压杆与阴模装卡基准面的平行度要求在 0.03～0.05 mm(直径 100 mm 范围内)；压杆运行时，前后左右垂直度要求为 0.04～0.05 mm(运行 100 mm 长度)。新一代电动直驱压力机，其精度要求几乎都是微米级，可实现更高更精的压制。硬质合金压制生产工艺要求自动压力机的压制速度控制在一定的范围；难压产品和大产品的压制速度应更慢些。这些精度和工艺要求，都有利于压制生产，避免分层等压制缺陷的产生。

2)裂纹

裂纹是指不规则的、局部的、无整齐界面的裂缝缺陷(图 5-41)。压制所造成的裂纹主要出现在应力集中的部位，即压坯断面尺寸发生明显变化的部位或尖角处。但也会因压制(设备、模具)方式和制品差异表现出不同的特征。

裂纹和分层都是弹性后效作用的一种破坏性结果。假设出现缺陷的话，究竟会出现哪种缺陷，这取决于压坯的强度特性(抗拉强度和抗剪强度)和应力集中的部位。如果压坯的抗剪强度较低，则压坯如上所述，出现分层缺陷。如果压坯的抗拉强度较低，则形成裂纹缺陷；当压坯应力集中的部位不是受压面，一些尖角处要出现缺陷时，也只能产生裂纹缺陷。以橡胶作成形剂的压坯，其抗拉强度较高而抗剪强度较低，所以它出现分层的概率较大。以石蜡、PEG 作成形剂的压坯，其抗拉强度较低而抗剪强度较高，所以出现裂纹的概率较大。

切削刀片大多是采用自动压力机压制成形。正刀片裂纹(带后角的刀片)一般出现在刀

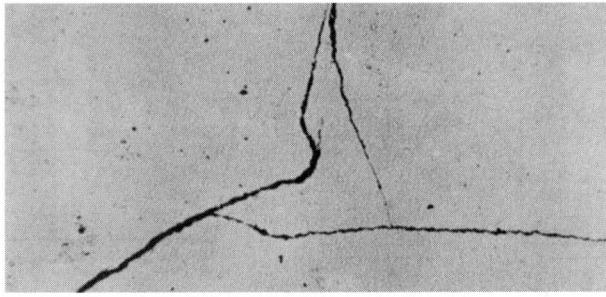

图 5-41 硬质合金裂纹缺陷(100×)

片顶面沿切削刃或垂直于切削刃、刀尖、断屑槽中和后角面靠近顶面或底面的部位。负刀片裂纹(不带后角的刀片)则主要出现在直(0°后角)面靠近顶面或底面的部位(图 5-42)。

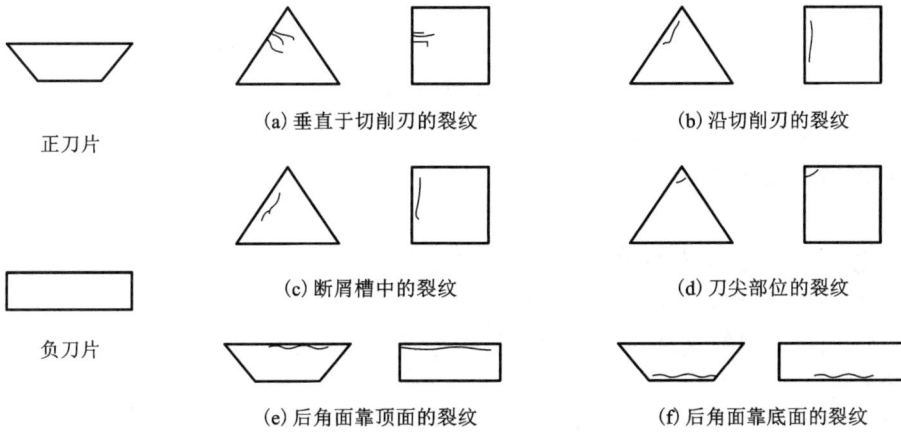

正刀片

(a) 垂直于切削刃的裂纹   (b) 沿切削刃的裂纹

(c) 断屑槽中的裂纹   (d) 刀尖部位的裂纹

负刀片

(e) 后角面靠顶面的裂纹   (f) 后角面靠底面的裂纹

图 5-42 切削刀片裂纹状况

耐磨件中拉伸模裂纹主要出现在圆孔 60°喇叭口、矩形孔或六方孔的尖角(均为受压端);其他耐磨件裂纹也主要出现在不同面的结合部位或一些特殊尖角部位(图 5-43)。

矿用产品中,球齿裂纹主要出现在球头(或锥体)与圆柱体的结合部位和底部倒角与圆柱体的结合部位;钎片裂纹主要出

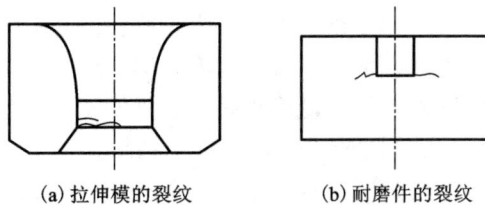

(a) 拉伸模的裂纹   (b) 耐磨件的裂纹

图 5-43 耐磨件合金裂纹状况

现在 120°角度面与直面的结合部位和底部倒角与直面的结合部位(图 5-44)。

挤压成形棒坯裂纹主要呈横向和纵向两种形式出现(图 5-45)。冷等静压制品局部渗水部位易形成裂纹。

裂纹与分层并无本质的区别,所以凡引起分层的因素都会引起裂纹。生产实际中,应力释放过快、压坯脱出方式、模具局部粗糙度差、料性及其分布状态是造成压坯裂纹的常见因

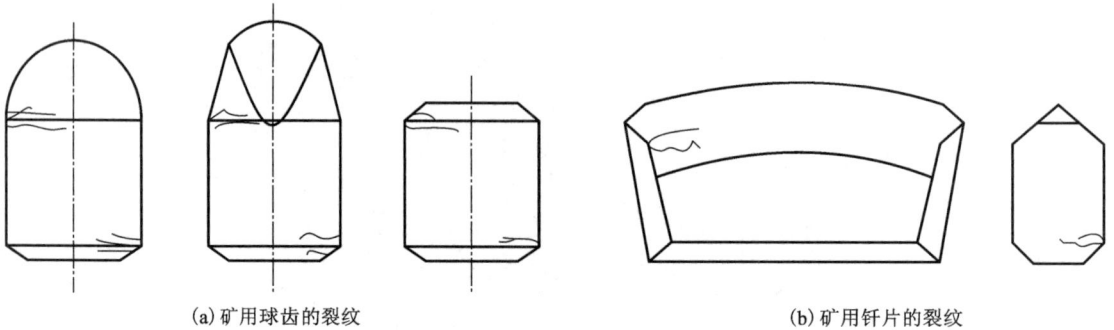

(a) 矿用球齿的裂纹　　　　　　　　　　　　　　　(b) 矿用钎片的裂纹

图 5-44　矿用合金裂纹状况

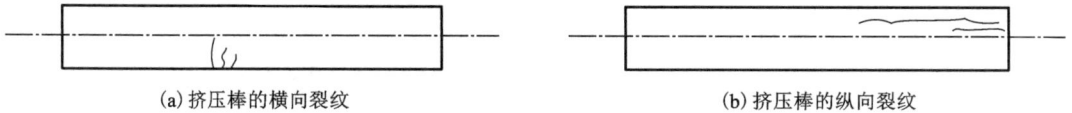

(a) 挤压棒的横向裂纹　　　　　　　　　　　　　　(b) 挤压棒的纵向裂纹

图 5-45　挤压棒坯裂纹状况

素。这些因素的影响及对应措施如下。

（1）应力释放。

应力释放是造成压坯裂纹的因素之一。应力释放与压制速度、保压时间密切相关，适当降低加压速度和延长保压时间，使粉末颗粒在压力下重新排列，减少接触应力集中的程度，并使粉末中空气逸出时间充裕，可减缓应力释放，降低裂纹倾向。

（2）压坯脱出。

压坯的脱出看似是瞬间发生，但其实是一个过程，应力释放也就有一个时间差异，如果压坯脱出高度或脱出阻力较大，就有可能出现横向的脱出裂纹。所以，采用预载脱模，等压坯全部脱出时取消预载，使压坯应力趋于同时均匀释放，可避免压坯脱出裂纹的产生。

（3）模具结构与粗糙度。

模具结构复杂、棱角分明等部位，由于应力集中而易于产生裂纹。尽可能地改善模具结构，如采用圆弧或坡面过渡等结构，都有利于减少压坯因应力集中而产生的裂纹。降低模具的粗糙度能有效降低摩擦阻力，降低压坯产生脱出裂纹的倾向。

（4）混合料的特性及分布状态。

粒度均匀、流动性好的混合料利于压制过程中混合料重新充填，在模腔里均匀分布，压坯密度趋于一致，而减少压坯因密度差而产生的裂纹。

3）未压好

未压好是指压坯内部孔洞太大，在烧结过程中不能完全消失，使合金内残留较多特殊孔洞的缺陷（图 5-46）。压制所造成的未压好缺陷一般都是局部现象，主要出现在刀尖、顶尖等一些密度难以压好的部位。

生产实际中，混合料粒过硬、过粗，模腔内局部充填不好，压制压力过低等是造成压坯未压好常见的几点因素。这些因素的影响及对应措施如下。

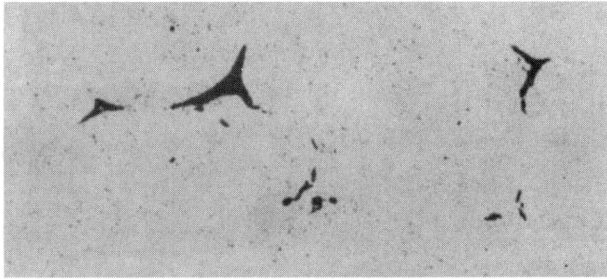

图 5-46　硬质合金未压好缺陷(100×)

(1)混合料粒过硬、过粗。

过硬过粗的料粒未能被压制压力压碎，由于单个硬粒本身比正常料致密，因此当压坯相对密度相同时，其中必然存在较大的孔洞，致使烧结后不能完全消除，形成未压好。

喷雾干燥方法制备的混合料，由于其料粒细而均匀、流动性好，一般都没有过硬过粗的料粒，基本不会因为料而造成未压好。其他混合料制粒工艺方法，则可能因掺成形剂时间长，料粒氧化，干燥温度高、时间长等因素，使混合料粒变硬变粗。

(2)模腔内局部充填不好。

压制充填时，模腔内粉料分布不均匀，局部料量不足会造成压坯局部密度过小，形成残留孔洞，致使烧结后孔洞不能完全消除。

自动压制速度太快，模腔孔小而深或狭长，混合料流动性差等都有可能造成局部充填不好，而形成未压好。改善混合料流动性能或采用喷雾干燥方法制料粒，调整压力机充填时间和压制速度，可较好地解决充填不足的问题。

(3)压制压力。

压制压力过低，不足以压碎料粒，会使压坯内形成残留孔洞，致使烧结后不能完全消除，形成未压好。

压力机吨位不够，压坯单重显著不足或压制高度差过大等因素都有可能造成未压好现象。复杂的几何形状、模腔局部粗糙等可形成局部压制压力不足而造成局部的未压好。选择合理的压力机和合理结构的精密模具，精确控制单重和压制高度，就能较好地防止未压好缺陷的出现。

5.4.4.2　精度缺陷

(1)压制单重超差。压制单重超差有两重意思，一是压制单重计算不精确；二是压制生产过程中单重控制超差。

压制计算单重不准确的原因可能是压制试验决定的工艺参数不准或代表性不强；或是混合料鉴定的参数有误；或是工艺计算有差错。压制过程中，单重波动大的主要原因是混合料的流动性能差，松装密度变化大。压力机定位精度差也是造成单重不稳定的因素。

(2)压制尺寸超差。压制尺寸超差也有两重意思，一是压制尺寸计算不精确；二是压制生产过程中尺寸控制超差。可转位刀片压制尺寸公差的控制要求：压制单重不大于 7 g，尺寸公差控制在±0.01 mm 内；压制单重大于 7 g 内，控制在±0.02 mm 内。造成压制尺寸超差的原因和压制单重超差原因相同。

（3）压制位置不精确。压制位置是指压坯成形位置。压制位置值（L 值）为压坯压制高度尺寸与上冲头进入模孔深度尺寸之和。压制位置不精确是装模调整时，压坯成形位置定得不准。

正刀片压制位置上移（L 值小），刀口可能出现负倒棱，压坯底部毛刺增大，造成底部易掉边；反之，压制位置下移（L 值大），压坯底部就会出现台阶，并容易形成裂纹。

压制位置不精确除压制调整不准之外，压模本身压制位置值和压制高度值不匹配，也可能造成操作人员无法精确调整。

5.4.4.3　形位公差缺陷

因压制原因造成的形位公差缺陷主要有锥度（直线度）超差、平面度超差、平面平行度超差、孔位置度超差、角度超差等。这些缺陷在压制生产过程中，一般都难以发现与确定，大多是在烧结后的毛坯取样检测中发现的。所以，这些缺陷很容易使毛坯产品判为废品。

（1）锥度（直线度）超差。锥度超差是指不带后角的产品上、下面内切圆尺寸的差值超标；带后角的产品则表现在周边（后角面）的直线度超差。锥度（直线度）超差在压坯烧结前是检测不出来的，只能在烧结后的毛坯检测中才能测出。锥度的出现，反映出压坯上、下面的密度存在差异。密度差大，烧结后收缩尺寸差大，其锥度也大；反之，密度差小，烧结后收缩尺寸差小，其锥度也小。正刀片毛坯因带后角，上、下面内切圆尺寸本来就不一样，故不能测出其锥度，但周边直线度的差异也能反映出压坯上、下面的密度差异。

不带后角的产品毛坯锥度的允许值一般不大于尺寸公差的 1/2，可转位刀片毛坯尺寸公差大多控制在 0.05 mm 之内。锥度检测时，可用千分尺或测量夹具直接测量上、下面内切圆尺寸，求出其差值即可。带后角的产品周边的直线度一般以 −0.02 mm 为标准（便于后续加工的夹持），即周边中间凹下 0.02 mm。直线度的简单检测可用刀尺进行目测，精确检测可用轮廓测绘仪进行。

压制过程中，造成锥度（直线度）超差的主要原因是上、下面所受压力不均或不符合工艺要求，压坯的密度分布不均，烧结后收缩不均。

缩小锥度（直线度）差值的有效方法是采用双向压制，改善压坯的密度分布。但值得指出的是，由于刀片的形状、槽形等因素的影响，上、下面同时施加相等的压力，并不一定是工艺要求的最佳压力分布。因此，最好是采用可调整上、下面压力分布的分步式双向压制或差动式双向压制，通过调整压制工艺参数（顶压行程值），使压坯密度中性区（密度相对较差的区域）移到最佳位置，达到最大限度地缩小锥度（直线度）差值的目的。

（2）平面度超差。平面度是指同一平面的平直程度，从两个方向测量其直线度，相互差值超过工艺规定的允许值为平面度超差。可转位刀片毛坯需要磨削加工平面的平面度控制在 0.05 mm 之内，不磨削加工平面的平面度控制在 0.01 mm 之内。

（3）平面平行度超差。平面平行度是指两平面平行的程度，可转位刀片毛坯的平面平行度工艺规定的允许值控制在 0.03 mm 之内。

（4）孔位置度超差。孔位置度是指孔相对位置的精确程度，可转位刀片毛坯的孔位置度工艺规定的允许值一般控制在 0.10 mm 之内。

（5）角精确度超差。可转位刀片毛坯角精确度工艺规定的允许值一般控制在 ±15′ 至 ±20′ 的范围内。平面度、平面平行度、孔位置度、角精确度等形位公差的精度很大程度上取决于模具的精度和压力机精度。压制调整主要是尽量使压坯密度分布均匀，避免密度差过大而造成形位公差超差。

5.4.4.4 压制表观缺陷

压制表观缺陷是指由设备、模具、操作等机械原因造成的表面缺陷,主要有掉边角(前掉)、毛刺、黏料、黏模、痕迹等缺陷。压制生产中,只要认真检查,这些缺陷都很容易发现。值得指出的是,有这些缺陷的压坯,应及时挑出,不能转到烧结工序。一经烧结成合金毛坯,缺陷就难以修复,很容易造成合金毛坯最终成为废品。

1)掉边角(前掉)

掉边角(前掉)缺陷是指压坯边缘、尖角部位出现的缺口。压制造成的掉边角发生在烧结前,称为前掉。烧结后毛坯的缺口部位粗糙,无金属光泽。精密压制的可转位刀片有很多是不磨周边的,带槽型数控刀片的切削刃口几乎不允许有缺口。控制掉边角缺陷是控制压制表观缺陷最重要的内容。

掉边角(前掉)缺陷除由操作等机械原因引起外,还有一个重要因素,即毛刺引起的锯齿掉边。压坯的毛刺较厚或较硬,毛刺的倒伏或清理,就可能造成掉边。有缺口的压坯,原则上都应挑出来,以免造成烧结后的最终废品。

2)毛刺

毛刺缺陷,是指模具各部件之间的间隙所引起的毛边,见图5-47。精密压制的可转位刀片毛刺应控制在0.03 mm之内,带槽型数控刀片的切削刃口几乎不准许有毛刺。

毛刺缺陷主要是模具各部件之间的间隙所引起的,选用精密模具压制生产是必须的,但高精模具需有高精压力机才能发挥其作用。特别是带槽型正刀片的压制生产,压坯毛刺大小取决于压力机的定位精度。

毛刺的清理是很麻烦的事情,倒伏在压坯表面(特别是断屑槽内)的毛刺很难清理干净,过度的清理又可能造成压坯锯齿掉边。所以,压制中要尽可能避免毛刺产生。良好的模具精度、压力机精度、装模精度(装模同心度等)等能有效地减少毛刺的产生。

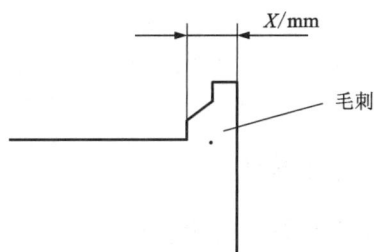

图5-47 毛刺示意图

3)黏料

黏料缺陷,是指压坯表面残留的粉末、毛刺碎片,经烧结后黏附在毛坯表面的突出物。

黏料缺陷主要是压制过程中模具部件夹带起的粉末、碎片掉落在压坯表面引起的。这些残留物有的可以吹扫掉,有的紧贴在毛坯的表面难以清除。提高模具的配合精度,减少毛刺碎片和夹带的粉末,及时清理压坯上的残留物,可降低黏料缺陷的发生率。

4)黏模

黏模缺陷:是指模具冲头上的局部黏料在压坯表面对应部位留下的粗糙凹面。

造成黏模缺陷原因主要是模具局部结构复杂、模具局部粗糙度差、混合料较湿等。所以改变模具局部结构,并将模具这些部位仔细抛光,选用干湿适中的混合料等,可有效地降低压坯黏模缺陷的产生。

5)痕迹

痕迹缺陷:是指与黏模相同或其他原因造成的压坯表面对应部位留下的无材料损失的凹

痕。它不像黏模那样留下粗糙凹面。

造成痕迹缺陷的主要原因是模具局部尖锐毛刺或压坯推出时局部受阻而留下的划痕。排除模具局部毛刺，清理压坯推出过程的受阻部位，可避免压坯痕迹缺陷的产生。

5.4.5　返回料的收集与处理

成形工序的返回料一般分为废压坯和桌面料，废压坯为在调试时及压制过程中产生的调试压坯和抽样检查的压坯以及不合格压坯，这部分压坯需要按牌号、成形剂种类分别进行收集；而桌面料则需要与废压坯分开单独收集。分类收集的返回料需集中送混合料制备工序进行集中处理。

练习题

一、单选题

1.精密压坯的单重公差原则上不大于公称单重的多少？（　　　）

A.±0.5%　　　　B.±0.7%　　　　　　C.±1%　　　　　　　　D.±2%

2.负刀片是指法后角为多少的刀片？（　　　）

A.5°　　　　　　B.10°　　　　　　　C.0°　　　　　　　　D.15°

3.压坯的哪些缺陷通常被视为内部缺陷？（　　　）

A.掉边掉角　　　B.毛刺　　　　　　C.裂纹　　　　　　　D.痕迹

4.分层缺陷主要是由什么引起的？（　　　）

A.模具粗糙度　　B.弹性后效　　　　C.压坯形状　　　　　D.混合料的湿度

二、多选题

1.精密压坯的质量标准包括哪些内容？（　　　）

A.几何形状和尺寸　　　　　　　　　B.压制单重允许公差

C.加压面的平行度允许偏差　　　　　D.烧结温度

2.影响压坯密度分布的压制参数有哪些？（　　　）

A.压制单重　　　　　　　　　　　　B.顶压行程(OB)值

C.压制位置(L)值　　　　　　　　　D.烧结时间

3.影响压坯密度分布均匀的主要因素有哪些？（　　　）

A.粉末粒度和形状　　　　　　　　　B.成形剂的加入量和均匀度

C.压制压力　　　　　　　　　　　　D.混合料的干湿程度

4.压制表观缺陷主要包括哪些类型？（　　　）

A.毛刺　　　　　B.黏料　　　　　　C.黏模　　　　　　　D.裂纹

项目六 压坯烧结与质量控制

任务一：硬质合金液相烧结原理

学习目标

【思政或素质目标】

1. 了解硬质合金烧结工艺。

2. 了解压坯烧结存在关键技术要求。

3. 培养压坯烧结过程中技能创新意识。

【知识目标】

1. 掌握 W-C-Co 三元相图及其他常见硬质合金相图特点。

2. 掌握压坯烧结基本过程。

3. 掌握影响烧结致密化的主要因素。

【能力目标】

1. 能利用 W-C-Co 三元相图及相关的相图分析烧结过程中相的变化。

2. 能说出压坯烧结基本过程。

3. 能分析烧结致密化的原因及提出解决方法。

压坯烧结是硬质合金生产过程中的重要工序之一，通过高温烧结(1400 ℃左右，一般保温 1 h)使粉末压坯致密化，变成具有使用性能的硬质合金固体材料。烧结生产基本工艺过程：将压制好的压坯放在石墨舟皿上，再连同舟皿一起放入烧结炉内，利用烧结炉的加热系统、真空系统和辅助气体系统等完成低温脱除成形剂和高温液相烧结等过程，在烧结炉内冷却到 100 ℃以下后，从烧结炉内取出合金产品。

6.1.1 硬质合金相图

相指材料中物理结构和化学成分都相同，并以界面相互分开的均匀部分。材料有单相材料和多相材料的区别，还有气相、液相和固相等相的状态。硬质合金材料是多相固体材料(以两相或三相为主，硬质相可能会有两个)。

硬质合金材料主要由硬质相和黏结相组成。黏结相是低熔点金属钴粉(或镍粉等)在高温下变成液体状态，同时与硬质相或杂质元素进行一些物理反应或化学反应(物理反应为主)，冷却后形成的。黏结相的化学成分通常会有变化，关注和控制黏结相的化学成分，是硬

141

质合金生产工艺控制的重点内容之一。在高温时有一部分硬质相会溶解到液相中,冷却时从液相中再析出,硬质相在这个过程中会有一些物理方面(粒度、形貌等)的变化,化学成分一般不会变化。在烧结过程中,随着温度的升高,各相之间发生什么样的物理反应和化学反应,材料科学已经用一系列的"相图"进行了详细的描述。了解和学习硬质合金材料相图,是研究硬质合金材料烧结过程的必要前提。

相图是平衡环境条件约束(如温度、压力等)下,组分、稳定相态及相组成之间关系的几何图形。硬质合金材料的相图资料非常多,这里仅仅介绍比较常用的几个相图。

6.1.1.1 W-C-Co 三元相图

W-C-Co 三元相图是硬质合金材料最常见的相图之一,受限于二维平面,三元相图只能表示某温度下等温截面图。不同温度下的相图要用不同的图表示,并在图上注明温度。合金的性能决定于其组织结构,组织结构又决定于其化学成分。为了了解合金结构、相组成与温度及成分之间的关系,必须借助于 W-C-Co 三元状态图的等温截面及其有关的重要垂直截面图。W-C-Co 三元状态图在凝固温度下的等温截面如图 6-1 所示。

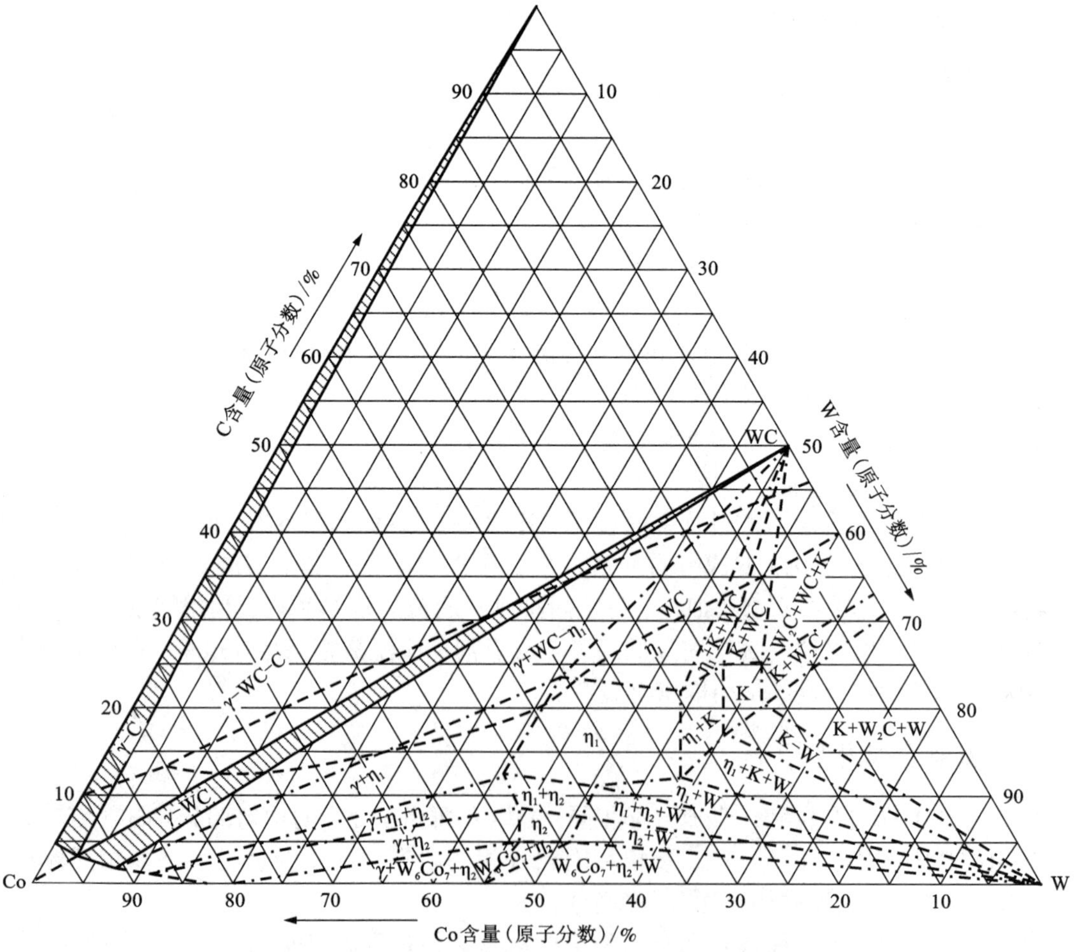

图 6-1 W-C-Co 系状态图在凝固温度下的等温截面图

WC-Co 合金有三种可能的相组成：WC+γ+η、WC+γ、WC+γ+C。从图 6-1 可以看出，整个三元状态图被图中间狭窄的两相区 γ+WC 分为两个基本区域：在它上方的富碳方面是三相区 γ+WC+C，在它下面的贫碳方面是三相区 γ+WC+η。η 相有多种：η₁、η₂ 和 K 等。一般情况下，我们可以只考虑 η_1 相，因为通常硬质合金缺碳时都会出现 η_1 相，通常按 Co_3W_3C 计算，其成分为：$w(W) = 74.8\%$、$w(Co) = 23.6\%$、$w(C) = 1.6\%$，立方晶格（晶格常数为 1.1026~1.1241 nm），维氏硬度为 101050×10^5 Pa，无磁性、脆性大，能为铁氰化钾侵蚀，并在金相磨片上呈橙黄色或黑色。

在这个三元系状态图中，γ+WC 两相区对通过 Co-WC 线截面的相对位置，特别是它的宽度，对于确定 WC-Co 合金的原料碳化钨的技术条件具有重要的实际意义，因为合金的含碳量只有在这个两相区的范围内波动时才不会出现其他的相。如果超出了这个范围，即含碳量过高或过低，则都会相应地出现石墨相或 η 相，相应的硬质合金性能会变差。这也是硬质合金生产中要严格控制碳含量的原因之一。

1）WC-Co 伪二元相图

图 6-2 是 W-C-Co 三元相图中的伪二元垂直截面图，反映了温度的变化。所以称伪二元，因为 WC 并非单质，而是化合物，但 WC 非常稳定，当成一元是可以的。由图 6-2 可知，在 1340 ℃左右，WC 与 Co 形成二元共晶。共晶线之下为 WC+γ 两相区，线的上方大部分为液相区。相图中有两个两相区，即 WC+L、γ+L，左边为一个单相区（γ）。通常认为，在室温下钴不溶于碳化钨中，而碳化钨在钴中的溶解度小于 1%。图 6-1 表明，在出现液相以前，碳化钨在钴中的溶解度随温度的升高而增大：1000 ℃时至少为 4%，而达到共晶温度（不超过 1340 ℃）时则为 10% 左右。达到共晶温度以后，烧结体开始出现共晶成分的液相。达到烧结温度（如 1400 ℃）并在该温度下保温时，烧结体由液相和剩余的碳化钨固相组成。冷却时，首先从液相中析出碳化钨，并在达到共晶温度后形成 WC+γ 二元共晶，最后得到 WC+γ 两相组织的合金。

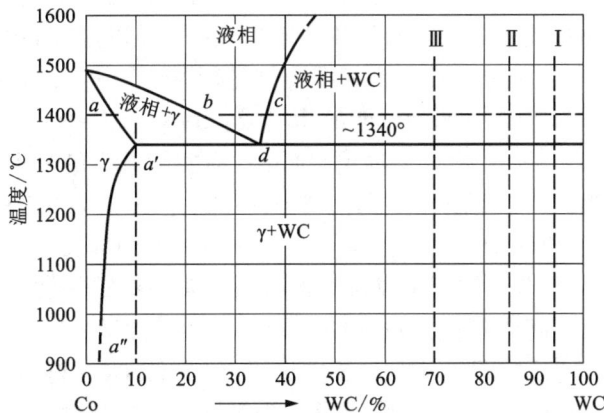

图 6-2　W-C-Co 相图中的 WC-Co 伪二元垂直截面图

2）钴含量固定的垂直截面图

图 6-3 为 WC-C-Co 三元相图中钴含量固定的垂直截面中间部分的相图。由图 6-3 可知，其有两个两相区（WC+γ 和 WC+L）和五个三相区（WC+γ+C、WC+γ+η、WC+L+C、

WC+γ+L 和 WC+L+η）。

我们知道，要获得两相组织，碳含量允许变化范围是很窄的（对大多数常用合金来说，此值<0.1%）。由图6-3可知，三相区WC+液相+η仅仅部分地伸展到WC+γ的两相区上面，使得本来就很窄的两相区在此温度下变得更窄，其含碳量（以碳化钨计）不低于6.06%。这表明，碳化钨含碳量为6.06%~6.12%的合金只有在冷却时才能得到两相组织（γ+WC）；含碳量为6.00%~6.06%的合金，在1300~1350℃的平衡状态下同样可得到γ+WC两相组织，而在1357℃以上迅速冷却时可能出现η相，表明η相的出现与冷却速度有关。因此，在此温度下，稍一不慎，就会产生η相。而η相的晶粒一旦形成，就不容易消失，会导致合金性能下降。也就是说，只

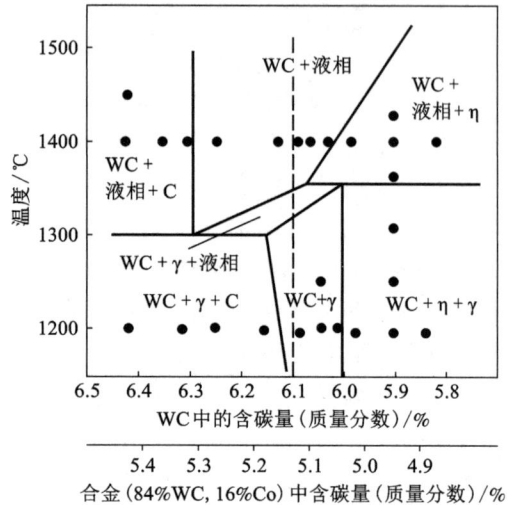

图6-3 WC-C-Co系状态图（Co：16%时）
钴含量固定的垂直截面中间部分图

有在碳化钨含碳量为6.00%~6.06%这样狭窄的范围内，η相的出现才与冷却速度有关。然而这并未被其他人证实，而事实上η相是稳定的。

在实际生产过程中，碳含量控制的目标是使WC-Co合金达到最佳使用性能，通常认为WC-Co合金的最佳碳量控制区为±0.03%。

6.1.1.2 Ti-W-C三元相图

硬质合金中硬质相主要是WC，但为了满足不同的使用需要，还要使用其他的硬质相，比如，TiC或TaC等。实践证明，把TiC或TaC与WC制备成复式碳化物（固溶体）后再使用，效果更好。一般来说，WC能够有限溶解于TiC或TaC中，并以立方晶格形式存在，但TiC几乎不能溶入WC中。本书以Ti-W-C三元相图为例进行讨论，其他的相图请参考相关资料。

一般认为WC-TiC-Co合金有四种可能的相组成：β+γ、WC+β+γ、WC+β+γ+η 和 WC+β+γ+C。图6-4为Ti-W-C三元相图。对我们而言，有实际意义的是中间那条横线（TiC-WC连线）及其周边区域。有三个二相区，即(Ti, W)C+WC、(Ti, W)C+C 和 (Ti, W)C+W_2C，一个单相区，即(Ti, W)C 和两个三相区，即(Ti, VW)C+WC+W_2C、(Ti, W)C+WC+C。与W-C-Co三元系相比，这类合金的相组成及相区位置、大小对碳的敏感性不大，并且这种敏感性随合金中Ti含量的提高而降低，WC-TiC-10Co合金三相区宽度与WC-10Co合金二相区宽度的比较见表6-1。实践证明，对YT15合金而言，即使TiC-WC复式碳化物的总碳含量比理论值低20%左右，当其使用合成橡胶成形剂并在氢气中烧结时，也不会出现η相。而在YT30合金中，则总碳更低也未见出现η相。只有YT5合金在比较严重缺碳时才有η相出现。这主要是由于TiC-WC相在(Ti, W)C0.90~(Ti, W)C0.99范围内为单相成分，有一个含碳量范围相当宽的均相区（图6-4）。而且TiC-WC固溶体中的含钛量越高，合金的两相（或三相）区的碳含量范围越宽。

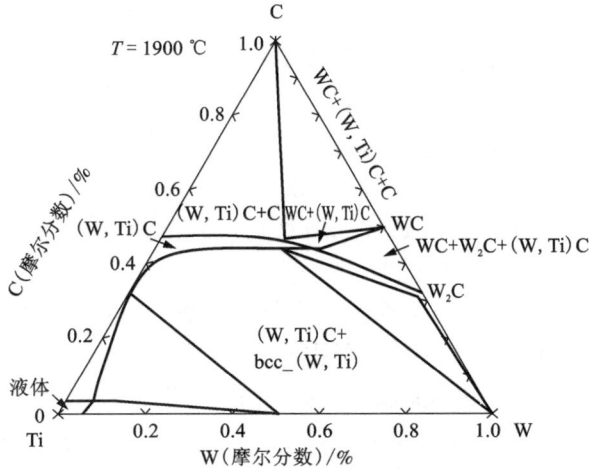

图 6-4　Ti-W-C 三元系 1900 ℃下等温截面图上各相区的位置

表 6-1　WC-TiC-10Co 合金三相区宽度与 WC-10Co 合金两相区宽度的比较　　单位：%

合金类别	二相区宽度(碳的质量分数)	三相区宽度(碳的质量分数)			
含 TiC 量(质量分数)	0	6	11	17	25
WC-10Co	0.17±0.01				
WC-TiC-10Co		0.41±0.05	0.53±0.05	0.68±0.08	0.8±0.08

WC-TiC-Co 合金的含碳量变化不太大时，虽然相组成不变，但合金性能会变。所以商业用 WC-TiC-Co 合金控制的碳含量变化范围仍然是很窄的。

6.1.2　硬质合金烧结基本过程

硬质合金烧结属于多元系液相烧结。以最简单的 WC-Co 系为例讨论硬质合金材料烧结过程。现代工艺的硬质合金烧结过程大致分为三个阶段。如果有半成品加工需要，可能会增加一个预烧阶段，一般在 800 ℃左右保温一定时间使产品获得一定的强度，预烧结束后取出半成品进行机械加工，然后再继续烧结致成品。本书不讨论预烧阶段。

1)脱除成形剂阶段

用于脱除硬质合金压坯产品中成形剂的烧结炉内的气氛一般有真空和常压氢气两种，根据使用的成形剂确定，大部分烧结炉都同时具备这两种工艺选项。从烧结过程原理来说，这两种状态没有本质的区别。这个阶段的主要目标是尽可能干净地脱除成形剂，其他方面都是次要的。脱除成形剂的最佳温度与选用的成形剂有关，具体温度参数要根据对成形剂热分解温度曲线的分析结果确定，要在成形剂裂解成碳之前，使成形剂脱除。保温时间与产品的大小有关，产品越大保温时间越长，主要取决于生产经验数据。此外，升温速度要适当，避免升温太快。

2)液相烧结阶段

脱除成形剂阶段结束后，继续升温，在液相出现(一般在共晶温度 1340 ℃左右出现液相)之前，炉内一直保持真空状态。这有利于低熔点杂质的充分挥发，有利于钴的氧化物还原和粉末颗粒表面吸附氧等气体与碳反应后挥发。

因为烧结炉内温度上升不均匀，液相烧结的保温温度一般比液相出现的共晶温度高100 ℃左右，在这个温度下保温 1 h 左右可使硬质合金产品中的液相充分出现。由于液相的流动性好，硬质合金压坯出现明显的收缩。在液相出现后，为了更好地消除产品内部的闭合孔隙，现代硬质合金烧结工艺普遍将氩气加压到 6~10 MPa。所以正常生产条件下，现代硬质合金产品的孔隙缺陷不再是主要问题。

硬质合金相图描述的是 WC-Co 合金的平衡烧结过程，但在实际生产中，WC-Co 合金往往是不平衡烧结过程。分析不平衡烧结过程主要根据图 6-3 进行，在混合料中游离碳含量较高时，共晶温度会降低，反之，共晶温度会升高，两者可能相差 50 ℃以上。

烧结过程关注的重点是合金碳含量的变化，其是否在工艺要求的范围之内。现代硬质合金生产工艺在混合料配料计算时，就开始对碳量进行精确控制，所以，出现合金碳量异常的情况大大减少。另外的关注重点是硬质相晶粒度的变化，因为在液相烧结过程中，硬质相可以部分地溶解到液相中，然后再析出，这就存在晶粒异常长大的可能性。

3)冷却阶段

烧结保温结束后，烧结炉断开加热电源，开始降温。在这个过程中，液相冷却慢慢变成固态，冷却速度是可以控制的。液相中溶解的各种原子，通过扩散过程从其中析出来是需要时间的。如果冷却速度足够快，原子来不及扩散出来，就可以更多地留在黏结相中。另外，钴黏结相有两种晶体结构，即面心立方和密排六方体结构。面心立方晶体结构有 12 个滑移系，塑性更好，它是高温结构，降温速度快，也可以更多地保留面心立方晶体结构。

6.1.3　影响烧结致密化的主要因素

硬质合金材料烧结后，我们希望得到完全致密化的产品和产品优异的使用性能。但硬质合金的烧结致密化过程是一个比较复杂的物理化学过程，其致密化程度受到多种因素的影响，需要认真研究和仔细控制。

6.1.3.1　烧结工艺参数的影响

1)烧结温度

烧结温度是影响硬质合金致密化的关键因素之一。烧结温度过低，压坯无法充分收缩而致密化，残留较多孔洞会导致合金的性能下降。当烧结温度过高时，黏结相可能会挥发，导致黏结相流失，并且 WC 晶粒在烧结过程中可能发生晶粒异常长大，导致合金晶粒度不均匀。因此，选择合适的烧结温度至关重要。一般而言，烧结温度选择范围在 1350 ℃至 1500 ℃之间，具体温度取决于合金成分、粉末粒度和混合料的研磨强度等因素。一般来说，细晶粒合金烧结温度较低，粗晶粒合金烧结温度较高。

2)烧结保温时间

烧结保温时间也是影响致密化的重要参数。过短的烧结保温时间可能无法使合金充分致密化，而过长的烧结时间则可能导致晶粒长大和性能下降。一般烧结保温时间为 1 h 左右。

3)氩气压力

为了更好地实现产品致密化，现代硬质合金烧结过程中，基本上都采用氩气加压烧结。氩气的压力选择有几种：对孔隙度要求不高时，选用 1 MPa 压力；一般情况，选用 6 MPa 压力；对于超细硬质合金，大多选用 10 MPa 压力。压力越高，致密化效果越好，但成本会增加。

4）烧结真空度

在液相出现前，烧结炉需要保持一段时间的真空状态。如果烧结炉的状态达不到工艺要求，产品中的各种氧化物留下来，会影响产品的致密化过程。

6.1.3.2　其他因素的影响

1）混合料的研磨效果

如果混合料在湿磨过程中没有充分混合均匀，或者出现其他一些脏化等问题，烧结过程中很容易出现孔隙度超标。

2）压坯的压制缺陷

压坯的密度不均匀程度太大，也会影响烧结过程中粉末颗粒之间的接触紧密程度，从而影响烧结致密化过程。有些压制缺陷，比如未压好，分层裂纹比较大，烧结时也无法消除掉。

3）烧结设备稳定性

烧结设备的性能稳定性（如温度均匀性、压力控制等）也会影响烧结致密化过程。先进的烧结设备可以提供更稳定的烧结环境，有利于获得更高质量的硬质合金产品。

6.1.4　黏结相成分与合金性能的关系

硬质合金中黏结相成分、结构对合金性能有较大影响。黏结相的成分主要是指 W、Ti、C 含量，其次是少量的添加剂，如 Ta、Nb、稀土元素等。以 WC-Co 合金为例进行简要说明。

从图 6-1 相图左下角可以看出，γ 相中 W 原子的含量与 γ 相中碳原子的含量是负相关的，这也为工艺上通过控制合金碳含量，从而间接控制黏结相中的 W 原子含量提供了依据。提高合金中碳含量，可以减少黏结相中 W 原子的含量。

6.1.4.1　黏结相中 W 含量对合金抗弯强度的影响

对高钴合金来说，其强度随 W 含量增加而提高；而低钴合金却相反。这是由于高钴合金的钴相被 W 固溶强化后，提高了合金的塑性变形抗力，从而使其强度提高；而低钴合金本来就较脆，钴相被 W 固溶强化后，反而降低了合金强度。

硬质合金的生产技术已经发展到这种程度，除了可控制合金的组织结构外，还可控制黏结相的 W 含量。图 6-5 的 Ⅰ、Ⅱ、Ⅲ 区分别表示在不同用途的合金中，黏结相 W 含量的大致范围。第 Ⅰ 区主要是矿山工具类合金，第 Ⅱ 区是用于一般切削和一般用途的合金，第 Ⅲ 区表示特殊切削（如铣削）用途的合金。控制黏结相 W 含量需要准确测量合金中碳含量以及严密控制工艺过程。

随 W 含量增加，γ 相中溶入的 W 越多，固溶强化越明显，韧性和抗弯强度增加，增加到一定程度后又下降。当出现 η 相时，η 相使合金韧性下降，两者

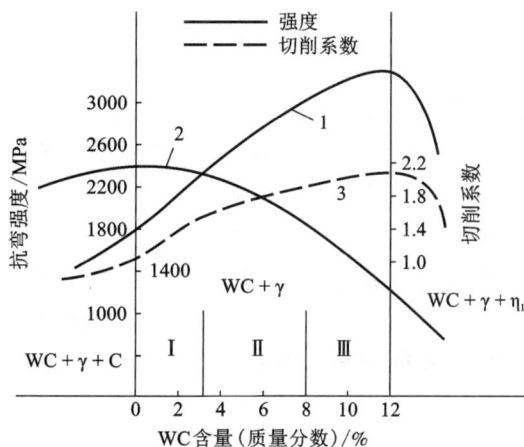

1—WC-20Co；2—WC-6Co；3—WC-8Co。

图 6-5　黏结相成分对合金性能的影响

147

作用抵消后，若前者占优势，则韧性提高，若后者占优势，则韧性降低。冷却速度增加，钴相中 W 含量增加，能提高钴相的强度，从而提高合金的抗弯强度。但是，过高的冷却速度会使合金处于较高的应力状态，增大了加工过程中产生裂纹的倾向，有的甚至在冷却过程中就会产生裂纹。因此，选择合适的热处理工艺参数非常关键，不但可以使合金得到所要求的组织和成分，还可以尽量降低快冷所产生的应力。

6.1.4.2　黏结相中 W 含量对合金硬度和耐磨性的影响

黏结相中 W 含量增加有利于合金硬度的提高，其高温硬度提高得更加明显，室温下可提高 0.4 ~ 0.7 HRA，800 ℃时可提高 65 ~ 150 HV。因 W 的熔点（3400 ℃）比 Co 的熔点（1495 ℃）高很多，W 的熔入能提高 Co 相的熔点，因而能提高其硬度，特别是高温硬度。

一般来说，硬度与耐磨性是呈正相关关系的。黏结相中 W 含量越高，钴被强化越多，耐磨性也就越高。

6.1.5　碳化钨晶粒长大机理与抑制剂

6.1.5.1　碳化钨晶粒长大机理

在碳化钨于液相中的溶解度达到饱和以后的整个保温时间内，碳化钨总是等速地溶解和析出。这个过程就叫碳化钨通过液相的重结晶。在通过液相重结晶过程中，那些尺寸较小（表面能较高）或点阵不平衡（晶格能较高）的晶粒优先溶解，直到消失，并在那些尺寸较大或具有平衡点阵的晶粒上析出（结晶）。这是一个不可逆过程。因此，重结晶的结果总是使碳化钨晶粒长大。不同碳化钨晶粒的表面能和晶格能的这种差异，便是烧结过程中碳化钨晶粒长大的动力。碳化钨晶粒间的能量差愈大，具有高能量的碳化钨晶粒愈多，则能量低的碳化钨晶粒长大愈严重，而少数有着平衡点阵的粗大晶粒则突出地长大。

碳化钨通过液相重结晶的速度与液相的数量有关。烧结体内液相所占的比例愈大，碳化钨在液相中溶解的绝对量愈多，其晶粒长大的速度便愈高。

影响 WC 晶粒长大的主要因素如下。

（1）烧结温度。

其他条件相同时，烧结体的液相数量随烧结温度的提高而增加，因此，烧结时碳化钨晶粒长大的倾向随烧结温度的提高而增大。而且，碳化钨分子的扩散速度亦随温度的升高而增大，于是又加快了重结晶速度。烧结温度对碳化钨晶粒长大的影响如图 6-6 所示。

（2）含钴量。

液相的数量随烧结体含钴量的提高而增加，不同含钴量的烧结体在 1400 ℃下液相的大致数量关系如表 6-2 所示。

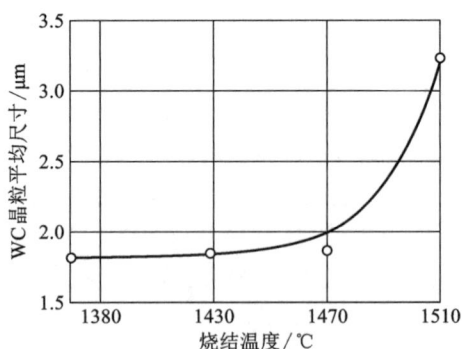

合金成分为 WC+8%Co，WC 总碳含量为 5.90%。

图 6-6　烧结温度对碳化钨晶粒平均尺寸的影响

表 6-2 液相数量与烧结体含钴量的关系 单位：%

烧结体的含钴量(质量分数)	6	15	20
液相数量(质量分数)	9.7	24.1	31.9

图 6-7 表明，碳化钨晶粒尺寸分布的分散性随合金含钴量的提高而增大，而以纯碳化钨者为最小。

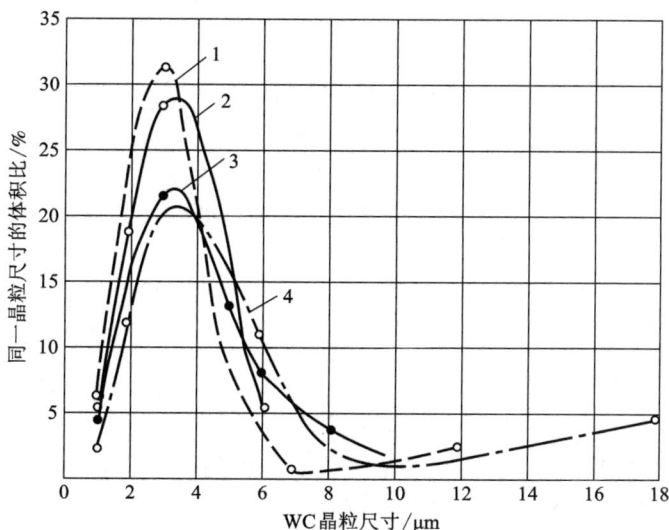

1—99%WC+1%Co；2—96%WC+4%Co；3—94%WC+6%Co；4—80%WC+20%Co。

图 6-7 合金中碳化钨晶粒的尺寸分布与其含钴量的关系(烧结温度为 1450 ℃，保温 1 h)

（3）含碳量。

合金中碳化钨晶粒的平均尺寸随原始碳化钨总碳含量的提高而增大，它们之间的变化规律如图 6-8 所示。这主要是由于烧结体的液相数量随含碳量的提高而增加，烧结体内保持液相的时间随含碳量的提高而延长。

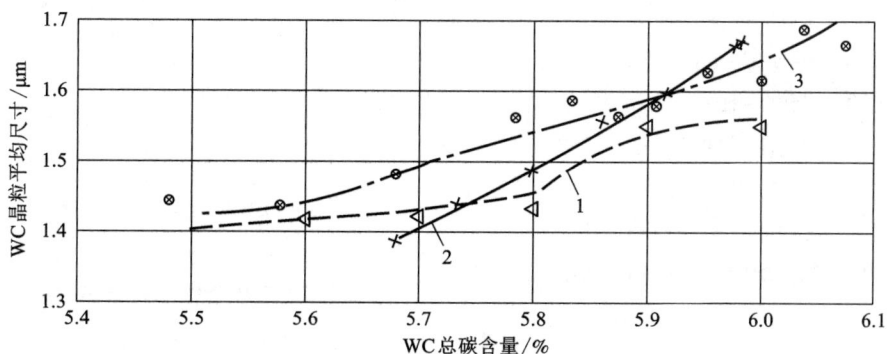

1—YG25；2—YG6X；3—YG8。

图 6-8 合金含碳量对碳化钨晶粒平均尺寸的影响

149

（4）保温（重结晶）时间愈长，碳化钨晶粒长大愈严重，如图6-9所示。

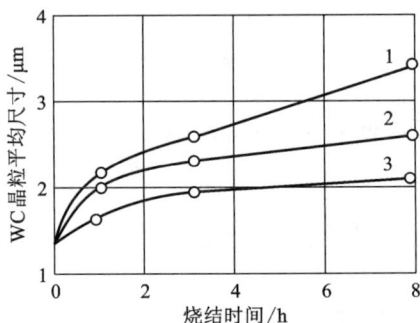

合金含钴量为16%；原始碳化钨颗粒平均尺寸为1.33 μm；
原始碳化钨总碳含量：1—6.14%；2—6.04%；3—5.84%。

图6-9　烧结时间对合金碳化钨晶粒平均尺寸的影响

（5）往合金中加入元素周期表第五族的难熔金属钒、铌、钽和第六族的铬的碳化物，可以阻碍碳化钨晶粒不均匀长大。

6.1.5.2　WC晶粒长大抑制剂

一般认为，钴形成液相后，晶粒长大抑制剂优先在钴中溶解，使WC在Co中的溶解度减小，从而降低WC重结晶速度，达到抑制晶粒长大的目的。对于超细硬质合金，必须加入某种晶粒长大抑制剂，否则，无法控制WC晶粒的长大。例如合金YG6，含钴6%，加入0.2%的TaC，就能阻碍晶粒长大，继续增加TaC含量，这种阻碍作用并不会明显地增强。在烧结温度下，TaC在钴中的饱和溶解度约为3%。在6%的钴中加入0.2%的TaC，后者在钴中的溶解度刚好达到饱和。加更多的TaC，TaC在Co中的溶解量并不增加，其抑制晶粒长大的作用也就不会加强了。

用作晶粒长大抑制剂的物质通常是碳化钒（VC）、碳化铪（HfC）、碳化锆（ZrC）、碳化钛（TiC）、碳化钽（TaC）、碳化铌（NbC）、碳化铬（Cr_3C_2）、碳化钼（Mo_2C）等。

合金中WC的平均晶粒度与抑制剂添加量的关系如图6-10所示。添加的碳化物在液相中的溶解度愈大，其抑制晶粒长大的效果就愈好。从图6-10可知，碳化物抑制晶粒长大的效果从大到小排序为 VC>Mo_2C>Cr_3C_2>NbC>TaC>TiC>ZrC≈HfC。

当抑制剂加入量低于其在液相中的饱和量时，如添加量约为Co的1.5%

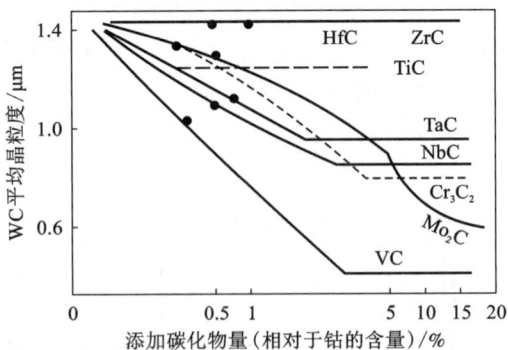

● 表示相对于钴来说为1.5%（摩尔分数）添加碳化物的合金（Mo_2C为0.75%，Cr_3C_2为0.5%）。

图6-10　添加碳化物（相对于Co含量）对在1400 ℃下烧结1 h的YG20合金中WC平均晶粒度的影响

（摩尔分数，Mo_2C 为 0.75%）时（图 6-10 中黑点），碳化物抑制 WC 晶粒长大的效果按从大到小排序为：$VC>NbC>TaC>TiC>Mo_2C>Cr_3C_2>ZrC\approx HfC$。可见 VC 的抑制效果最好。

通常用来作抑制剂的主要有 TaC、NbC、VC、Cr_3C_2 等，而不是 Mo_2C。因为 Mo_2C 要加到 8%（质量分数）才有明显效果，但此时析出的 Mo_2C 相（与 WC 的固溶体）显著变粗，合金强度显著下降。

碳化钽含量对合金的碳化钨晶粒平均尺寸的影响如图 6-11 所示。碳化钽含量不变时碳化钒含量对合金中碳化钨晶粒平均尺寸的影响如图 6-12 所示。

从图 6-10 可以看出，往 WC-Co 合金中加 1% 的 TaC 或 0.5% 的 VC，就可以明显地阻碍 WC 晶粒长大。如果同时加入少量的 TaC 和 VC，则对 WC 晶粒长大的阻碍作用尤为显著（图 6-12）。

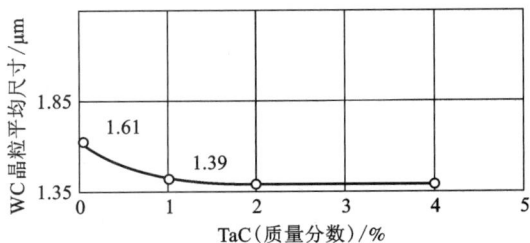

图 6-11　碳化钽含量对 YG6X 合金
碳化钨晶粒平均尺寸的影响

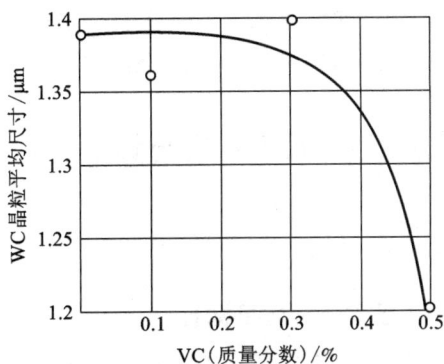

图 6-12　碳化钒含量对 YA6 合金碳化
钨晶粒平均尺寸的影响

实践证明，最有效的晶粒长大抑制剂是 VC 与 Cr_3C_2 的适量配合物。

这些碳化物添加剂对合金组织的良好影响，还突出地表现在它可以降低后者对某些工艺条件（如球磨时间）及含碳量的敏感性。

影响抑制效果的因素主要有合金总碳量、抑制剂分布的均匀程度及其粒度。

WC 晶粒长大对合金总碳含量非常敏感：高碳量会增加 WC 晶粒长大的趋势（即使有 VC 存在也不行）。在保证 WC-Co 合金为两相的前提下，碳量不宜过高，否则会显著影响抑制剂的抑制效果。

抑制剂的粒度越小，分布越均匀，其抑制作用越大，其粒度应控制为 0.5~2 μm。

此外，对三相的 TiC-WC-Co 合金而言，TiC-WC 固溶体本身就是一种 WC 晶粒长大抑制剂。影响 WC 晶粒长大的主要因素是 TiC-WC 固溶体的成分。

练习题

一、单选题

1. 现代硬质合金烧结工艺普遍将氩气加压到（　　　）。

A. 1~5 MPa　　　　B. 3~7 MPa　　　　C. 6~10 MPa　　　　D. 8~12 MPa

2. 影响硬质合金致密化的关键因素之一的烧结温度范围一般是( )。

A. 室温~800 ℃ B. 800~1350 ℃ C. 800~1500 ℃ D. 1350~1500 ℃

3. 抑制 WC 晶粒长大效果最好的碳化物是( )。

A. VC B. HfC C. ZrC D. TiC E. TaC F. Cr_3C_2

二、多选题

1. 硬质合金材料中的相主要由( )和( )组成。

A. 硬质相 B. 液相 C. 黏结相 D. 固相

2. 硬质合金烧结的基本过程有( )。

A. 脱除成形剂阶段 B. 液相烧结阶段

C. 冷却阶段 D. 成形阶段

3. 以下哪些工艺因素是影响烧结致密化的因素( )。

A. 烧结温度 B. 烧结保温时间 C. 氩气压力 D. 烧结真空度

任务二：烧结工艺与设备

✐ 学习目标

【思政或素质目标】

1. 了解压坯烧结工艺。

2. 培养压坯烧结设备操作的安全意识。

3. 培养压坯烧结设备操作精益求精的工匠精神。

【知识目标】

1. 熟悉气压烧结炉的基本结构。

2. 掌握气压烧结生产工艺。

3. 掌握气压烧结炉的操作方法。

【能力目标】

1. 能正确操作气压烧结炉。

2. 能对气压烧结炉进行维护和保养。

3. 能正确操作等静压烧结炉。

　　硬质合金的烧结设备和工艺经历了多次技术发展，最早使用的设备是氢气保护下的连续式烧结炉，之后被非连续式的真空烧结炉取而代之，再进一步则是脱除成形剂和烧结一体的多气氛炉，现在的主流设备是脱除成形剂和烧结一体的压力烧结炉（氩气为加压气体）。

　　烧结过程中升温速度、烧结温度、保温时间、真空度、气体流量和气体压力等是烧结生产的重要工艺参数。

6.2.1　气压烧结生产工艺与主要生产设备

6.2.1.1　气压烧结生产工艺

压力烧结是指在脱除成形剂过程和真空烧结过程完成后，液相烧结开始时，往烧结炉内通入 $1{\sim}10$ MPa 的高压 Ar 气体，在烧结温度下完成物料加压保温的过程。加压气体采用氩气。加入的气体压力主要有 1 MPa、6 MPa 和 10 MPa 等几种，其中以使用 6 MPa 压力炉居多。

压力烧结的优点：①有效降低硬质合金的孔隙度，促进合金致密化过程。特别是对低钴和细晶粒硬质合金的影响更加明显，如 YG3X 细颗粒牌号合金。②促进塑形流动，减少钴池等缺陷，提高硬质合金的强度等性能，特别是对于超细晶粒合金，一般采用 10 MPa 压力烧结炉烧结。

按工艺指令将烧结全过程的温度、时间、炉内气氛及压力等工艺参数编成计算机程序，输入电脑进行自动控制，并将全过程的参数在直角坐标上形象地表现出来的曲线，叫作烧结工艺曲线。现代的压力烧结炉都是由计算机自动控制运行的设备，在运行前按照工艺指令，直接调用相应的烧结工艺曲线。图 6-13 为一条简单、典型的硬质合金压力烧结工艺曲线，在烧结的不同温度区间内采用不同的炉内气氛和压力是最典型的烧结工艺。

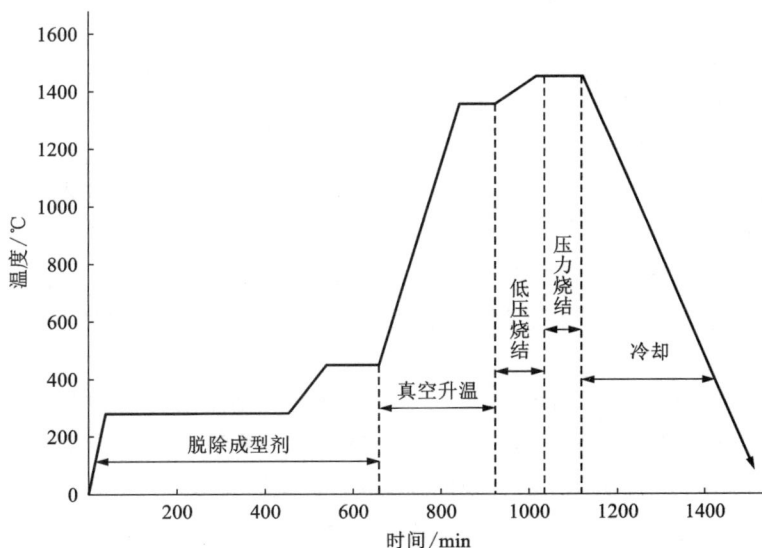

图 6-13　压力烧结工艺曲线

1）脱除成形剂阶段

脱除成形剂（石蜡或 PEG）的基本要求是既要使成形剂排除干净，又不能使脱除成形剂的时间过长而影响烧结效率，浪费能源。同时，还要避免成形剂脱除不干净造成合金增碳，甚至出现裂纹的问题。要做到这些，关键是要设置合适的升温速度、保温温度、保温时间和气体流量，要设置好这些参数必须考虑成形剂的种类、制品大小尺寸、炉内的气氛状况等。

首先依据成形剂的种类及其热裂解特性（TG-DSC）曲线来决定脱除成形剂的温度高低。石蜡成形剂热裂解曲线显示其在 140 ℃ 左右开始裂解，在 260 ℃ 左右达到裂解最高点，在

300 ℃前基本完成裂解。PEG成形剂热裂解曲线显示其在290 ℃左右开始裂解，在390 ℃左右达到裂解最高点，在450 ℃前基本完成裂解。

其次根据产品尺寸大小，决定脱除过程的时间长短。为了保证产品性能的一致性，相近尺寸的产品才可以在同一炉中进行烧结。从制品中心到表面的距离越大，温差越大，要使制品中心的成形剂完全脱除所需要的时间就越长；同时，由于比表面积随制品体积的增大而减小，在同样温度下，接近制品表面处的碳氢化合物的浓度就越高，因而制品越容易增碳或出现裂纹。因此，制品尺寸越大，其升温速度应该越慢，保温时间越长。

压力烧结炉成形剂脱除方式主要有氢气正压脱蜡、氩气负压脱蜡和氢气负压托瓦克三种模式。石蜡可以在真空和氢气状态下脱除，PEG只能在氢气状态下脱除。

2) 真空升温阶段

真空升温阶段是指制品脱除成形剂后至液相烧结的真空状态下的升温过程，烧结体内尚未被还原的金属氧化物可与碳发生还原反应，甚至发生碳化反应。上述反应在1100 ℃以上激烈地进行，因此要控制好升温速率和真空度。

3) 压力烧结阶段

合金的烧结温度与其化学成分有关，通常应高于基体碳化物与黏结金属的共晶温度40~100 ℃。在实践中经常考虑的问题是如何使合金有适当的晶粒度和性能，以合金的使用性能为主要依据来确定烧结温度。

例如，对于拉伸模具、耐磨零件和精加工用的切削工具，要求合金有较高的耐磨性，故应选取矫顽磁力出现极大值的烧结温度；对于地质钻探和采掘工具、冲击负荷较大的切削加工工具，要求合金具有较高的强度，故应采用较高的烧结温度；高Co合金的使用条件通常是要求其有尽可能高的抗弯强度，所以对这类合金来说，合金抗弯强度出现极大值的温度应当是最适宜的烧结温度。

为了在最高烧结温度下达到平衡状态，并有充分的组织转变时间，保温1 h左右是适当的。但是烧结时间的确定还受其他因素的影响，如制品大小就是因素之一，一般情况下，大制品的烧结时间要比小制品长。

在硬质合金的烧结温度下直接施加压力，则可在比烧结制品热等静压低得多的压力下闭合硬质合金的内部孔隙，这样不仅能消除残留孔隙，而且可使"钴池"降到最低程度，甚至完全消失。在这种情况下，只需1.7~7.0 MPa的压力就能使孔隙闭合。

对于细晶粒WC-6Co合金而言，在烧结温度下施加2~21 MPa的压力就能使其抗弯强度达到原来热等静压时的水平。而对于粗晶粒WC-11Co合金来说，在烧结温度下施加1 MPa的压力就足以使其抗弯强度优于在1380 ℃、103 MPa下热等静压得到的材料。

压力烧结对提高WC-Co硬质合金物理力学性能有着极其有利的影响，施加6~10 MPa的压力就有较好的效果，对中、粗颗粒，钴含量在10%以上的合金用1 MPa的压力烧结也可以获得较好效果。

4) 冷却阶段

为了获得良好的合金性能，缩短烧结周期，冷却应尽量快。因此我们将冷却过程大体分为两个阶段，从烧结温度到1000 ℃左右为第一阶段，属自然冷却。从1000 ℃开始打开烧结炉冷却系统，对炉料进行强制循环冷却，一直冷却到低于100 ℃出炉为止，为第二阶段。

6.2.1.2　气压烧结炉简介

1）气压烧结炉的基本设计和结构

气压烧结炉的炉体是受压容器(压力小于或等于 10 MPa)，其主要特点如下。

(1)在总体结构上增加了加压系统和泄压装置及整个高压系统，包括炉体及相关的管道和阀门的多重安全保护装置，多重机械安全保护和多重自动控制保护装置。

(2)炉壳根据《钢制压力容器分析设计标准》(JB/T 4755—2006)制造，同时符合国家对压力容器和锅炉炉体生产许可的要求。

炉体设计：卧式设计，双层壁水套结构。

炉体材料：压力容器用钢材。

设计运行次数：6000 炉次压力循环。

气压烧结炉的结构图和实物图分别如图 6-14 和图 6-15 所示。

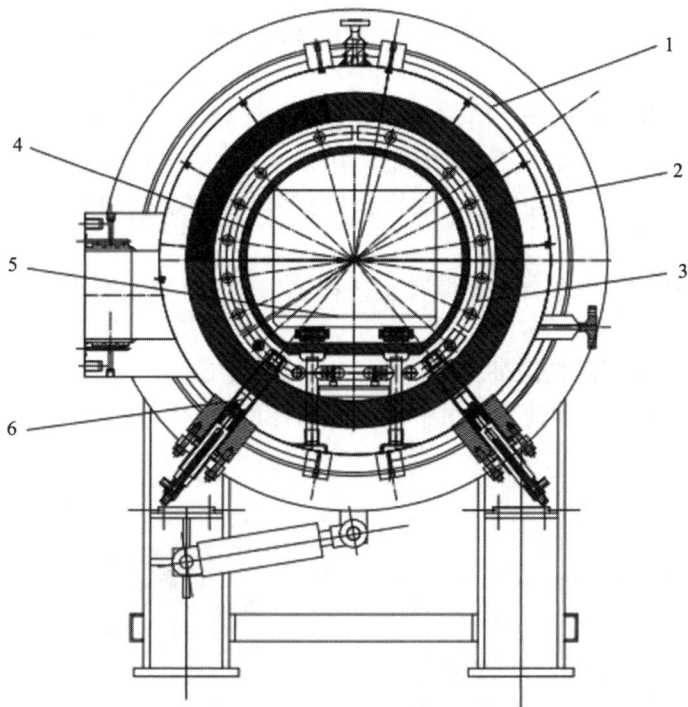

1—炉体；2—保温层；3—石墨发热体；4—石墨马弗；5—承料台；6—电极。

图 6-14　气压烧结炉内部结构剖面图

2）气压烧结炉的操作

气压烧结炉主要由炉体、加热系统、保温系统、脱蜡系统、真空系统、冷水系统、热水系统、快冷系统、液压系统、配气系统、高压安全泄压排放系统、电源系统、炉温检测及控制系统等组成。对气压烧结炉的操作主要通过人机对话界面来实现。

(1)用户管理。

为保证系统运行的安全性，设备操作一般分为三个权限级别：操作工、工艺员和管理员。计算机系统通过用户名+口令的方式来实现操作者权限级别的管理。当操作者以特定的身份

图 6-15　气压烧结炉实物图

登录后，系统中相应的可操作性权限将随之改变。

操作工是操作人员的基本级别，拥有工艺状态显示、工艺运行过程手动控制、工艺程序下载和当前程序修改、工艺程序启动、数据趋势显示、报警确认和查看报警内容、生产记录录入等权限。

工艺员除拥有操作工权限外，还拥有工艺程序编辑、系统参数调整（设备参数、工艺参数）等权限。

管理员除拥有工艺员的权限外，还拥有用户管理（增删用户）、PID 参数修改等权限。由于管理员拥有较大的权限，因此管理员一旦完成所需的工作，应立即退出登录，以避免其他人员未授权使用。

用户登录界面见图 6-16。

（2）界面总览。

气压烧结炉界面总览如图 6-17 所示。

①主显示区。

主显示区是计算机系统界面的主要功能区。工艺温度、压力以及阀、泵等的状态，操作和报警的信息都在这里显示；系统中工艺参数的修改、工艺程序和生产记录的编辑也在这

图 6-16　用户登录界面

里。此区域由多个相互切换显示的画面组成，具体内容将在后面的章节进行详细描述。

②顶部信息显示区。

显示区的左边是计算机系统当前登录用户的情况。

③工艺程序状态区。

压力烧结炉当前的工艺状态和当前运行的工艺程序的情况都在这里显示。

④公共按钮区。

此区域由按钮组成，包括主显示区的各个画面间的切换按钮，用户管理和退出系统等操作按钮。

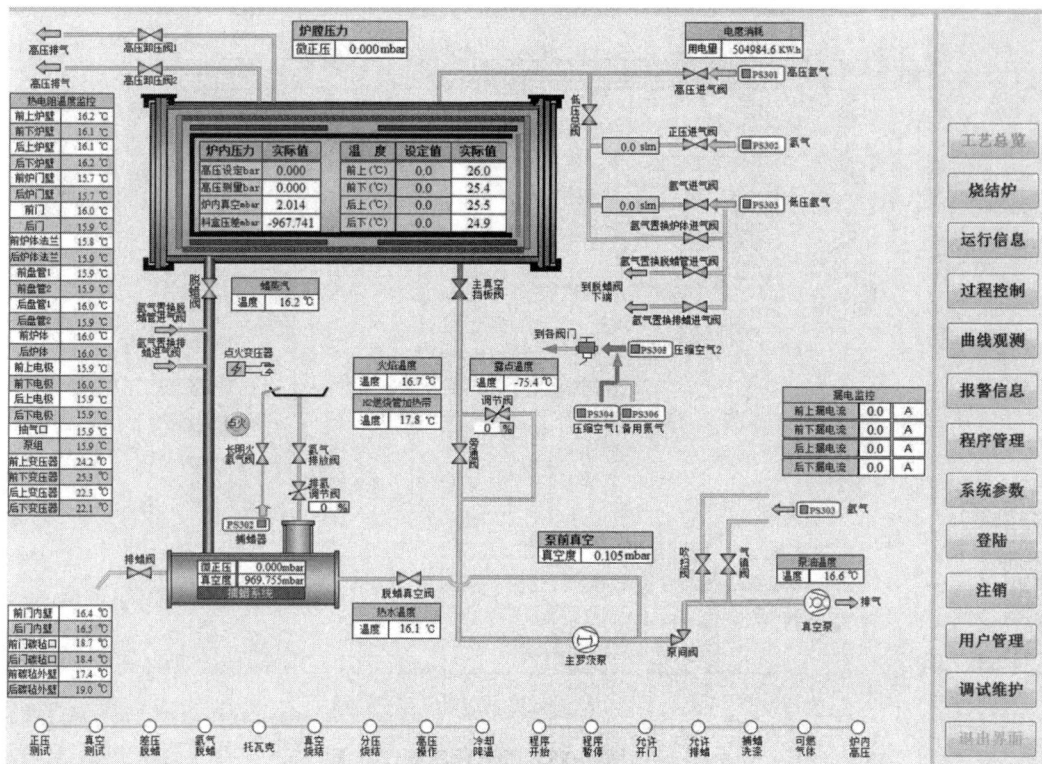

图6-17 气压烧结炉界面总览

（3）工艺程序管理。

①程序管理。

程序管理功能由工艺员/管理员执行，包括程序的添加、删除、复制等，其操作界面如图6-18所示。

②程序编辑。

工艺员可以对当前运行程序和计算机系统硬盘中的程序进行编辑。工艺员/管理员可以对修改后的计算机系统硬盘中的程序进行保存，其操作界面如图6-19所示。

③工艺程序运行。

操作员可以点击"下载"按钮，将工艺程序下载至PLC中后运行程序。工艺程序会按照编制的步骤和子程序自动运行。

（4）过程数据趋势。

为了直观地查看工艺程序运行过程中工艺参数的变化趋势，计算机系统可以将采集的实时数据，以时间为轴，用曲线表示出来。通过过程数据趋势程序可以查询温度、压力、电流、电压等参数的实时和历史运行数据，还能将数据运行趋势以曲线形式显示出来，其界面如图6-20所示。

（5）报警管理。

报警系统收集控制系统检测到的各种信息和报警，并保存最新的1000条历史记录。当出现报警时，系统会提示报警的时间、可能的问题点以及解决报警问题的建议等，它对生产过程中故障的排除有直接的帮助，是程序控制非常重要的组成部分，其界面如图6-21所示。

工艺程序管理

	创建日期		程序名称
1	08-07-2023	13:37:15	165
2	08-16-2023	10:43:43	162
3	08-21-2023	09:39:41	65
4	12-07-2023	14:27:54	10
5	12-22-2023	22:28:15	161
6	03-08-2024	17:08:34	honglu
7	03-09-2024	14:54:48	7
8	06-25-2024	15:22:27	1
9	07-18-2024	13:56:26	666
10	08-26-2024	11:58:29	888
11	09-05-2024	18:33:11	999
12	09-14-2024	11:44:03	160
13	01-17-2025	09:40:40	11

打开程序　新程序　删除　重命名　上载控制器当前程序　复制

最后一次下载程序时间：02-16-2025　17:17:1
最后一次下载程序名称：165

工艺总览　烧结炉　运行信息　过程控制　曲线观测　报警信息　程序管理　系统参数　登陆　注销　用户管理　调试维护　退出界面

扫一扫，看彩图

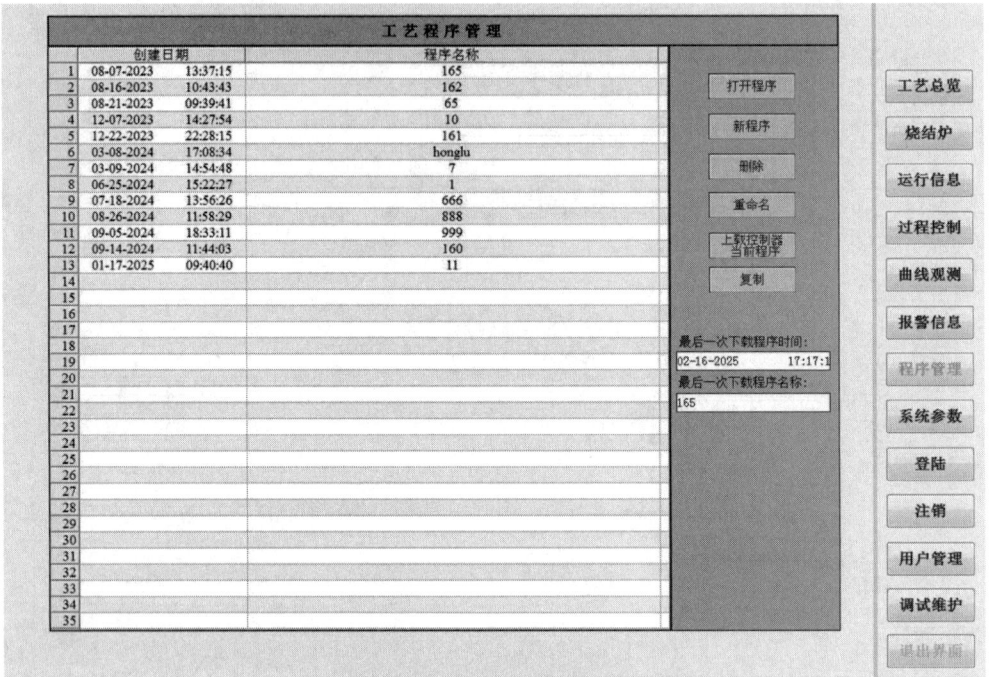

图 6-18　工艺程序管理界面

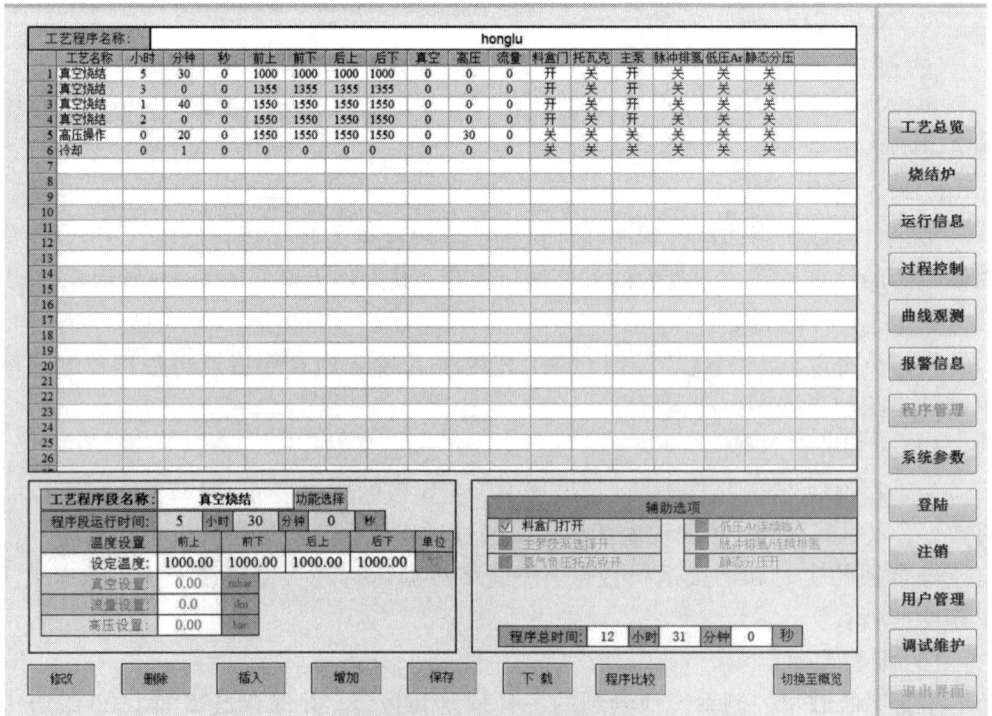

工艺程序名称：　honglu

	工艺名称	小时	分钟	秒	前上	前下	后上	后下	真空	高压	流量	料盒门	托瓦克	主泵	脉冲排氢	低压Ar	静态分压
1	真空烧结	5	30	0	1000	1000	1000	1000	0	0	0	开	关	开	关	关	关
2	真空烧结	3	0	0	1355	1355	1355	1355	0	0	0	开	关	开	关	关	关
3	真空烧结	1	40	0	1550	1550	1550	1550	0	0	0	开	关	开	关	关	关
4	真空烧结	2	0	0	1550	1550	1550	1550	0	0	0	开	关	开	关	关	关
5	高压操作	0	20	0	1550	1550	1550	1550	0	0	30	关	关	关	关	关	关
6	冷却	0	1	0	0	0	0	0	0	0	0	关	关	关	关	关	关

工艺程序段名称：　真空烧结　　功能选择
程序段运行时间：　5　小时　30　分钟　0　秒

温度设置	前上	前下	后上	后下	单位
设定温度：	1000.00	1000.00	1000.00	1000.00	℃
真空设置：	0.00				mbar
流量设置：	0.0				slm
高压设置：	0.00				bar

辅助选项
☑ 料盒门打开　　□ 低压Ar连续输入
□ 主泵及选择开　　□ 脉冲排氢阀级排氢
□ 氢气负压托瓦克开　　□ 静态分压开

程序总时间：　12　小时　31　分钟　0　秒

修改　删除　插入　增加　保存　下载　程序比较　切换至概览

工艺总览　烧结炉　运行信息　过程控制　曲线观测　报警信息　程序管理　系统参数　登陆　注销　用户管理　调试维护　退出界面

扫一扫，看彩图

图 6-19　工艺程序编辑界面

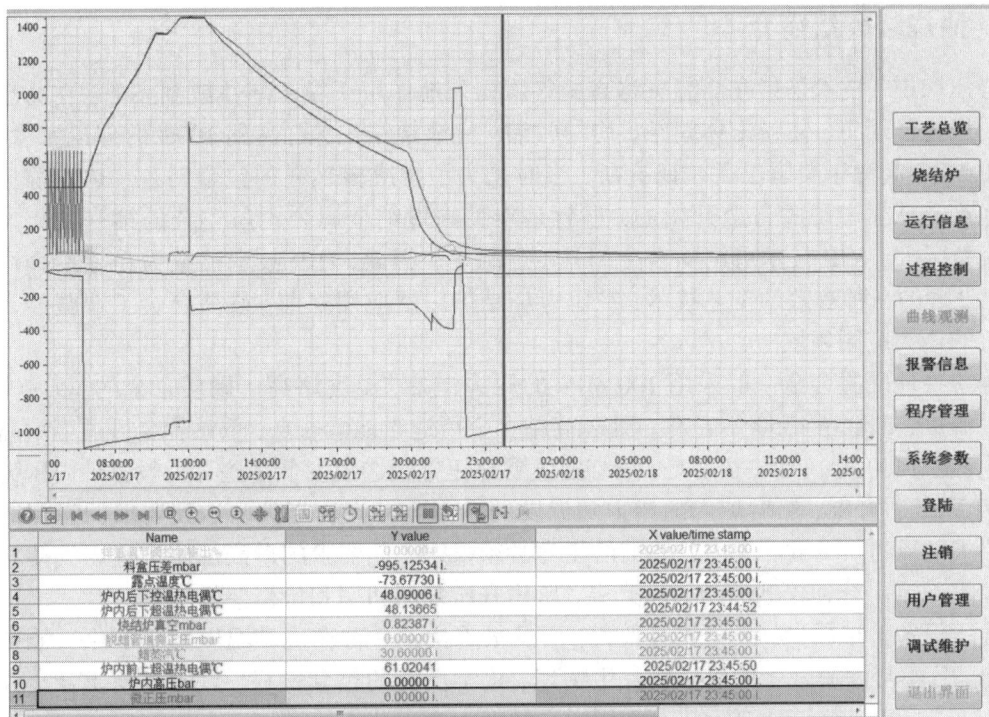

图 6-20 曲线观测界面

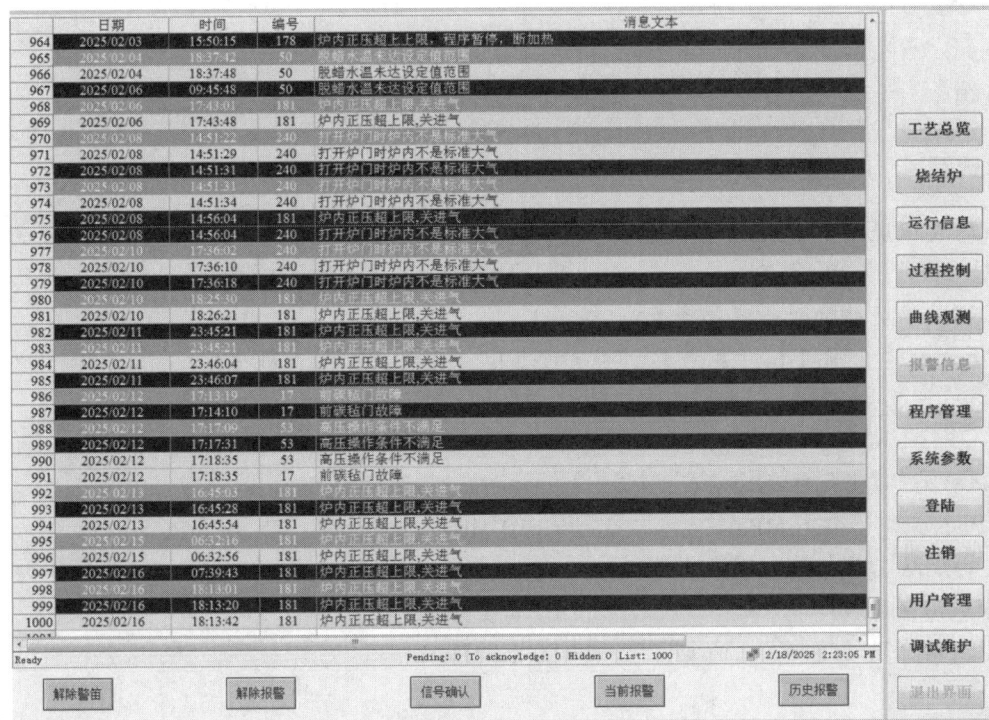

图 6-21 报警界面

6.2.2　其他烧结方法简介

热等静压（HIP）技术是指在高温下将高压气体均匀地作用于粉末坯体或制品上，在高温高压的均匀压力作用下，使粉末体固结，均匀收缩，完成烧结工艺，达到100%的理论密度。热等静压1955年起源于美国巴蒂尔研究所，当时是为了解决核燃料的包套问题。热等静压用于工业生产是从生产硬质合金开始的，那就是年美国肯纳金属公司所安装的第一台年产50 t的热等静压机。HIP技术可消除合金缩孔、空洞等。因此，HIP技术已成为粉末冶金固结、致密化处理的一种有效的工艺技术，在压力烧结炉广泛应用之前，硬质合金工业曾经是热等静压机的最大应用领域。

热等静压处理硬质合金一般采用100 MPa的压力，烧结温度略高于硬质合金的WC-Co伪二元共晶温度，也就是1350 ℃左右。处理高钴合金可适当地低一点，低钴合金可适当地高一些，但不超过1400 ℃。要注意的是，烧结温度要比正常烧结温度低一些。一般将炉内压力升到28~30 MPa后升温，然后炉内的压力随温度的升高而升高。当炉内达到要求的温度时正好升到要求的压力。为此，炉内升温前的压力必须根据工艺要求的最高温度按理想气体状态方程式计算确定。升到较低的压力后升温，所用升压泵的功率和价格要低得多。

热等静压设备价格昂贵，投资相对太大，而且很难找到一种在烧结温度下不熔化又能产生塑性变形，且不与硬质合金的组成物发生物理、化学反应的包套材料，只能将硬质合金混合粉按通常工艺压制、烧结后进行热等静压。在原有生产工艺之外增加一个烧结后处理过程和一套昂贵的装置，不但投资成本增加，劳动生产率降低，而且生产成本提高。结果，产品价格显著提高。这严重限制了它的应用范围。对普通产品而言，只有当孔隙度不合格时才用它处理。

练习题

一、单选题

1. 现在的气压烧结炉常用的气体是（　　）。
A. 氢气　　　　　　B. 氩气　　　　　　C. 氮气　　　　　　D. 氧气
2. 气压烧结炉烧结时间一般是多长？（　　）
A. 0.5 h　　　　　　B. 1 h　　　　　　C. 2 h　　　　　　D. 3 h

二、多选题

1. 气压烧结炉常用气体压力有（　　）。
A. 1 MPa　　　　　　B. 6 MPa　　　　　　C. 10 MPa　　　　　　D. 20 MPa
2. 典型的烧结工艺包括以下几个阶段（　　）。
A. 脱除成形剂阶段　　　　　　B. 真空升温阶段
C. 压力烧结阶段　　　　　　D. 冷却阶段

任务三：硬质合金毛坯质量控制

✐ 学习目标

【思政或素质目标】

1. 了解硬质合金毛坯质量控制要求。

2. 培养产品质量至上的工匠精神。

【知识目标】

1. 熟悉硬质合金毛坯质量鉴定项目。

2. 掌握硬质合金毛坯质量控制方法。

3. 掌握硬质合金毛坯质量问题原因及解决措施。

【能力目标】

1. 能正确操作硬质合金毛坯质量鉴定的仪器设备。

2. 能正确使用硬质合金毛坯质量控制方法。

3. 能分析硬质合金毛坯质量问题原因及提出解决措施。

6.3.1　硬质合金毛坯的质量鉴定

硬质合金烧结毛坯的质量鉴定分为物理性能(包括密度、钴磁、矫顽磁力、硬度等)和金相组织结构鉴定，各个牌号合金产品物理性能和金相组织都有控制标准。烧结毛坯产品出炉后，按取样规则抽取一定数量的产品送检，只有符合标准的产品才能判定合格，否则判为不合格。

6.3.1.1　检测硬质合金密度的意义

(1)在粉末冶金的科学研究中，科研人员要了解和测定材料的密度，因为密度测定是控制烧结制品质量的主要手段之一。对于已知牌号的硬质合金，通过测量其密度，可以考察其成分和组织是否变化，内部是否有孔隙、夹杂和石墨等缺陷。

(2)合金的密度随合金组元的变化而变化。

(3)合金中出现石墨或较大孔隙和夹杂时，密度会低于正常值。

(4)合金出现 η 相时，其密度会大于正常值。

6.3.1.2　测量硬质合金矫顽磁力的意义

(1)作为衡量组织结构变化的依据。硬质合金中钴含量增加，矫顽磁力下降，钴分散度越大，矫顽磁力越高。因此，矫顽磁力可以作为间接衡量合金中 WC 晶粒大小的参数。

(2)作为考察工艺变化的依据。湿磨时间长，粉末颗粒细，则合金的晶粒度细，矫顽磁力高。

(3)合金中出现渗碳，往往矫顽磁力偏低，合金中出现脱碳，则矫顽磁力偏高。合金欠烧，矫顽磁力偏高，合金过烧，矫顽磁力偏低。烧结时冷却速度越大，矫顽磁力愈大。

(4)作为评价其他性能的参数。

如果通过测定矫顽磁力判定其渗碳或欠烧，那么可以判断该合金密度和硬度一定会低于正常值。

6.3.1.3 测量钴磁的意义

(1)硬质合金磁性能测定主要有两个要确定的物理量,一是矫顽磁力;二是钴磁(比饱和磁化强度)。这两个物理量从物理意义上来看是完全不同的两个物理量,二者是有本质不同的,但它们之间又有着相互关系。关于矫顽磁力的意义前面已经介绍。而钴磁与合金的成分有关,但与晶粒度无关。钴磁能准确地反映合金内部微观组织结构的变化,并能以准确的量的关系表达出来。它在硬质合金的科研和生产中有着重要的特殊作用。

(2)能简单快速非破坏性地测量出合金中钴的百分含量。

(3)与合金中的碳含量存在着单一对应关系。合金中的钴磁随着碳含量的减少而降低。

(4)与合金内部微观组织结构存在密切关系,从钴磁的数值中能明确区别正常的两相组织,合金偏离理论碳含量。

(5)根据钴磁值能分析合金 η 相的量。

6.3.1.4 测量硬质合金硬度的意义

(1)硬质合金硬度是评定其质量的主要指标之一,能反映出材料的机械性能,并与其他力学性能有一定的关系。因此,硬质合金制品都要经过硬度检测。

(2)硬质合金中若内部有孔隙、石墨和夹杂,硬度会降低。合金组织中出现 η 相时,硬度会提高。同成分的细晶粒合金比粗晶粒合金硬度高。

6.3.1.5 测量金相的意义

硬质合金是以粉末冶金方法制得的,它是一种固相转变过程。因此这些合金制品内部和表面存在各种具有工艺特征的缺陷,如孔隙、石墨、污垢、η 相等。对这些缺陷进行定性、定量分析,是确定制品质量的重要环节。而对这些合金微观组织结构进行鉴别又是很重要的,它可以揭示工艺(包括混料、压制、烧结)过程的各个环节是否正确。因此,利用显微镜观察硬质合金毛坯的微观组织结构(如碳化物颗粒的分布、晶粒大小、孔隙率等),可以评估材料的均匀性和致密度。

6.3.2 烧结过程质量控制主要方法

烧结的目标是获得使用性能稳定的产品。这需要均匀的炉内温度与气氛、稳定的烧结炉况。

6.3.2.1 炉内石墨部件的质量

石墨部件应采用高质量的石墨,以减少与氢气的反应界面。石墨件发生腐蚀变薄后应及时更换。

6.3.2.2 炉膛的清洁

成形剂在脱除过程中会有少量吸附在炉膛内壁及碳毡上,这会使炉气中的碳气氛增高,使烧结体增碳。因此每烧结完一炉产品要清洁炉膛,定期煅烧炉子。

6.3.2.3 备料的要求

尽量将制品大小差异不大和相同牌号的产品备在一炉中烧结,这样可以改善炉内温度和气氛的均匀性,减小产品性能的波动。

6.3.2.4 烧结炉炉控片

工业生产所用的烧结炉容积较大,在烧结全过程中不同部位的温度和气氛组成不可能在任一时间都完全一样，这就会造成产品质量的差异。这些差异在金相组织上和合金结构上分别表现为碳化物的晶粒度和黏结相成分的变化，在物理性能上则表现为矫顽磁力和钴磁发生变化。为了保证同一炉不同部位和不同炉的产品质量的相对均一性，通常在每一炉有代表性的特定部位分别放上若干特制的样品与生产料同炉烧结。出炉后测定每一块检验样品的钴磁和矫顽磁力。这些检验样品习惯上叫作炉控片。很显然，这些炉控片的性能代表了每一炉内不同部位的产品的性能。若测得的各炉控片的性能波动在合格范围内，则说明这一炉产品的性能是均一的。因此，这一炉产品才算合格。

对炉控片的要求：确定一个与所烧产品的化学成分和金相组织相差不太大的合金牌号作为炉控片牌号，选择一批合格料压制成固定型号。

6.3.2.5 温场测试

为准确控制炉内不同区域温度的均匀性，应定期对温场进行测试。主要是直接测试低温状态的温场。

低温温场测试一般采用6根热电偶，前后炉门位置左右交叉共放置4根，炉子中间位置左右各放置1根。依据工艺要求，热电偶也可放置在指定位置进行测试。

温场测试一般设置在280 ℃和1100 ℃两个温度点，依据温场测试结果对炉内的温度偏差进行修正。

高温温场的测试主要采用间接方式。在烧结炉的相关点放置测温环或炉控片，与产品一同烧结后，取出测试。测温环测试变形量，炉控片测试磁力值变化情况，间接衡量高温的炉温是否均匀。

6.3.3 常见烧结不合格品产生的原因与处理方法

6.3.3.1 渗碳

（1）烧结气氛渗碳，主要是局部碳气氛过浓造成的。可以采取舟皿边框开槽、增大上下舟之间的间距等方法进行改善。

（2）脱除成形剂不彻底，残留成形剂裂解增碳。适当增加脱成形剂保温时间可以解决渗碳问题。

（3）黏舟渗碳，主要是舟皿表面的隔离层没有有效阻止液态钴向舟皿缝隙的渗透，引起产品渗碳。可以采取增加隔离层厚度或换一种合适的接触材料来解决。

6.3.3.2 脱碳和氧化

（1）压力炉密封件受损，炉子漏气进入空气后引起产品脱碳。采用氢气检漏仪或氦气检漏仪寻找炉子漏点并修复。

（2）炉体局部渗水，寻找渗水点并修复。

6.3.3.3 过烧

烧结温度过高和烧结保温时间过长会导致产品过烧。

一般情况下是烧结设备出现故障而操作者没有及时发现造成的。这就要求操作工按工艺要求认真巡视烧结炉况，及时发现问题并处理，才可以防止过烧废品的出现。

6.3.3.4 欠烧

烧结温度过低和烧结保温时间过短会导致产品欠烧。一般只要进行返烧就能得到正常的产品。

6.3.3.5　变形

变形是指烧结产品发生弯曲，改变了原有的形貌。

产品的变形多发生在长条形的产品(如棒材、扁条等)上，其产生的原因是烧结体各部位的收缩不一致，多表现为舟皿内产品中部凹，两端向上翘起的形态。影响烧结收缩不一致的因素主要有压坯密度不均、炉膛内局部烧结温度和气氛不均、舟皿与产品的接触面不平整等。

解决措施：提高压坯密度均匀性及炉膛内烧结温度和气氛的均匀性，保持舟皿表面的平整度等，都能减少产品弯曲变形的发生。

练习题

一、单选题

1. 鉴定硬质合金毛坯显微组织结构项目有(　　)、晶粒大小、孔隙率等。

A. 碳化物分布　　　B. 物相结构　　　　　　C. 物相成分　　　　　　D. 物相含量

2. 烧结合金产品渗碳原因不包括(　　)。

A. 碳气氛过浓　　　　　　　　　　B. 成形剂脱除不彻底

C. 黏舟　　　　　　　　　　　　　D. 烧结时间

二、多选题

1. 硬质合金毛坯质量控制项目有(　　)。

A. 合金密度　　　B. 矫顽磁力　　　　　C. 钴磁　　　　　　　D. 硬度和金相

2. 常见烧结不合格品现象有(　　)。

A. 渗碳　　　　　　B. 脱碳和氧化　　　　C. 过烧和欠烧　　　　D. 变形

项目七　合金毛坯深加工与质量控制

任务一：合金毛坯深加工概述

学习目标

【思政或素质目标】

1. 了解合金深加工工艺流程。

2. 培养独立思考和创新能力。

3. 培养解决实际问题的能力。

【知识目标】

1. 理解合金毛坯深加工的基本概念。

2. 熟悉硬质合金深加工的工艺流程。

3. 掌握合金毛坯深加工的关键技术要求。

【能力目标】

1. 能描述硬质合金深加工的工艺流程。

2. 能概括金刚石刀具、金刚石砂轮和磨削液的关键技术要求。

3. 能概括合金毛坯深加工的关键技术要求。

随着工业技术水平的整体提高，对硬质合金产品的要求也越来越高，烧结后硬质合金毛坯产品的外形尺寸和表面状况等很难直接满足用户的使用要求。因此硬质合金企业对产品进行深度加工就成为必不可少的工序，或者更进一步，企业将其组装成工具后再提供给用户使用。

7.1.1　主要加工方法和工艺流程

硬质合金深加工是指硬质合金企业对烧结后的硬质合金毛坯产品采用机械加工、电加工等方法，按照一定工艺流程直接改变其三维形状、尺寸以及表面光洁度，根据用户对产品的使用性能要求，使其成为合格硬质合金产品的生产过程。

硬质合金硬度高、脆性大，比常见的金属材料更难加工。目前主要的机械加工方法包括车削加工和磨削加工，电加工方法包括线切割加工和电火花加工等。

以硬质合金开槽辊(图 7-1)为例，典型的深加工工艺流程见图 7-2。

图 7-1 开槽辊产品

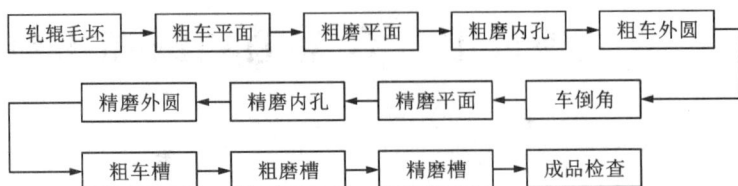

图 7-2 开槽辊加工工艺流程

7.1.2 常用金刚石刀具、金刚石砂轮和磨削液介绍

7.1.2.1 金刚石刀具

硬质合金的硬度很高，加工硬质合金只能采用硬度更高的材料，主要包括 PCD（聚晶金刚石）和 CBN（立方氮化硼）两种。PCD 车刀常采用焊接结构，CBN 车刀常用可转位机夹结构。车削主要应用于硬质合金产品的粗加工、倒角等。可采用车削方式的主要是含钴（或钴镍）量在 20% 以上的硬质合金。通常以金刚石刀具为主。

7.1.2.2 金刚石砂轮

金刚石砂轮是以金刚石磨料为原料，分别用金属粉、树脂粉、陶瓷和电镀金属作结合剂制成的各种形状的制品。金刚石磨料所独有的硬度高、抗压强度高、耐磨性好的特性使金刚石砂轮在磨削加工中成为磨削硬质合金材料的理想工具。用一般碳化硅磨料磨削加工时，磨削力和磨削热高，砂轮磨损快，生产效率低，工件易产生磨削裂纹。

1）金刚石砂轮的结构

金刚石砂轮由工作层、过渡层和基体三部分组成，见图 7-3。

工作层由磨料、结合剂和填料组成，起磨削作用；过渡层又称非金刚石层，它由结合剂、金属粉和填料组成，作用是使工作层牢固黏结在基体上；基体一般用铝或钢按磨削形式制成不同形状。

2）金刚石砂轮的选择

（1）粒度的选择。选择粒度应从工件表面粗糙度、磨削生产率和金刚石消耗三方面综合考虑。粗磨时一般使用的粒度号为 80#~100#，半精磨时使用的粒度号为 120#~180#，精磨时用 240#~W40。粒

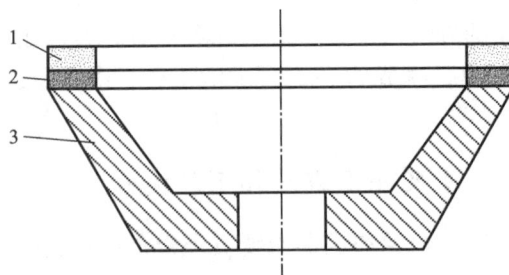

1—工作层；2—过渡层；3—基体。

图 7-3 金刚石砂轮结构

度还影响金刚石的消耗，在结合剂强度较低的树脂结合剂磨具中，选用粗粒度易造成金刚石过快消耗。在结合剂强度较高的青铜结合剂磨具中，选用细粒度易造成砂轮堵塞。各种常用

粒度见表7-1。

表 7-1　粒度的适用范围

金刚石磨具的粒度	工件的表面粗糙度 $Ra/\mu m$	
	树脂结合剂	青铜结合剂
100#~150#	0.630~0.200	1.25~0.20
150#~240#	0.200~0.100	0.63~0.20
280#~W20	0.100~0.025	—
W14~W5	0.050~0.012	—
W5~W1	0.025~0.012	—

(2)浓度的选择。金刚石砂轮的浓度是指工作层内每立方厘米体积中含有金刚石的质量。浓度100%是表示工作层每立方厘米的体积中含有4.4克拉重的金刚石。高浓度金刚石砂轮保持形状能力强,比较耐用。低浓度砂轮的总磨耗量小,但浓度过低,金刚石易损耗。一般细粒度砂轮选用低浓度;粗粒度砂轮则选用高浓度。金刚石砂轮浓度及金刚石含量见表7-2。

表 7-2　金刚石砂轮浓度及含量表

浓度/%	金刚石含量/(克拉·cm^{-3})
25	1.1
50	2.2
75	3.3
100	4.4
150	6.6

(3)结合剂的选择。金刚石砂轮结合剂有四种,其结合能力和耐磨性以树脂、陶瓷、青铜、电镀金属为序,依次渐强。常用的有青铜和树脂结合剂两种。青铜结合剂砂轮型面的成形性好,强度高,有一定韧性,自锐性较差,适用于粗磨、半精磨和成形磨。陶瓷结合剂耐磨性较树脂结合剂高,工作时不易发热、堵塞,适用于粗磨。树脂结合剂砂轮自锐性好,不易堵塞,发热量小,易修整,具有良好的抛光作用,适用于精磨。

(4)磨料层厚度。常用的有 1 mm、2 mm、3 mm、5 mm、10 mm 五种。

(5)砂轮形状和尺寸的选择。常用的有平形、碟形、碗形、薄形、双面凹形等,砂轮形状和尺寸应按工件形状和机床条件选用。详见表7-3。

表 7-3　常用砂轮基本形状、尺寸标记用语应用范围

序号	基本形状	尺寸标注	应用范围
1	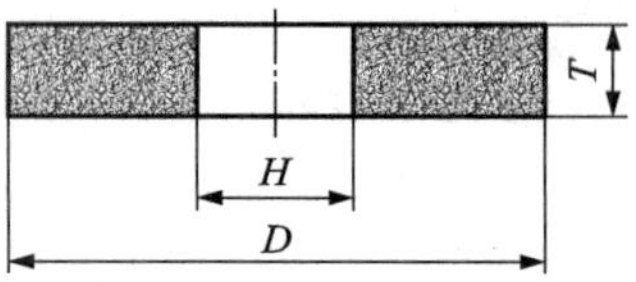	平形砂轮 $D×T×H$	磨外圆、内圆、平面和无心磨
2	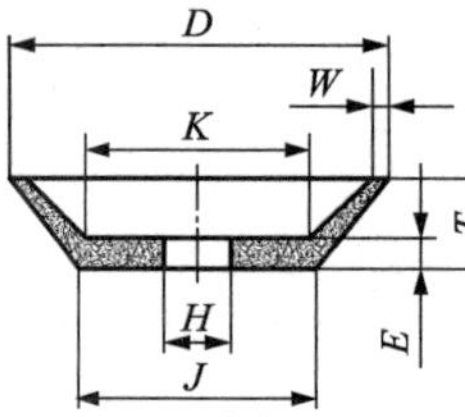	碗形砂轮 $D/J×T×H—W×E$	磨削导轨、刃磨刀具
3	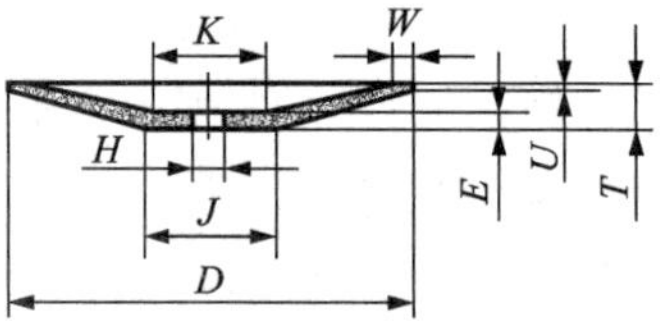	蝶形砂轮 $D/J×T/U×H—W×E$	刃磨刀具前刀面

（6）磨削用量的选择。

①砂轮的圆周速度按磨削条件选择。详见表 7-4。

表 7-4　砂轮圆周速度

结合剂	砂轮圆周速度/$(m·s^{-1})$	
	干磨	湿磨
青铜	10~15	15~25
树脂	10~20	20~30

干磨比湿磨的磨削温度高，故砂轮的速度需低些，青铜结合剂的砂轮磨削时发热量大，所以砂轮的圆周速度较低。

②磨削深度。磨削深度一般为 0.01~0.02 mm，小于普通磨削深度。采用过大的磨削深度会使工作层加快损耗。常用磨削深度见表 7-5。

表 7-5　磨削深度

结合剂	粒度/μm	
	46~120	150~240
青铜	0.02~0.03	0.01~0.02
树脂	0.01~0.015	0.005~0.01

③工件的圆周速度。不宜过高，一般为 10~20 m/min，内圆磨削和用细粒度砂轮磨削时，可适当提高工件转速。

④进给速度。为获得良好的加工表面质量和降低砂轮的消耗，进给速度不宜选得过大，一般选用范围见表7-6。

表7-6 工作台进给速度的选择

磨削形式	进给方式	进给速度
内外圆磨削	纵向进给	0.5~1 m/min
平面磨削	纵向进给	10~15 m/min
	横向进给	0.5 mm/单行程~1.5 m/单行程

(7)金刚石砂轮的合理使用。

①选择合理的磨削用量。

②磨具需配置法兰盘，安装时用百分表找正砂轮径向跳动，尺寸较大的磨具需静平衡。

③砂轮修整用绿色碳化硅砂轮磨削修整。

④采用煤油为切削液，可延长金刚石砂轮的使用寿命，减小工件表面粗糙度。

⑤机床要有较好的刚性，主轴的旋转精度要高。

⑥金刚石砂轮不宜磨钢件，因为金刚石与铁族元素在高温下接触，缺乏化学稳定性。

7.1.2.3 切削液

切削液主要用来降低磨削热和减少磨削过程中的摩擦。合理地使用切削液，有利于降低磨削热，降低工件表面粗糙度和提高砂轮的耐用度。切削液主要有冷却、润滑、清洗、防锈作用。硬质合金加工一般采用湿磨，需要使用切削液。常用的切削液分为水溶性切削液和油性切削液两大类。水溶性切削液以水为主要成分，有无机盐溶液、乳化液、合成液三种。油性切削液有机械油、煤油等。

练习题

一、单选题

1.目前主要的机械加工方法包括车削加工和( )。

A.磨削加工   B.压力加工   C.物理加工   D.化学加工

2.电加工方法包括线切割加工和( )等。

A.形变加工   B.焊接加工   C.电火花加工   D.热处理

3.可采用车削方式的主要是含钴(或钴镍)量在( )以上的硬质合金。

A.10%   B.20%   C.30%   D.40%

二、多选题

1.硬质合金深加工是指对烧结后的硬质合金毛坯产品采用机械加工、电加工等方法，按照一定工艺流程直接改变其( )。

A. 三维形状　　　　B. 尺寸　　　　　　　C. 表面光洁度　　　　　D. 组织结构

2. 金刚石磨料所独具(　　)的特性使金刚石砂轮在磨削加工中成为磨削硬质合金材料理想工具。

A. 硬度高　　　　　B. 抗压强度高　　　　C. 塑性好　　　　　　　D. 耐磨性好

3. 金刚石砂轮结合剂有四种,其结合能力和耐磨性从强到弱依次是(　　)。

A. 电镀金属　　　　B. 树脂　　　　　　　C. 陶瓷　　　　　　　　D. 青铜

任务二：切削加工

✎ 学习目标

【思政或素质目标】

1. 了解切削加工工艺。

2. 树立切削加工存在关键参数的意识。

3. 树立安全操作的意识。

【知识目标】

1. 掌握切削加工的基本原理。

2. 掌握切削加工工艺中切削参数的设置。

3. 掌握切削机床的基本构造。

【能力目标】

1. 能复述切削加工的基本原理。

2. 能总结切削加工工艺中切削参数的设置。

3. 能概括切削机床的基本构造。

硬质合金切削加工通常是指硬态车削。常用 PCD 车刀在车床上把工件上多余的材料层切除,使工件获得规定的几何参数和表面质量。车削主要应用于硬质合金产品的粗加工、倒角等。

7.2.1　切削加工工艺

车削主要应用于硬度在 HRA85 以下硬质合金产品的粗加工、半精加工、精加工等。精加工的工件表面粗糙度 Ra 一般为 1.6 μm。

从工艺的角度看,切削用量是指在切削加工过程中的切削速度、进给量和切削深度的总称。通常把切削速度、进给量和切削深度统称为切削用量三要素。

(1) 切削速度。切削速度是指在进行切削加工时,刀具切削刃上的某一点相对于待加工工件表面在主运动方向上的瞬时速度。车削加工中切削速度为工件转速。

(2) 进给量。进给量是指刀具在进给运动方向上相对于工件的位移量,可用刀具或工件每转一圈或每行程的位移量来表示和度量。

(3) 切削深度。切削深度也称为吃刀量,或吃刀深度,一般指工件已加工表面和待加工表面间的垂直距离。

切削用量是非常重要的工艺参数，硬质合金材料的车削用量要比普通钢材低很多。在实际生产中，工艺人员或操作人员是根据不同的工件材料和其他要求来选择合理的切削用量的。以 YGR45 轧辊为例，其切削用量一般为：工件转速 8~20 r/min，进给量 0.2~0.4 mm/r，切削深度 1~1.5 mm。

硬质合金车削可采用干式车削，也可选择添加切削液。干式车削一般用于粗车、倒角等粗加工工序，湿式车削用于半精车、精车。

7.2.2　切削加工主要设备

车床的种类很多，一般用于硬质合金车削的有卧式刚性车床、卧式数控车床。CA6140 型卧式车床是加工范围很广的车床，如图 7-4 所示。

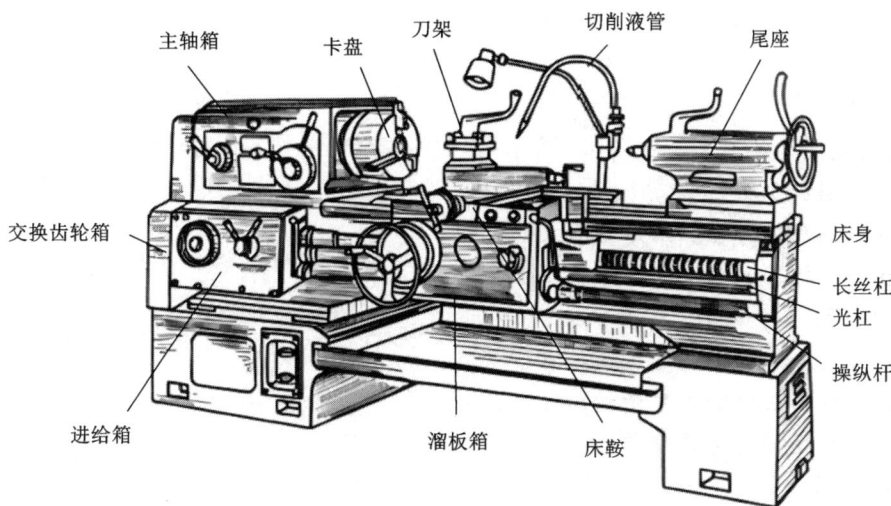

图 7-4　CA6140 型卧式车床

车床的主要部件有床身、尾座、主轴箱、进给箱、溜板箱、交换齿轮箱、刀架、滑板、丝杠、光杠、操作杆等。

数控车床控制系统为程控系统，它将与加工零件有关的信息(工件与刀具相对运动轨迹的尺寸)、参数(进给执行部件的进给尺寸)、切削加工的工艺参数(主运动和进给运动的速度、切削深度等)以及各种辅助操作等加工信息，用规定的文字、数字、符号组成代码，按一定的格式编写成加工程序单，将加工程序通过介质输入到数控装置中，数控装置经过分析处理后，发出各种与加工程序相对应的信号和指令控制机床。

数控车床具有以车代磨功能，能车削直线、斜线、圆弧及螺纹，并能进行钻、扩、铰孔等工序，适合加工形状复杂、精度高的各种盘、轴类零件。

✎ 练习题

一、单选题

1.硬质合金切削加工通常是指(　　　)。

A. 车削　　　　　B. 硬态车削　　　　　C. 铣削　　　　　　D. 磨削

2. 硬质合金材料的车削，其车削用量比普通钢材(　　)。

A. 高　　　　　　B. 低　　　　　　C. 相同

二、多选题

1. 车削主要应用于硬质合金产品的(　　)。

A. 加工孔　　　　B. 倒角　　　　　C. 粗加工　　　　　D. 精加工

2. 切削用量是指在切削加工过程中(　　)的总称。

A. 切削刀具　　　　B. 切削速度　　　　C. 进给量　　　　　D. 切削深度

任务三：磨削加工

学习目标

【思政或素质目标】

1. 了解磨削加工工艺。

2. 树立磨削加工存在加工质量要求的意识。

3. 树立安全操作的意识。

【知识目标】

1. 掌握磨削加工的工艺过程及特点。

2. 掌握磨削加工的加工质量控制方法。

3. 掌握磨削生产的主要设备。

【能力目标】

1. 能复述磨削加工的工艺过程及特点。

2. 能分析磨削加工的加工质量缺陷及排除方法。

3. 能概括磨削机床的基本构造。

7.3.1　磨削工艺与主要生产设备

7.3.1.1　磨削工艺

砂轮磨削根据加工对象及表面形成方式分为平面、外圆、内圆及成形磨削方法；对旋转表面工件夹紧和驱动方式分为定心磨削和无心磨削；按砂轮进给方式相对于加工表面的关系可分为纵向进给与切入进给磨削；按磨削行程分为通磨及定程磨；按砂轮工作表面类型分为周边磨削、端面磨削及周边-端面磨削。数控磨床及磨削加工中心常采用复合磨削工艺的方法。根据具体生产条件与表面形成方式可将上述各种磨削方法结合使用。

按砂轮圆周速度 v_s 的高低磨削可分为普通磨削($v_s < 45$ m/s)、高速磨削(45 m/s $\leqslant v_s \leqslant$ 150 m/s)、超高速磨削($v_s > 150$ m/s)；按磨削加工精度分为普通磨削、精密磨削(加工精度为$0.1 \sim 1$ μm，表面粗糙度 Ra 为 $0.1 \sim 0.2$ μm)、超精密磨削(加工精度小于 0.1 μm，表面粗糙度 $Ra \leqslant 0.025$ μm)；按磨削效率分为普通磨削和高效磨削。

磨削实质是工件被磨削的材料表层在无数磨粒瞬间的挤压、切削、摩擦作用下产生磨屑，并形成光洁加工表面的过程。单个磨粒的典型磨削过程可分为 3 个阶段，如图 7-5 所示。

1）滑擦阶段

磨粒切削刃开始与工件接触，切削厚度由零逐渐增大。由于切削厚度较小，而磨粒具有较大的负前角和切削刃钝圆半径，磨粒并未切削工件，只是在工件表面滑行发生挤压摩擦，工件表面仅产生弹性变形。此阶段的特点是磨粒与工件之间的相互作用主要是摩擦作用，导致磨削区发热，工件温度升高。

2）刻画阶段

随着磨粒切削刃继续切削工件，切削厚度

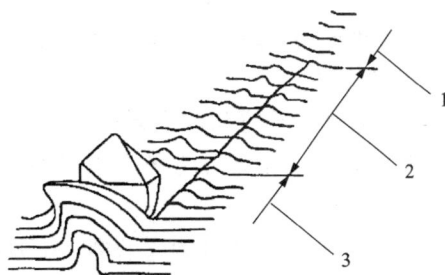

1—滑擦阶段；2—刻画阶段；3—切削阶段。

图 7-5 磨削过程

增大。磨粒作用在工件上的法向力 F_n 增大到一定值时，工件表面发生塑性变形，使磨粒前方受挤压的金属向两边流动，工件表面形成沟槽，沟槽两侧微微隆起。磨粒与工件间的挤压摩擦加剧，热应力增加。此阶段的特点是工件表面层在磨粒的作用下产生塑性变形，表面层组织内产生变形强化。

3）切削阶段

随着磨粒切削刃继续切入工件，切削厚度继续增大。当切削厚度增大到一定值时，被磨料挤压的金属材料产生剪切滑移形成切屑，沿磨粒前刀面流出。此阶段以切削作用为主，表面层的塑性变形强化。

磨削加工的工艺特点如下。

1）加工精度高，表面粗糙度值小

一般磨削加工精度可达 IT7～IT6，表面粗糙度值可达 $Ra0.2～0.8\ \mu m$。磨削加工的工件表面粗糙度值最小可达 $Ra0.008～0.1\ \mu m$。如精密磨削加工的尺寸精度为 $0.1～1\ \mu m$，表面粗糙度值可达 $Ra0.01～0.2\ \mu m$；超精密磨削加工的尺寸精度小于 $0.1\ \mu m$，表面粗糙度值不超过 $0.025\ \mu m$；经镜面磨削的工件表面光滑如镜，表面粗糙度值可达 $Ra0.01\ \mu m$。

2）磨削温度高

磨削加工切削速度为一般切削加工切削速度的 10～20 倍，在高速下挤压和摩擦更强烈，磨削时滑擦、刻划、切削 3 个阶段所消耗的能量部分转化为热能。砂轮的导热性较差，大量的热能在短时间内无法传导出去，因此在磨削区域形成瞬时高温，可达 1000 ℃。这些热能大部分传入工件，导致工件表面容易烧伤。同时，工件材料在高温下变软，容易堵塞砂轮，会影响砂轮使用寿命和工件表面质量。因此，在磨削加工时，会采用大量的切削液，一是起到冷却和润滑的作用，二是可以冲洗砂轮。

3）可加工硬度高的工件

组成砂轮的磨粒是一种高硬度的非金属晶体，可以加工各种淬硬钢件、高速工具钢刀具和硬质合金等材料及超硬材料（如氮化硅）。

4）切削刃不规则

砂轮表面上每个凸出的磨粒尖棱相当于微小的切削刃，可以看作一个微小刀齿，砂轮则可以看作具有极多微小刀齿的铣刀。砂轮表面每 cm^2 面积上有 60~1400 颗磨粒,每个磨粒的形状都不相同,因此切削刃也不规则,且磨削加工是多刃加工。

5)砂轮具有一定的自锐性

磨削初始加工时,磨粒均比较锋利,随着磨削加工时间的增加,一些磨粒变钝,在一定条件下部分磨钝的磨粒会自动脱落或崩碎,新的磨粒显露出来参与磨削加工,从而可保持砂轮良好的磨削性能。

7.3.1.2 磨削工艺方法与主要设备

磨削工艺方法主要分为平面磨削、外圆磨削、内圆磨削等。

1)平面磨削

平面磨削方式主要有圆周磨削、端面磨削及圆周-端面磨削。

(1)圆周磨削。

圆周磨削又称周边磨削,是用砂轮的圆周面磨削工件,图 7-6(a)和图 7-6(b)所示的卧轴平面磨床属于圆周磨削。这种磨削方式的砂轮与工件接触面积小,产生的切削力小,磨削时发热少,冷却和排屑条件好,能减少工件的热变形,砂轮的磨损也均匀,有利于保证磨削精度。因此,圆周磨削适用于精磨工序。一般精度等级可达 IT7~IT6,表面粗糙度值可达 Ra 0.2~0.8 μm。但端面磨削时,需要用间断的横向进给来完成整个工件表面的磨削,生产效率低。

(2)端面磨削。

端面磨削是用砂轮的端面磨削工件,图 7-6(c)和图 7-6(d)所示的立轴平面磨床属于端面磨削。端面磨削时,磨床功率大,砂轮主轴承受轴向力,弯曲变形小,刚性好,可选用较大的磨削用量。另外,砂轮与工件接触面积大,磨削力大,参与磨削的磨粒多,生产效率高。但磨削加工时产生的热量大,冷却和排屑困难,工件易发生热变形。砂轮端面径向各点的圆周速度不相等,砂轮磨粒磨损不均匀。因此,端面磨削加工精度不高。一般精度等级可达 IT9~IT8,表面粗糙度值可达 Ra 3.2~6.3 μm。一般用于加工精度要求不高的平面,或用于代替刨削和铣削。

(3)圆周-端面磨削。

圆周-端面磨削又称周边-端面磨削,砂轮的圆周面和端面同时进行磨削。磨削台阶面时,若台阶不深,可在卧轴矩台平面磨床上用砂轮进行圆周-端面磨削。

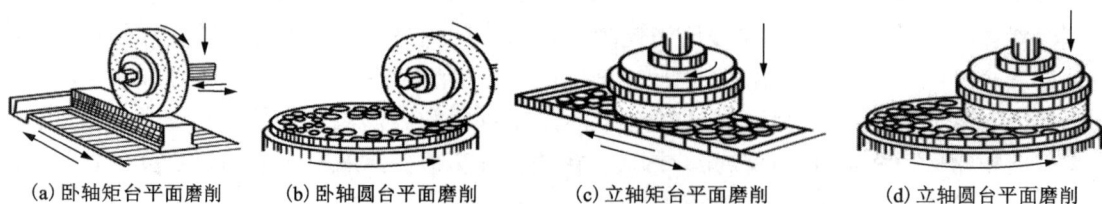

(a)卧轴矩台平面磨削　　(b)卧轴圆台平面磨削　　(c)立轴矩台平面磨削　　(d)立轴圆台平面磨削

图 7-6　平面磨削的四种形式

2)外圆磨削方法

外圆磨削常用来磨削工件的圆柱面和台阶面,一般加工精度等级为 IT6~IT7,表面粗糙度值可达 Ra 0.4~0.8 μm。外圆磨床磨轴类零件时常采用顶尖装夹,其方法与车削时基本相同，但磨削时，顶尖不随工件一起旋转。套类零件常采用心轴和顶尖装夹。

外圆磨削方法主要有纵磨法、横磨法、深磨法，如图 7-7 所示。

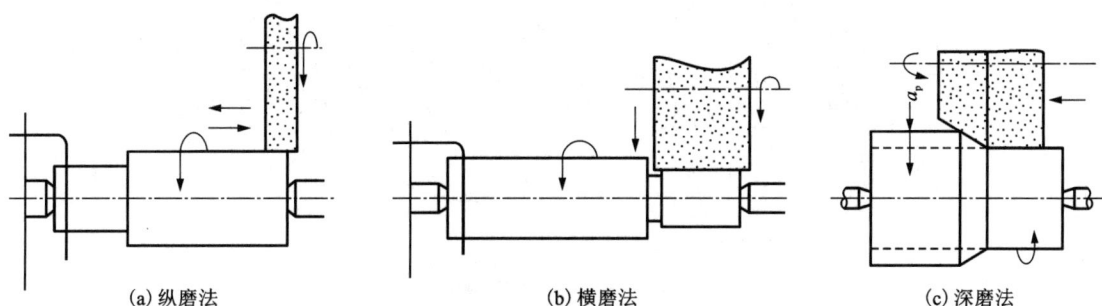

| (a) 纵磨法 | (b) 横磨法 | (c) 深磨法 |

图 7-7 外圆磨削方法

（1）纵磨法。

工件旋转，工作台同时做纵向进给运动，砂轮高速旋转切削工件。工作台每往复一次，砂轮沿磨削深度方向完成一次横向进给。工作台多次往复，经多次横向进给，可磨去全部磨削余量。每次磨削深度很小，切削力也较小，散热条件较好，工件可获得较高的加工精度和较小的粗糙度值，特别适用于细长轴的精密磨削。纵向磨削法可以用一个砂轮加工不同直径和长度的工件，但其生产效率低，适用于单件小批量生产。

（2）横磨法。

磨削外圆时，工件不做纵向往复运动，砂轮以缓慢的速度连续或断续向工件做横向进给运动，直到磨去全部余量。工件与砂轮的接触面积大，切削力大，发热量大，磨削温度高，工件易产生变形和被烧伤，适宜加工表面不太宽且刚性较好的工件。横磨法生产效率高，适用于成批或大批量生产。若将砂轮修整成工件成形面的轮廓，可直接磨去多余的材料。

（3）深磨法。

磨削时用较小的纵向进给量(1~2 mm/r)，在一次走刀中磨去全部磨削余量(余量一般为0.3 mm)，是一种比较先进的方法。该方法适用于大批量加工刚度较大的短轴生产。

3）无心外圆磨削

无心外圆磨床磨削外圆通常用纵磨法和横磨法。如图 7-8 所示。无心外圆磨床适用于加工细长轴及不带中心孔的轴、套、销等零件。周向不连续的表面或对外圆和内孔同轴度要求较高的表面不宜在无心外圆磨床上加工。无心外圆磨削生产效率高，但调整复杂。加工精度等级为 IT6~IT5，表面粗糙度值可达 Ra 0.2~0.8 μm。

4）内圆磨削方法

内圆磨削是内孔的精加工方法，可以加工工件上的通孔、盲孔、台阶孔和端面等。内圆磨削的尺寸精度一般可达 IT6~IT7 级，表面粗糙度可达 Ra 0.2~0.8 μm。内圆磨削在单件、小批量生产中应用广泛，特别是对淬硬的孔、盲孔、大直径的孔及断续表面的孔（如内花键孔），内圆磨削是主要的精加工方法。内圆磨削一般在内圆磨床或万能外圆磨床上进行。内圆磨削方法分纵磨法、横磨法。

（1）纵磨法。

与外圆纵磨法相同。砂轮高速旋转，同时做纵向和横向进给运动。工件做低速旋转圆周

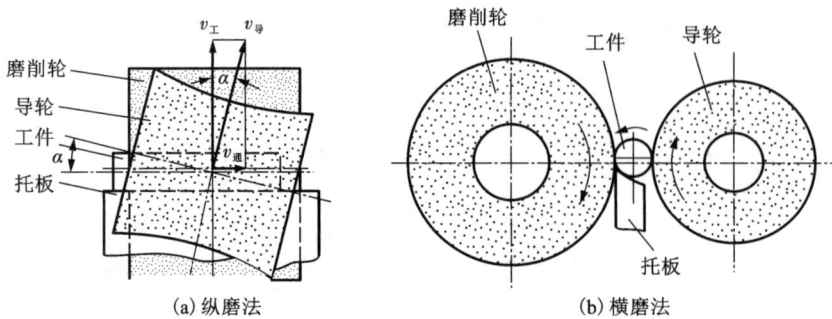

(a)纵磨法 　　　　　　　　　　　　(b)横磨法

图 7-8　无心外圆磨削

进给运动,其旋转方向与砂轮旋转方向相反。此方法适用于磨削较长的内孔。

(2)横磨法。

与外圆纵磨法相同。砂轮仅做横向进给运动,砂轮的表面形状完全复制在内孔的表面上。因此,采用横磨法磨削内孔,必须很好地修整砂轮的形状。此方法适用于磨削较短的内孔,其生产效率高。

(3)无心内圆磨削。

将精加工后的外圆置于导轮、压紧轮与支承轮之间,各轮在不同的转速下顺时针方向旋转,工件在压紧轮作用下,完成对内圆的磨削。无心内圆磨削一般用于要求内外圆同轴的大型薄壁工件的内圆加工。

7.3.1.3　磨削生产主要设备

1)平面磨床

平面磨床主要用于磨削工件的平面。根据砂轮主轴的位置平面磨床可分为卧式和立式,砂轮主轴处于水平位置的即为卧式,用砂轮轮缘进行磨削;砂轮主轴处于竖直位置的即为立式,用砂轮端面进行磨削。根据工作台的形状,平面磨床可分为矩形工作台和圆形工作台。综上所述,平面磨床分为 4 类:卧轴矩台平面磨床、卧轴圆台平面磨床、立轴矩台平面磨床和立轴圆台平面磨床。

以 M7120A 型卧轴矩台平面磨床为例,其机床结构如图 7-9。

2)万能外圆磨床

万能外圆磨床主要用于磨削外圆面、外圆锥面、内圆柱面、内圆锥面及端平面。万能外圆磨床加工精度属于普通精度级,通用性较大,但磨削效率低,适用于单件、

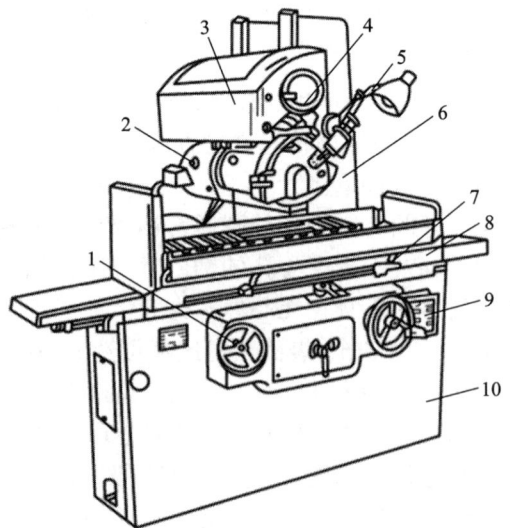

1—工作台手轮;2—磨头;3—拖板;4—横向进给手轮;5—砂轮修整器;6—立柱;7—行程挡块;8—工作台;9—垂直进给手轮;10—床身。

图 7-9　M7120A 型卧轴矩台平面磨床

小批量生产。

以万能外圆磨床 M1432A 为例，如图 7-10 所示，其主要由床身、工作台、头架、砂轮、内圆磨头、砂轮架、尾座、工作台手动手轮、砂轮横向手动手轮组成。万能外圆磨床的头架、砂轮架和工作台上都装有转盘，能回转一定角度，且增加了内圆磨具附件，所以万能外圆磨床既可以磨削外圆柱面和外圆锥面，又可以磨削内圆柱面和内圆锥面及端平面。因此，万能外圆磨床比普通外圆磨床应用更广泛。

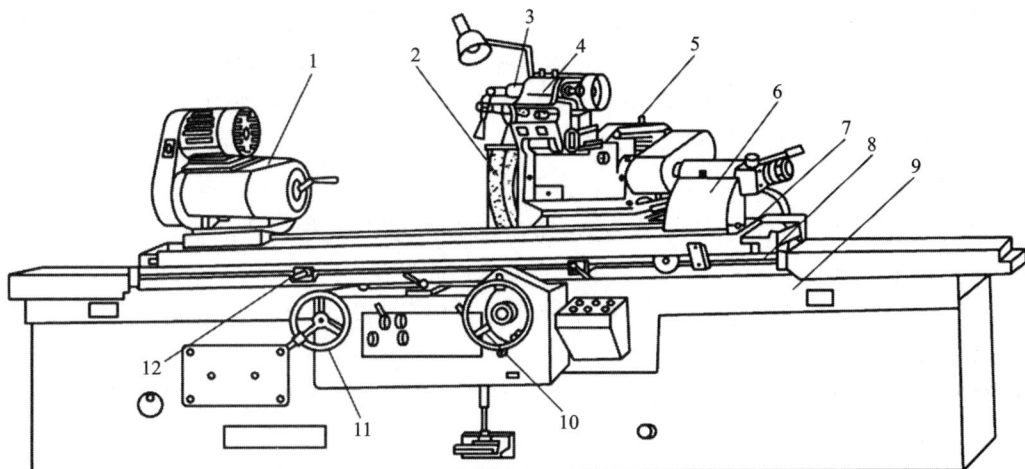

1—头架；2—砂轮；3—内圆磨头；4—磨架；5—砂轮架；6—尾座；7—上工作台；
8—下工作台；9—床身；10—横向进给手轮；11—纵向进给手轮；12—换向挡块。

图 7-10　M1432A 万能外圆磨床

3）普通外圆磨床

普通外圆磨床未配置内圆磨具装置，可磨削外圆柱面、外圆锥度面及阶梯轴轴肩等，工艺范围较窄。适用于中、大批量生产。

4）无心磨床

无心磨床通常指无心外圆磨床。工件装放在导轮、砂轮(磨削轮)和托板之间，不用顶尖或卡盘支承，依靠工件本身的外圆柱面定位。砂轮旋转时起磨削作用。导轮用橡胶结合剂制成，磨粒较粗。

导轮轴线相对于工件轴线倾斜一个 α 角(1°~5°)，导轮既能带动工件做圆周进给运动，又能使工件做轴向进给运动。导轮与工件接触点的线速度 $V_导$ 可将工件的旋转速度分解为径向分速度和轴向分速度。

工件在砂轮、托板与导轮间转动，三点成圆，将工件磨成圆形。工件贯穿于砂轮和导轮之间，在全长上可磨成圆柱体。

7.3.2　磨削加工质量控制

零件的磨削加工质量主要包括磨削加工精度和磨削加工表面质量。其中加工精度包括尺寸精度、形状精度和位置精度。磨削加工质量直接影响零件的工作性能和使用寿命。

1）加工精度

（1）尺寸精度。

尺寸精度是指加工后工件的实际尺寸与理想尺寸的符合程度。尺寸精度通过尺寸公差来控制和体现。尺寸公差是加工中工件尺寸允许的变动量。国家标准规定了 20 个尺寸公差等级，即 IT01，IT0，IT1，…，IT18，其中 IT01 公差等级最高（加工精度最高），IT18 公差等级最低（加工精度最低）。

（2）形状精度。

形状精度是指加工后的工件表面的实际几何形状与理想的几何形状的符合程度。国家标准规定的形状精度的项目有直线度、平面度、圆度、圆柱度、线轮廓度和面轮廓度共 6 项。形状精度由形状公差来控制和描述。圆度、圆柱度共分为 13 个精度等级，其余的分为 12 个精度等级。其中 1 级最高，13（或 12）级最低。

（3）位置精度。

位置精度是指加工后的工件有关表面之间的实际位置与理想位置的符合程度。国家标准规定的位置精度的项目有平行度、垂直度、倾斜度、同轴度、对称度、位置度、圆跳动和全跳动共 8 项。位置精度由形状公差来控制和描述。各项目的位置公差共分为 12 个精度等级。其中 1 级最高，12 级最低。

一般而言，零件的尺寸精度、形状精度、位置精度是相互关联的，如果没有一定的形状精度，尺寸精度和位置精度也难以保证。

2）加工表面质量

加工表面质量指标主要包括加工表面的微观几何形状误差和表面层的物理、力学性能。

（1）表面微观几何形状。

表面微观几何形状包括表面粗糙度和表面波纹度，表面波纹度尚未有统一的标准，目前一般采用表面粗糙度来表述微观几何形状。

（2）表面层的物理、力学性能。

包括表面层加工硬化、表面层金相组织变化、表面层残余应力。

影响磨削加工质量的因素如下。

（1）砂轮。砂轮对磨削加工质量的影响很大。砂轮的粒度、硬度、结合剂等因素均会影响磨削工件的加工质量。砂轮修整的好坏也会影响工件的加工质量。

砂轮粒号越大，磨粒越细，在工件表面上留下的刻痕就越细，表面粗糙度值就越小。但如果磨粒过细，砂轮容易堵塞，反而会增大工件的表面粗糙度值。

砂轮太硬，钝化的磨粒不能及时脱落，工件表面受到强烈的摩擦和挤压，塑性变形加剧，会增大工件表面粗糙度值。砂轮太软，磨粒还未钝化就已脱落，磨粒未充分发挥磨削作用，且刚修整好的砂轮表面因磨粒脱落而过早被破坏，也会增大工件表面粗糙度值。

（2）磨削工艺参数。磨削速度、进给速度、磨削深度及切削液均会影响工件的表面粗糙度。

磨削速度越高，单位时间内划过磨削区的磨粒数量越多，工件单位面积上留下的刻痕就越多。另外，磨削速度高会使被磨削的表面塑性变形减小，刻痕两侧的金属隆起较小，会减小工件表面粗糙度值。

磨削径向进给量增大，塑性变形也增大，被磨削的工件表面粗糙度值也会增大。

减小工件圆周进给速度和轴向进给量，单位磨削面积上划过的磨粒数目越多，单颗磨粒的磨削厚度和塑性变形就会减小，因此工件的表面粗糙度值也变小。但工件圆周进给速度越小，砂轮与工件的接触时间就越长，传到工件上的热量就越多，有可能会烧伤工件表面。

切削液可减轻砂轮与工件之间的摩擦，降低磨削区的温度，减小塑性变形，可有效预防磨削烧伤，降低工件表面粗糙度值。

（3）磨削机床。

磨削机床的刚性、精度和稳定性会影响磨削加工质量。刚性好的磨削机床可以减少磨削过程中的振动，提高加工精度。精度高的磨床可以保证磨削加工的尺寸精度。稳定性好的磨床可以保证磨削加工过程的稳定性，提高加工质量。

（4）工件材料。

工件材料的硬度、强度及韧性等力学性能会影响磨削加工质量。工件材料硬度高难以磨削，磨削后的工件表面粗糙度值较小。工件材料强度高，磨削加工时不易变形，磨削后的工件表面粗糙值较大。工件材料韧性好，磨削后的工件表面粗糙度值较大。

（5）环境因素。

温度、湿度等环境因素也会影响磨削加工质量。

各种磨削加工工艺方法常见的加工缺陷及排除方法见表7-7～表7-10。

表 7-7　平面磨削常见加工缺陷分析及排除方法

序号	加工缺陷	原因分析	措施、排除方法
1	波纹	①砂轮不平衡 ②砂轮钝化 ③砂轮硬度高 ④砂轮主轴轴承间隙大，磨损，径向跳动大 ⑤磨头横向导轨松动	①砂轮静平衡 ②修整砂轮 ③选择合适的砂轮 ④恢复砂轮主轴间隙 ⑤紧固导轨
2	表面烧伤	①砂轮太硬、细或修得太细 ②砂轮钝化 ③垂直进刀量大，纵向行程快 ④切削液不充足、散热差	①选择合适的砂轮 ②修整砂轮 ③选择合适磨削用量 ④加大流量
3	平面、平行度超差	①工件变形 ②磨削用量大 ③砂轮钝化、砂轮磨损 ④工作台不清洁、不平 ⑤工件余量不够，毛坯形状误差 ⑥工件基准不平，加工方法不对 ⑦砂轮主轴轴承间隙过大 ⑧磁台磁力不够或工件未挤紧	①选择合适的加工方法 ②选择合适的磨削用量 ③修整砂轮 ④将工作台冲洗干净，修整磁台 ⑤控制余量 ⑥分粗精加工 ⑦恢复砂轮主轴间隙 ⑧调整磁台磁力或重新装夹工件

续表7-7

序号	加工缺陷	原因分析	措施、排除方法
4	垂直度超差	①基准面不平 ②定位面选择不对 ③装夹方法不对 ④测量方法不对	①磨好基准面 ②选择好定位面 ③工件装牢,选择好的夹具 ④提高测量精度,执行三检制
5	表面粗糙	①砂轮选择不当 ②砂轮钝化 ③切削液不充分、不清洁 ④磨削用量过大,横向、纵向进给量大 ⑤主轴间隙大,径向跳动、轴向窜动大	①选择合适砂轮 ②修整砂轮 ③更换切削液 ④选择合适的磨削用量,多光刀 ⑤调整间隙

表 7-8　内圆磨削常见加工缺陷分析及排除方法

序号	加工缺陷	原因分析	措施、排除方法
1	表面振痕、粗糙、烧伤	①砂轮直径小 ②头架松动,砂轮轴弯曲,砂轮修整不圆 ③砂轮堵塞 ④散热不良 ⑤砂轮过细,硬度高,修整不及时 ⑥进给量大,磨削热增加	①选择直径大的砂轮 ②调整轴承间隙,正确修整砂轮 ③选择合适的砂轮,及时修整砂轮 ④供应充足的冷却液 ⑤选择合适的砂轮,及时修整砂轮 ⑥减少进给量
2	螺旋形痕迹	①纵向进给量大 ②砂轮钝化 ③接长轴弯曲	①降低纵向进给量 ②修整砂轮 ③增加接长轴的刚性
3	圆度超差	①工件装夹不牢 ②薄壁工件夹紧力过大,发生弹性变形 ③校正不准确 ④卡盘在主轴上松动,轴承间隙大	①夹紧工件 ②减少夹紧力或采用夹具装夹 ③细心校正 ④调整松紧量,调整间隙
4	锥孔、喇叭口	①头架调整角度不正确 ②纵向进给量不均匀,横向进给量大 ③砂轮伸出工件长度不等 ④砂轮磨损,砂轮带锥度 ⑤砂轮轴细长 ⑥工作台反向太慢	①正确调整角度 ②减少进给量 ③控制停留时间、调整砂轮伸长量 ④修整砂轮 ⑤尽量选择短而粗的接长轴 ⑥控制反向速度
5	不垂直	①校正不正确 ②进给量大,工件产生移动 ③头架、导轨偏转角度	①仔细校正 ②减少进给量 ③调整角度

表 7-9　外圆磨削常见加工缺陷分析及排除方法

序号	加工缺陷	原因分析	措施、排除方法
1	直波形波纹	①砂轮不平衡 ②砂轮钝化 ③砂轮硬度高 ④工件圆周速度大，中心孔多角 ⑤砂轮主轴轴承磨损，径向跳动大 ⑥头架主轴轴承磨损 ⑦工件太大、太重，超过机床加工范围	①砂轮静平衡 ②修整砂轮 ③选择合适的砂轮 ④降低速度，修正中心孔 ⑤按说明书调整间隙 ⑥修机床，按说明书调整间隙 ⑦选择合适的设备加工
2	螺旋形痕迹	①砂轮硬度高，进刀量大 ②纵向进给量大 ③砂轮素线不直 ④切削液少、淡 ⑤工作台爬行、导轨漂浮 ⑥砂轮主轴轴向窜动大	①选择合适砂轮，减少进刀量 ②降低纵向进给量 ③精细修整砂轮 ④补充切削液 ⑤打开放气阀，调整导轨油压 ⑥调整主轴间隙
3	表面烧伤	①砂轮太硬、细或修得太细 ②砂轮钝化 ③进刀量大，纵向行程快，工件圆周速度低 ④切削液不充足	①选择合适的砂轮 ②修整砂轮 ③选择合适磨削用量 ④加大流量
4	圆度超差	①中心孔形状误差大，或有杂质 ②中心孔润滑不良 ③顶得过松或过紧 ④顶尖与头架、尾架配合不好 ⑤砂轮钝化	①修整、清理中心孔 ②加润滑油 ③调整顶紧力 ④清理配合表面 ⑤修整砂轮
5	锥度、母线不直	①工作台未调整好 ②顶尖不对中心线 ③工作台导轨漂浮 ④测量误差 ⑤行程调整不当	①仔细调整工作台 ②对好顶尖 ③调整导轨润滑油压力 ④测量准确，执行三检制 ⑤调整好行程
6	同心度超差	①同圆度误差原因 1~5 ②磨削用量过大，光刀时间不够 ③加工步骤不当 ④卡盘装夹，头架主轴径向跳动大	①同圆度措施①~⑤ ②选择合适的磨削用量，多光刀 ③调整加工步骤 ④调整头架间隙
7	表面粗糙	①机床不平稳，有爬行现象 ②砂轮选择不当 ③旋转工件不平稳，轴承间隙大，振动 ④切削液不充分、不清洁 ⑤磨削用量过大，砂轮圆周速度低 ⑥工件塑性变形大，材质不均匀	①打开放气阀 ②选择合适的砂轮 ③平衡工件，调整间隙 ④更换切削液 ⑤选择合适的磨削用量，提高砂轮圆周速度 ⑥减少进刀量，多光刀

表7-10 无心磨削常见缺陷及处理方式汇总表

序号	加工缺陷	原因分析	措施、排除方法
1	零件不圆	①导轮没有修圆 ②磨削次数少或上道工序椭圆度过大 ③砂轮磨钝 ④磨量过大或走刀量过大	①重修导轮,待导轮修圆中止(一般修到无断续声中止) ②恰当增加磨削次数 ③重修砂轮 ④减少磨量和重刀速度
2	零件有棱边形 (多边形)	①零件中心高不够 ②零件轴向推力过大,零件紧压挡销而不能均匀地旋转 ③砂轮不平衡 ④零件中心过高	①精确前进零件中心度 ②减少磨床导轮倾角到0.5°或0.25°。假设挡不能够解决时,便要查看支点的平衡度 ③平衡砂轮 ④恰当降低零件中心高度
3	零件表面有振动痕迹(即零件表面出现鱼斑斓及直线白色线条)	①砂轮不平衡面致使机床振动 ②零件中心前进使零件跳动 ③砂轮磨钝或砂轮表面修得太光 ④导轮旋转速度太快	①细心平衡砂轮 ②恰当降低零件中心 ③修整砂轮或恰当增加砂轮修整速度 ④恰当降低导速
4	零件有锥度	①由于前导板比导轮母线低得过多或前导板向导轮方向倾斜致使零件前部小 ②由于后导板表面与导轮母线低或后导板向导轮方向倾斜而致使零件后部小 ③由于下列原因零件前部或后部发生锥度 a.砂轮修整不正确,本身有锥度 b.砂轮与导轮表面已磨损	①恰当地移进前导板及调整前导板,使之与导轮母线平行 ②调整后导板的导向表面与导轮母线平行,并且在一条线上 ③排除方法如下: a.根据零件锥度的方向,调整砂轮修改中的角度砂轮 b.修整砂轮与导轮或更换
5	零件中心大 两头小	①前后导板均匀向砂轮一边倾斜 ②砂轮修整成腰鼓形	①调正前后导板 ②修改砂轮,每次修改余量不要过大
6	零件表面有环形螺纹线	①前后导板凸出导轮表面,使零件在出口处或入口处被导轮边缘所刮 ②支比太软,磨下的切削屑嵌在支比承面上构成凸出毛刺,在零件表面刻成螺纹线 ③冷却液不清洁,里面有切屑或砂粒 ④在出口处由于磨量较多,由砂轮边缘所刮磨成 ⑤零件中心低于砂轮中心,笔直压力较大,使砂粒与切屑屑贴在支毛上 ⑥砂轮磨钝 ⑦一次磨下的余量过多或砂轮修得太粗,在零件表面产生极细的螺纹线	①调整前后导板 ②更换表面润滑而硬度较高的支毛 ③更换冷却液 ④将砂轮边打成圆角,最终使零件出口处的20 mm支配不进行磨削 ⑤恰当前进零件中心高度 ⑥修整砂轮或更换 ⑦恰当减少磨量及减慢修整速度

续表7-10

序号	加工缺陷	原因分析	措施、排除方法
7	零件缺口	①磨削余量太大 ②砂轮和导轮未及时修整 ③产品碰撞导致缺口 ④加工速度太快	①减少磨削进刀量 ②及时修整砂轮和导轮 ③减少产品碰撞 ④减缓加工速度
9	零件表面亮光度不够	①导轮倾角过大,使零件走刀量太快 ②砂轮修整速度过快,砂轮表面修整得不亮光 ③导轮修整得太粗	①减小倾角 ②降低修整速度,并从头修整砂轮 ③重修导轮

练习题

一、单选题

1. 圆周磨削又称周边磨削,是用砂轮的(　　　)磨削工件。

A. 正面　　　　　B. 背面　　　　　C. 圆周面　　　　　D. 端面

2. 刚性好的磨削机床会(　　　)磨削过程中的振动。

A. 增大　　　　　B. 减少　　　　　C. 不影响　　　　　D. 以上都不对

3. 工件材料韧性好,磨削后的工件表面粗糙度值较(　　　)。

A. 大　　　　　B. 小　　　　　C. 不影响　　　　　D. 以上都不对

二、多选题

1. 砂轮磨削根据加工对象及表面形成方式分为(　　　)。

A. 平面磨削　　　B. 外圆磨削　　　C. 内圆磨削　　　D. 成形磨削

2. 磨削的实质是工件被磨削的材料表层在无数磨粒瞬间的(　　　)作用下产生磨屑,并形成光洁加工表面的过程。

A. 挤压　　　　　B. 切削　　　　　C. 振动　　　　　D. 摩擦

3. 磨削加工的工艺特点主要是(　　　)。

A. 加工精度高　　　　　　　　　B. 磨削温度高

C. 可加工硬度高的工件　　　　　D. 切削刃规则

4. 外圆磨削方法主要有(　　　)。

A. 纵磨法　　　　B. 横磨法　　　　C. 深磨法　　　　D. 斜磨法

任务四：电加工

✎ 学习目标

【思政或素质目标】

1. 了解线切割加工工艺。

2. 树立线切割加工存在加工质量要求的意识。

3. 树立安全操作的意识。

【知识目标】

1. 掌握线切割加工的工艺过程及特点。

2. 掌握线切割加工的加工质量控制。

3. 掌握其他的电加工方法。

【能力目标】

1. 能复述线切割加工的工艺过程及特点。

2. 能分析线切割加工质量的影响因素。

7.4.1 线切割加工工艺与主要设备

电火花线切割加工是指用一根移动着的导线(电极丝)作为工电极对工件进行切割。

电火花线切割机床是进行线切割的基本设备，其性能的好坏直接影响线切割工件的精度及表面粗糙度。电火花线切割机床主要用于各类模具、电极、精密零部件的制造，以及硬质合金、淬火钢、石墨、铝合金、结构钢、不锈钢、钛合金、金刚石等各种导电体的复杂型腔和曲面形体的加工。

电火花线切割机床可以细分为慢走丝和快走丝两大类，它们的工作原理是一样的，主要区别在于各部件的控制精度和要求不一样。如慢走丝的工作台一般是闭环控制，定位精度高，而快走丝一般是开环控制；慢走丝的电加工电源电流控制稳定得多，电流变化小，而且走丝很慢，电极丝也是一次性的，所以设备加工出来的表面光洁度好，尺寸精度高，但工作效率低；而快走丝的要求低许多，电极丝也是循环使用，其加工效率高，但加工的精度和表面质量差。

7.4.2 线切割加工质量控制

电火花线切割加工是一个多参数、多因素控制，复杂的加工过程。加工精度、表面粗糙度、电极损耗和加工速度是高速往复走丝电火花线切割加工的质量指标。影响高速往复走丝线切割一次切割加工工艺的因素很多，比如峰值电流、脉冲宽度、脉冲间隔、工件厚度、空载电压、加工深度、加工面积、控制和驱动系统、机床精度、电极丝振动、偏移量、电极形状、电极丝材料、工件材料以及工作液种类等。

1）电火花线切割加工质量指标

（1）加工精度。

加工精度是在电火花线切割加工过程中控制加工质量的一个重要指标。它是指加工以后工件的实际尺寸与图纸要求的设计尺寸之间的差值，差值越小证明加工的精度越高。国内的高速电火花线切割机床的加工精度在 ± 0.01 mm 左右。

（2）表面粗糙度。

加工的表面粗糙度也称加工表面的完整性。表面粗糙度体现的不仅仅是加工表面的光滑程度，更重要的是体现加工表面的完整性。表面粗糙度和表面显微结构是零件加工质量控制的主要参数指标，常用轮廓算术平均偏差 Ra 来表示。

（3）电极损耗。

在电火花线切割加工过程中，电极丝的损耗是避免不了的，我们希望能够降低电极丝的损耗，从而减少对加工精度的影响。因为电极丝的直径越小，在加工之前设置的偏移量就会偏大，切割出来的工件会比原来的大。如果采用高速往复切割加工方法，因这种方法本来加工精度就低，再加上电极丝的损耗，其加工精度就会更低。如果采用低速一次切割加工，则可提高电火花线切割的加工精度。

（4）加工速度。

加工速度是指单位时间内电极丝在工件上切割过的总面积，单位为 mm^2/min。在国内的电火花线切割机床中，通常加工速度为 $80 \sim 120 \ \text{mm}^2/\text{min}$。

2）影响加工质量指标的因素

（1）影响加工精度的因素。

影响电火花线切割加工精度的因素主要有机床工作台的传动精度、控制系统的控制精度、走丝的平稳性、丝架和导轮在工作时所发生的跳动、工件材料不同导致放电间隙的变化，以及电极丝的损耗等。

（2）影响加工表面质量的因素。

电火花线切割加工的表面质量除了受机械系统的影响外，还与脉冲宽度、胁冲间隔、工件材料、峰值电流、电极的极性以及工作液种类等有重要关系。

在切割加工过程中，脉冲的宽度决定着每次加工的长度，这样就会影响表面粗糙度，即脉冲宽度越宽，工件的表面粗糙度值越大，工件表面质量越差。脉冲宽度还会影响工件极性，当脉冲宽度较大时，工件呈正极性，表面质量好；当脉冲宽度较小时，则相反。脉冲间隔即放电间隔，放电间隔越小，加工过程中电流就会越大，单位时间内加工的长度就越长，速度越快，而加工表面质量就会越差。

峰值电流是决定切割速度的另一个因素，峰值电流越大，切割的速度也越大，就会导致表面质量变差，而且电流过大也会导致电极丝的损耗增大。

工件材料和厚度对工件表面质量的影响也是不可忽略的。工件太薄，电极丝的抖动加大，表面质量就变差；工件过厚，加工的稳定性较差，但是电极丝的抖动小，表面质量更好。

由于工作液是电火花线切割加工的主要降温物质，所以它的类型对表面质量的影响至关重要。不同的工作液加工出的工件的表面质量不同，国内高速走丝电火花线切割机床大部分采用乳化液，乳化液应定期更换，因为干净的乳化液有利于加工出更理想的表面。

（3）电极丝损耗影响因素分析。

影响电极丝损耗的因素主要有脉冲宽度、脉冲间隔、峰值电流、电极丝材料及工作液等。在一定条件下，脉冲宽度越大，电极丝损耗会相应减少，当增大到一定值时，就会产生电弧，影响加工过程的正常进行。在一定脉冲宽度下，脉冲峰值电流增大，在短时间能量过于集中，会引起电极损耗加大。脉冲间隔也是一个重要因素，脉冲间隔越小，加工电流越大，电极损耗也就越大。当然，若选用不符合要求的极性加工，电极损耗将会大幅度增加。

7.4.3　其他加工方法简介

7.4.3.1　电解加工

电解加工工件接直流电源的正极，工具接电源的负极。工具向工件缓慢进给，使两极之间保持较小的间隙（0.1～1 mm），具有一定压力（0.5～2 MPa）的电解液从间隙中高速（5～50 m/s）流过，这时阳极工件的金属被逐渐电解腐蚀，电解产物被电解液带走。在加工刚开始时，阴极与阳极距离较近的地方通过的电流密度较大，电解液的流速也常较高，阳极溶解速度也就较快。工具相对工件不断进给，工件表面就不断被电解，电解产物不断被电解液冲走，直至工件表面形成与阴极工作面基本相似的形状为止。

7.4.3.2　电子束加工

在真空条件下，电磁透镜聚焦后的高能量密度和高速度的电子束射击到工件微小的表面上，其动能迅速转化为热能，使冲击部分的工件材料达到数千度的高温，从而使相应部位工件材料熔化、气化，并被抽走，而加工出需要的零件形状。

7.4.3.3　激光加工

激光加工的原理就是利用激光产生的高能量光束使金属材料瞬间熔融或蒸发，达到加工效果。

激光发生器分为两种：固体和气体激光器。固体激光器主要用于加工，气体激光器主要用于测量。硬质合金激光加工主要用于在合金制品上打孔，工艺参数主要有脉冲时间、脉冲功率、聚焦面离加工表面的距离等。在激光加工时，在焦距区产生的热量应当超过硬质合金的蒸发热。激光可以在硬质合金制品上打出直径小于 1.5 mm 的孔，加工精度也很高。

练习题

一、单选题

电火花线切割加工是用一根移动着的（　　　　）作为工电极对工件进行切割。

A. 导线　　　　　　B. 铁丝　　　　　　　　C. 钢丝　　　　　　　　D. 铝丝

二、多选题

1. 电火花线切割机床主要用于（　　　）制造。

A. 各类模具　　　　　B. 电极　　　　　　　　C. 精密零部件　　　　　　D. 金属粉末

2. 慢走丝的电加工电源电流控制稳定得多，电流变化小，而且走丝很慢，电极丝也是一次性的，所以设备加工出来的效果是（　　　）。

A. 表面光洁度好　　B. 尺寸精度高　　　　　C. 表面光洁度差　　　　D. 尺寸精度低

3.下列属于电加工的是(　　)。

A.PEG4000　　　　B.电解加工　　　　C.电子束加工　　　　D.激光加工

任务五：抛光加工

✎ 学习目标

【思政或素质目标】

1.了解抛光加工工艺。

2.树立不同材料需要不同抛光方法的意识。

3.树立抛光加工存在加工质量要求的意识。

4.树立安全操作的意识。

【知识目标】

1.掌握抛光加工的工艺程序及设备。

2.掌握不同抛光方法的应用。

3.掌握抛光加工的加工质量要求。

【能力目标】

1.能复述抛光加工的工艺程序。

2.能分析不同抛光方法的应用。

3.能描述抛光加工的加工质量要求。

抛光加工一般是合金毛坯深加工的最后一道工序。

7.5.1　抛光工艺与主要生产设备

抛光是指利用机械、化学或电化学的作用来获得光亮平整表面的加工方法。抛光一般不能提高工件表面加工精度，仅能减小工件表面粗糙度值，提高工件的光亮程度，起装饰作用。

7.5.1.1　抛光工艺方法

1)机械抛光

机械抛光是指靠切削材料、工件材料塑性变形去掉被抛光工件的隆起部分以获得平滑表面的抛光方法。其原理为：通过高速摩擦使工件表面材料产生塑性流动，形成"移峰填谷"的微观整平效果，覆盖于表面的塑性流动层致密且平滑，具有较强的反光效果和抗氧化侵蚀能力，从而保持表面光亮而不生锈。一般使用油石条、羊毛轮、砂纸等抛光工具，以手工操作为主。回转体表面的抛光可使用转台等辅助工具。表面质量要求高的工件可采用超精研抛的方法。超精研抛是采用特制的磨具在含有磨料的研抛液中紧压，在工件加工表面上做高速旋转运动。利用该技术，工件表面粗糙度值可达 Ra 0.008 μm。机械抛光是最常见的抛光工艺方法之一。

2)化学抛光

化学抛光是靠化学试剂的化学侵蚀作用将工件表面凸出的部分(较凹陷的部分)先溶解以得到平整光亮的表面的抛光方法。化学抛光设备简单，能够处理细管、带有深孔及形状复杂的零件，也可以同时抛光多个工件，生产效率高。抛光液的配制是化学抛光的核心问题。

3）电解抛光

电解抛光基本原理与化学抛光相同。与化学抛光相比，它可以消除阴极反应的影响，效果较好。

4）超声波抛光

将工件放入悬浮液中并一起置于超声波场中，依靠超声波的振荡作用，使磨料在工件表面磨削抛光。超声波抛光不会引起工件变形，但工装制作和工装困难。

5）磁研磨抛光

磁研磨抛光是指利用磁性磨料在磁场作用下形成磨料刷，对工件表面进行磨削。磁研磨抛光效率高，加工质量好，加工条件容易控制，工件条件好。

7.5.1.2 机械抛光工艺程序

油石、砂纸及钻石研磨膏等抛光工具和辅助品质量的好坏对抛光效果影响较大。抛光工艺流程取决于工件前期加工后的表面状况。机械抛光的一般工艺程序如下：

（1）粗抛。经铣、电火花及磨削等加工后工件表面可以选择转速为 35000～40000 r/min 的旋转表抛光机或超声波研磨机进行抛光。

（2）半精抛。半精抛主要使用砂纸和煤油。

（3）精抛。精抛主要使用钻石研磨膏。

7.5.1.3 抛光工艺设备

抛光工艺设备有手动抛光机、单面抛光机、硅片双面抛光机、振动抛光机、旋转抛光机、磨粒流抛光机等。

磨粒流抛光机是一台液压系统驱动的双缸液压设备，设备由床身机架、液压系统，上下油缸、电器控制系统组成，磨粒料通过上下油缸推动，在模具内腔流动，从而使模具阴模得以抛光。图 7-11 为 HS100 抛光机。

7.5.2 抛光工艺质量控制

机械抛光工艺质量控制需要注意以下问题。

（1）用砂纸抛光时需要利用软的木棒或竹棒。在抛光圆面或球面时，使用软木棒能理好贴合圆面和球面的弧度。平整表面的抛光宜使用较硬的木条。修整木条的末端能使其与钢件表面形状保持吻合，可有效避免产生较深的划痕。

图 7-11 HS100 抛光机

（2）当换用不同型号的砂纸时，抛光方向应变换为 45°或 90°，以能清楚分辨前一种型号砂纸抛光后留下的条纹阴影。在换用不同型号砂纸前，须用 100% 纯棉花蘸取酒精之类的清洁液对抛光面进行仔细探试，确保工件表面未留下行砂砾。

（3）为避免擦伤和烧伤工件表面，使用不同型号的砂纸进行抛光时都应沿两个不同方向进行两次抛光,两个方向之间每次转运 45°~90°。

机械抛光主要是靠人工完成,抛光技术目前是影响抛光质量的主要原因。除此,工件材料的硬度,抛光前的工件表面质量、热处理工艺等也会影响抛光质量。

练习题

一、单选题

1.利用机械、化学或电化学的作用来获得光亮平整表面的加工方法称为(　　)。

A.切削　　　　　　B.磨削　　　　　　C.车削　　　　　　D.抛光

2.靠切削材料工件材料塑性变形去掉被抛光后的隆起部分以获得平滑表面的抛光方法是(　　)。

A.机械抛光　　　B.化学抛光　　　C.电解抛光　　　D.超声波抛光

二、多选题

1.抛光的工艺方法一般有(　　)。

A.机械抛光　　　B.化学抛光　　　C.电解抛光　　　D.超声波抛光

2.机械抛光主要是靠人工完成,影响抛光质量的因素主要有(　　)。

A.工件材料的硬度　　　　　　　B.抛光前的工件表面质量

C.热处理工艺　　　　　　　　　D.抛光技术

附录

附录1　主要难熔金属元素的性能参数表

项目	钨	钼	钽	铌	钛
原子序数	74	42	73	41	22
相对原子质量	183.90	96.0	180.9	92.9	47.9
熔点/℃	3410	2617	2996	2468	1660
弹性模量/GPa	410	329	186	170	116
晶格类型	体心立方	体心立方	体心立方	体心立方	六方
晶格常数/pm	316	314	330	329	$a-472$ $c-295$
密度/(g·cm^{-3})	19.35	10.20	16.60	8.57	4.51(α)
原子半径/pm	137	136.2	143	142.9	144.8
导热系数/[W·m^{-1}·K^{-1}]	173	138	57.5	53.7	15.24

说明：不同的文献给出的数据可能有一些差异，本表数据仅供参考。

附录2　主要难熔金属碳化物性能参数表

项目	WC	Mo$_2$C	TaC	NbC	TiC
晶格类型	简单六方	密排六方	面心立方	面心立方	面心立方
密度/(g·cm^{-3})	15.6	9.18	14.3	7.56	4.9
弹性模量/GPa	710	544	291	345	460
导热率/(W·m^{-1}·K^{-1})	110	142	22	14	21
熔点/℃	2870	2690	3880	3480	3140
颜色	暗灰色	深灰色	褐色	灰褐色	灰色

说明：不同的文献给出的数据可能有一些差异，本表数据仅供参考。

附录 3　铁钴镍元素主要性能参数表

项目	铁	钴	镍
原子序数	26	27	28
相对原子质量	55.85	58.95	58.69
密度/$(g \cdot cm^{-3})$	7.87	8.9	8.9
熔点/℃	1535	1490	1455
抗氧化性	差	较差	好
磁性	强	次强	弱

说明：不同的文献给出的数据可能有一些差异，本表数据仅供参考。

附录 4　钴镍液体金属对某些碳化物的润湿角参数表

碳化物	润湿金属	温度/℃	润湿角/(°)	环境状况
WC	Co	1500	0	氢气
	Co	1420	约为 0	真空
	Ni	1500	约为 0	真空
	Ni	1380	约为 0	真空
TaC	Co	1420	14	真空
	Ni	1380	16	真空
Mo_2C	Co	1420	约为 0	真空
	Ni	1380	约为 0	真空
NbC	Co	1420	14	真空
	Ni	1380	18	真空
TiC	Co	1500	36	氢气
		1500	5	真空
	Ni	1450	17	氢气
		1450	30	真空

说明：不同的文献给出的数据可能有一些差异，本表数据仅供参考。

附录 5　乙醇水溶液的密度

20 ℃时乙醇的密度与乙醇含量关系表

密度 /(g·cm⁻³)	乙醇/%		密度 /(g·cm⁻³)	乙醇/%	
	质量分数	体积分数		质量分数	体积分数
0.998	0.15	0.2	0.915	9.5	57.4
0.996	1.2	1.5	0.910	51.8	59.7
0.994	2.3	3.0	0.905	53.9	61.9
0.992	3.5	4.4	0.900	56.2	64.0
0.990	4.7	5.9	0.895	58.3	66.2
0.988	5.9	7.4	0.890	60.5	68.2
0.985	7.9	9.9	0.885	62.7	70.2
0.982	10.0	12.5	0.880	64.8	72.2
0.980	11.5	14.2	0.875	66.9	74.2
0.978	13.0	16.0	0.870	69.0	76.1
0.975	15.3	18.9	0.865	71.1	77.9
0.972	17.6	21.7	0.860	73.2	79.7
0.970	19.1	23.5	0.855	75.3	81.5
0.968	20.6	25.3	0.850	77.3	83.3
0.965	22.8	27.8	0.845	79.4	85.0
0.962	24.8	30.3	0.840	81.4	86.6
0.960	26.2	31.8	0.835	83.4	88.2
0.957	28.1	34.0	0.830	85.4	89.8
0.954	29.9	36.1	0.825	87.3	91.2
0.950	32.2	38.8	0.820	89.2	92.7
0.945	35.0	41.3	0.815	91.1	94.1
0.940	37.6	44.8	0.810	93.0	95.4
0.935	40.1	47.5	0.805	94.4	96.6
0.930	42.6	50.2	0.800	96.5	97.7
0.925	44.9	52.7	0.795	98.2	98.9
0.920	47.3	55.1	0.791	99.5	99.7

附录6 初、中级混合料制备工企业认定标准

初级混合料制备工企业认定标准

一、认定方式

1. 应知：笔试。
2. 应会：实际操作。

二、考评要求

1. 应知：时间90~120分钟；满分100分，60分及格。
2. 应会：按实际需要确定时间；满分100分，60分及格。

三、认定内容

1. 应知要求

知识要求	认定范围	认定内容	认定比重/%	备注
基本知识	1. 识图知识	1. 能看懂岗位定置图、工艺流程图 2. 了解机械制图的基本常识 3. 能看懂简单产品的三视图	20	
	2. 电气仪表知识	1. 掌握安全用电知识 2. 了解电工基本常识 3. 熟悉本岗位设备的主要电器元件名称、型号、规格与作用		
专业知识	1. 原辅材料知识	1. 了解碳化钨、钴粉等主要原料的技术条件及用途 2. 了解酒精的技术条件及用途 3. 了解成形剂的类型和作用 4. 掌握本岗位所需筛网规格及用途	70	
	2. 原理及工艺知识	1. 了解混合料制备在硬质合金生产过程中的作用 2. 掌握混合料制备的一般工艺要求 3. 了解混合料各牌号的工艺技术要求		
	3. 工具与设备知识	1. 熟悉本岗位常用设备的名称、基本结构及基本性能 2. 掌握本岗位设备的正确操作方法与一般维护保养知识 3. 熟悉天平、磅称等的正确使用方法和维护保养知识		
	4. 质量分析与控制知识	1. 熟悉混合料脏化的主要原因 2. 了解湿磨、混合操作工艺对混合料质量的影响 3. 熟悉混合料的质量标准 4. 了解全面质量管理的一般知识		

续上表

知识要求	认定范围	认定内容	认定比重/%	备注
相关知识	1. 合金使用知识	1. 熟悉硬质合金的基本特点及优良性能 2. 了解各牌号合金的主要成分及适用范围	10	
	2. 安全生产知识	1. 熟悉本岗位的安全操作规程 2. 掌握易燃物品的防火、灭火知识 3. 熟悉吊料车的安全使用知识 4. 掌握安全文明生产知识		

2. 应会要求

项目要求	认定范围	认定内容	认定比重/%	备注
操作技能	1. 生产能力	1. 掌握本岗位设备的操作规程 2. 能独立完成本岗位各工序的基本工艺操作 3. 能生产本车间常见的混合料	80	根据考试要求确定的时间和有关条件，确定具体的认定内容，能按技术要求按时完成者，可得满分
	2. 质量控制及分析能力	1. 熟悉常见混合料的质量技术标准 2. 能初步分析混合料脏化、混料的一般原因，并能采取相应措施进行预防		
工具设备的使用与维护	1. 各类生产设备的使用与维护	1. 熟悉本岗位设备有关部件的功能及维护与保养 2. 能观察并判断设备运转的异常情况 3. 能分析本岗位一般设备故障，并采取相应措施处理	5	
	2. 辅助工具、设备的使用与维护	1. 熟悉天平、磅秤的使用和调节方法 2. 了解吊车的使用、维护与保养知识	5	
安全及其他	安全文明生产	1. 能正确执行安全操作规程 2. 按企业有关文明生产的规定，做到工作场地整洁，工具及物料制品摆放整齐 3. 能填写交接班日志及生产转移卡片	10	

中级混合料制备工企业认定标准

一、认定方式

1. 应知：笔试。
2. 应会：实际操作。

二、考评要求

1. 应知：时间 90~120 分钟；满分 100 分，60 分及格。

2. 应会：按实际需要确定时间；满分 100 分，60 分及格。

三、认定内容

1. 应知要求

知识要求	认定范围	认定内容	认定比重/%	备注
基本知识	1. 识图制图知识	1. 能看懂产品图纸 2. 熟悉机械制图知识 3. 能绘制简单零件图	20	
	2. 电气仪表知识	1. 掌握安全用电知识与电工基本常识 2. 掌握本岗位各类设备主要电器元件的名称、型号规格、作用及保养知识 3. 了解本岗位设备各类仪表的功能、正确使用和保养知识		
专业知识	1. 原辅材料知识	1. 掌握碳化钨、钴粉等主要原料的技术条件及用途 2. 了解其他如钨粉、碳化钽、碳化铌等原料的技术条件及用途 3. 掌握酒精、筛网的技术条件及用途 4. 掌握各类成形剂的性质与技术要求 5. 掌握本车间主要混合料的技术要求	70	
	2. 原理工艺知识	1. 熟悉本车间生产工艺流程 2. 掌握湿磨、成形剂制备及混合工艺的技术要求 3. 了解硬质合金生产的基本知识，掌握混合料制备工艺的理论知识 4. 了解本车间各牌号混合料的认定工艺技术条件		
	3. 工具设备知识	1. 掌握本岗位主要设备的基本结构、基本性能及工作原理 2. 熟悉本岗位设备的操作与维护保养知识 3. 掌握天平、磅称等的正确使用、调节和维护保养知识		
	4. 质量分析与控制知识	1. 掌握混合料的质量标准 2. 熟悉成形剂对混合料质量的影响因素 3. 掌握全面质量管理的基本知识，可运用排列图、控制图、因果图分析、解决实际问题		
相关知识	1. 合金使用技术知识	1. 掌握硬质合金的基本特点及优良性能 2. 熟悉各牌号合金的主要成分及适用范围	10	
	2. 安全生产知识	1. 掌握本岗位生产安全规程，具有排除本岗位一般安全隐患、故障的能力 2. 了解混合料制备过程中人身伤害发生的原因与预防措施		

2. 应会要求

项目要求	认定范围	认定内容	认定比重/%	备注
操作技能	1. 生产能力	1. 熟练掌握本岗位各类设备的操作规程 2. 能生产出符合工艺要求的混合料 3. 具有指导、培训初级工操作的能力	80	根据考试要求确定的时间和有关条件，确定具体的认定内容，能按技术要求按时完成者，可得满分
	2. 质量控制及分析能力	1. 能处理生产中出现的一般质量问题 2. 能应用全面质量管理知识对生产进行质量控制 3. 产品合格率达到单位考核要求 4. 能指导初级工识别不合格混合料，帮助初级工处理常见质量事故		
工具设备的使用与维护	1. 辅助工具、设备的使用与维护	1. 掌握天平、磅秤的使用和调节方法 2. 熟悉吊车的使用、维护与保养知识	5	
	2. 各类生产设备的使用与维护	1. 熟悉本岗位各类设备的维护与保养方法，并能进行小修 2. 能排除混合料生产过程中的一般故障	5	
安全及其他	安全文明生产	1. 能正确执行安全操作规程 2. 根据企业文明生产的有关规定，做到工作场地整洁，工具及物料制品摆放整齐 3. 能填写交接班日志及生产转移卡片	10	

附录 7　硬质合金成形工(2020 年版)国家职业技能标准

1　基本要求

1.1　职业道德

1.1.1　职业道德基本知识

1.1.2　职业守则

(1)爱岗敬业，忠于职守。

(2)规范操作，安全生产。

(3)认真负责，诚实守信。

(4)遵规守纪，着装规范。

(5)团结协作，相互尊重。

(6)节能降耗，减损提质。

(7)爱护环境，文明生产。

(8)工匠精神，精益求精。

1.2 基础知识

1.2.1 硬质合金基础知识

(1)成形剂、润滑剂的基础知识。

(2)原辅材料及合金粉末性能的基础知识。

(3)本岗位相关的成形基础知识。

(4)硬质合金的生产工艺流程。

(5)硬质合金牌号及分类知识。

1.2.2 设备常识

(1)机械制图、识图的常识。

(2)常用设备及其零部件的名称、用途、工作原理及重要风险点。

(3)传感器、压力表等仪表的识别与作用。

(4)成形工装设备的工作原理、模具的基本属性。

1.2.3 质量管理知识

(1)质量的基本概念和控制要素。

(2)质量控制的方法和原理。

(3)现场质量管理基本知识。

(4)质量管理体系基础知识及体系文件。

(5)成形过程各要素与产品质量的关系。

1.2.4 安全、消防与环境保护知识

(1)安全文明生产要求。

(2)消防和防爆知识。

(3)安全操作与劳动保护知识。

(4)环境保护基础知识。

(5)用电安全规范。

1.2.5 相关法律、法规知识

(1)《中华人民共和国劳动法》相关知识。

(2)《中华人民共和国劳动合同法》相关知识。

(3)《中华人民共和国环境保护法》相关知识。

(4)《中华人民共和国安全生产法》相关知识。

(5)《中华人民共和国质量法》相关知识。

(6)《中华人民共和国特种设备安全法》相关知识。

2 工作要求

本标准对五级/初级工、四级/中级工、三级/高级工、二级/技师、一级/高级技师的技能要求和相关知识要求依次递进,高级别涵盖低级别的要求。

2.1 五级/初级工

本等级职业功能项生产操作的工作内容2.2至2.5为选考项,其余均为公共考核项。模压成形工考核工作内容2.2;挤压成形工考核工作内容2.3;等静压成形工考核工作内容2.4;半成品加工工考核工作内容2.5。

职业功能	工作内容	技能要求	相关知识要求
1. 操作准备	1.1 上岗准备	1.1.1 能穿戴劳保用品 1.1.2 能完成交接班工作 1.1.3 能读懂工艺指令卡 1.1.4 能备好本岗位常用的工具和计量器具 1.1.5 能备好料盘、舟皿等辅助工具	1.1.1 劳保用品穿戴要求 1.1.2 交接班的有关规定 1.1.3 工艺指令要求 1.1.4 常用工具和计量器具的用途和用法 1.1.5 料盘、舟皿等辅助工具的选择要求
	1.2 设备检查	1.2.1 能检查和确认本岗位设备运转情况 1.2.2 能检查本岗位仪表情况 1.2.3 能检查其他辅助设备情况	1.2.1 设备运转知识 1.2.2 仪表的识别知识 1.2.3 辅助设备的使用知识
2. 生产操作	2.1 物料准备	2.1.1 能按要求准备好物料 2.1.2 能按要求选择辅助原料	2.1.1 原辅材料的特性与分类及质量要求 2.1.2 各牌号硬质合金的表示方法
	2.2 模压成形	2.2.1 能按工艺要求选择相应的模具 2.2.2 能按规程操作压制设备 2.2.3 能按工艺要求摆放压坯 2.2.4 能对压坯进行自检	2.2.1 常用在制品型号的表示方法 2.2.2 模具管理的相关知识 2.2.3 压制的操作规程 2.2.4 自检的规程
	2.3 挤压成形	2.3.1 能制备成形剂溶液 2.3.2 能混炼、装填物料进行预压 2.3.3 能按规程操作挤压设备 2.3.4 能按规范记录挤压过程的工艺参数	2.3.1 成形剂溶液制备方法 2.3.2 挤压的操作规程 2.3.3 工艺参数记录规范
	2.4 等静压成形	2.4.1 能按工艺要求将物料装入软模 2.4.2 能把装有待压坯料的吊篮吊入等静压力机 2.4.3 能记录压制压力、保压时间等压制工艺参数 2.4.4 能将压坯从软模中取出并清理软模	2.4.1 物料的装填方法 2.4.2 吊车的使用方法 2.4.3 冷等静压的操作规程 2.4.4 软模的有关知识
	2.5 半成品加工	2.5.1 能对压坯进行装夹操作 2.5.2 能对制品进行简单加工	2.5.1 常用夹具的知识 2.5.2 半成品加工操作规程

续上表

职业功能	工作内容	技能要求	相关知识要求
3. 操作后处理	3.1 记录填写	3.1.1 能填写原始记录和生产转移卡片 3.1.2 能填写交接班记录	3.1.1 原始记录的填写规范及要求 3.1.2 交接班记录要求
	3.2 现场整理	3.2.1 能清理、清洁设备、工具及计量器具并按要求摆放 3.2.2 能清理、清洁工作现场	3.2.1 现场工器具管理要求 3.2.2 现场卫生管理要求
	3.3 分类存放	3.3.1 能按要求转运合格品 3.3.2 能按要求对地残、桌残、废压坯进行分类存放	3.3.1 合格品转运要求 3.3.2 分类存放规定和方法
4. 设备维护与保养	4.1 设备维护	4.1.1 能对常用设备及其仪表进行巡检 4.1.2 能保养本岗位的常用设备和仪表	4.1.1 设备巡检知识 4.1.2 设备的维护保养知识
	4.2 故障处理	4.2.1 能发现设备的跑、冒、滴、漏现象 4.2.2 能对简单的设备故障做出相应处理	4.2.1 安全生产要求 4.2.2 设备运行要求

2.2 四级/中级工

本等级职业功能项生产操作的工作内容 2.2 至 2.5 为选考项，其余均为公共考核项。模压成形工考核工作内容 2.2；挤压成形工考核工作内容 2.3；等静压成形工考核工作内容 2.4；半成品加工工考核工作内容 2.5。

职业功能	工作内容	技能要求	相关知识要求
1. 操作准备	1.1 原辅材料准备	1.1.1 能按工艺要求选择原辅材料 1.1.2 能按工艺要求存放原辅材料	1.1.1 原辅材料的工艺性质 1.1.2 原辅材料的保存方法
	1.2 设备检查	1.2.1 能检查设备运行状态 1.2.2 能发现设备及仪表的常见故障	1.2.1 本岗位设备的基本原理 1.2.2 设备点检制度
2. 生产操作	2.1 模具、夹具准备	2.1.1 能按要求选择模具、夹具 2.1.2 能按要求检查模具、夹具	2.1.1 模具、夹具的选择要求 2.1.2 模具、夹具的检查要求
	2.2 模压成形	2.2.1 能判断和分析各类成形废品产生的原因 2.2.2 能压制带后角、带沉孔的压坯 2.2.3 能检查新模具并建立模具台账	2.2.1 影响压坯质量的因素 2.2.2 压制工艺规程 2.2.3 模具的检查规范

续上表

职业功能	工作内容	技能要求	相关知识要求
2. 生产操作	2.3 挤压成形	2.3.1 能独立完成挤压全过程的操作 2.3.2 能及时发现常见缺陷 2.3.3 能检查新模具并建立模具台账	2.3.1 挤压工艺规程参数的调整方法 2.3.2 常见缺陷的类型 2.3.3 模具的检查规范
	2.4 等静压成形	2.4.1 能按工艺指令要求选择相应的软模 2.4.2 能进行试压 2.4.3 能检查新模具并建立模具台账	2.4.1 软模的质量要求 2.4.2 试压的基本方法 2.4.3 模具的检查规范
	2.5 半成品加工	2.5.1 能使用两种类型加工设备完成压坯的加工 2.5.2 能加工出带孔的压坯 2.5.3 能进行刀具、夹具的验收并建立台账	2.5.1 加工设备的使用知识 2.5.2 加工孔的工具使用知识 2.5.3 刀具、夹具验收要求
3. 操作后处理	3.1 分类存放	3.1.1 能按要求判别分类返回料 3.1.2 能按要求转移存放返回料	3.1.1 返回料分类的方法 3.1.2 返回料存放的方法
	3.2 质量检查	3.2.1 能检查压坯尺寸是否合格 3.2.2 能检查压坯分层、裂纹等缺陷	3.2.1 压坯质量问题的分析 3.2.2 压坯质量检查与判定
4. 设备维护与保养	4.1 设备维护	4.1.1 能识读岗位设备结构图和工作原理图 4.1.2 能对岗位的设备进行日常润滑、保养	4.1.1 岗位设备检修要求 4.1.2 设备维护保养规程
	4.2 故障处理	4.2.1 能判断岗位设备运转中的异常现象并能进行处置 4.2.2 能排除设备的常见故障	4.2.1 压制设备的常见故障产生原因 4.2.2 常见故障排除办法

3 权重表

3.1 理论知识权重表

单位：%

项目		五级/初级工	四级/中级工	三级/高级工	二级/技师	一级/高级技师
基本要求	职业道德	5	5	5	5	5
	基础知识	30	25	20	10	10

续上表

	项目	五级/初级工	四级/中级工	三级/高级工	二级/技师	一级/高级技师
相关知识	操作准备	20	15	15	5	—
	生产操作	35	35	35	25	20
	操作后处理	5	10	10	5	5
	设备维护与保养	5	10	10	15	15
	培训与指导	—	—	5	15	20
	技术管理与创新	—	—	—	20	25
	总计	100	100	100	100	100

3.2 技能要求权重表

单位：%

	项目	五级/初级工	四级/中级工	三级/高级工	二级/技师	一级/高级技师
技能要求	操作准备	25	20	15	5	—
	生产操作	50	50	45	40	30
	操作后处理	10	15	20	10	5
	设备维护与保养	15	15	15	15	25
	培训与指导	—	—	5	10	20
	技术管理与创新	—	—	—	20	20
	总计	100	100	100	100	100

附录8 硬质合金烧结工(2020年版)国家职业技能标准

1 基本要求

1.1 职业道德

1.1.1 职业道德基本知识

1.1.2 职业守则

(1)爱岗敬业,工作主动。

(2)努力学习,不断提高基础理论水平和操作技能。

(3)遵守操作规程,安全生产。

(4)遵纪守法,遵守劳动纪律。

(5)谦虚谨慎,依据标准文明生产。

1.2 基础知识

1.2.1 烧结基本知识

(1)硬质合金及钨钼制品的定义、性能及分类。

(2)硬质合金及钨钼制品相关金属及其化合物的物理化学性质。

(3)硬质合金及钨钼制品烧结的基本原理。

(4)硬质合金及钨钼制品生产工艺流程。

(5)烧结原、辅材料的物理化学性质。

(6)烧结设备的基本原理及性能特点。

1.2.2 机电设备常识

(1)常用机电设备及其零部件的名称及特点。

(2)安全用电知识。

(3)真空、传动系统相关知识。

(4)机械制图的识图常识。

1.2.3 热工仪表基础知识

常用测温、测压仪表的名称及特点。

1.2.4 安全、消防和环境保护知识

(1)现场文明生产要求。

(2)消防和防爆知识。

(3)安全用氢知识。

(4)岗位环境保护的基本要求。

(5)安全操作与劳动保护知识。

(6)压力容器安全操作相关知识。

1.2.5 质量管理基础知识

(1)岗位的工作质量要求。

(2)岗位的质量保证措施。

(3)岗位的现场管理要求。

1.2.6 相关法律、法规知识

(1)《中华人民共和国劳动法》相关知识。

(2)《中华人民共和国合同法》相关知识。

(3)《中华人民共和国劳动合同法》相关知识。

(4)《中华人民共和国环境保护法》相关知识。

(5)《中华人民共和国安全生产法》相关知识。

(6)《中华人民共和国职业病防治法》相关知识。

2 工作要求

本标准对五级/初级工、四级/中级工、三级/高级工、二级/技师、一级/高级技师的技能要求和相关知识要求依次递进,高级别涵盖低级别的要求。

2.1 五级/初级工

本等级工作内容 2.2 及 2.3 为选考项,硬质合金制品烧结工考核工作内容 2.2;钨钼制

品烧结工考核工作内容 2.3。其余为公共考核项。

职业功能	工作内容	技能要求	相关知识要求
1.操作准备	1.1 上岗准备	1.1.1 能查验交接班记录，完成交接班 1.1.2 能按要求穿戴劳保用品 1.1.3 能按工艺指令卡准备好常用的工器具	1.1.1 交接班的有关规定 1.1.2 劳保用品的穿戴 1.1.3 常用工器具的用途 1.1.4 工艺指令要求
	1.2 生产要素准备	1.2.1 能备好舟皿等器具 1.2.2 能备好填料、涂料等辅助材料 1.2.3 能识别区分并备好本班烧结的压坯	1.2.1 器具的使用要求 1.2.2 原、辅材料的特性与分类及质量要求 1.2.3 各合金牌号及型号的表示方法
	1.3 设备检查	1.3.1 能检查本岗位设备运转是否正常 1.3.2 能检查本岗位仪表是否正常 1.3.3 能检查吊车、叉车及其他辅助设备是否正常	1.3.1 安全操作规程及设备运转知识 1.3.2 仪表的识别知识 1.3.3 吊车、叉车等辅助设备的使用知识
2.生产操作	2.1 成形剂脱除	2.1.1 能按烧结制度完成备料、入炉 2.1.3 能按规程操作相关设备，进行成形剂脱除	2.1.1 备料、入炉的要求 2.1.2 成形剂脱除的操作规程
	2.2 硬质合金制品烧结	2.2.1 能进行成形压坯的备料入炉 2.2.2 能识别成形压坯外观缺陷及废品 2.2.3 能监控烧结炉是否按工艺曲线正常运行 2.2.4 能按要求完成开炉、停炉与卸料操作	2.2.1 备料入炉的操作要求与方法 2.2.2 成形压坯常见废品的识别方法 2.2.3 测温仪表的使用及工艺升温曲线要求 2.2.4 烧结设备的操作规程
	2.3 钨钼制品烧结	2.3.1 能进行钨钼制品的备料入炉 2.3.2 能识别成形压坯外观缺陷及废品 2.3.3 能监控烧结炉是否按工艺曲线正常运行 2.3.4 能按要求完成开炉、停炉与卸料操作	2.3.1 备料入炉的操作要求与方法 2.3.2 成形压坯常见废品的识别方法 2.3.3 测温仪表的使用及工艺升温曲线要求 2.3.4 烧结设备的操作规程

续上表

职业功能	工作内容	技能要求	相关知识要求
3. 操作后处理	3.1 转移产品	3.1.1 能将生产的产品按定置管理要求转移 3.1.2 能清理生产现场在制品并归类	3.1.1 定置管理知识 3.1.2 产品的分类方法
	3.2 清理现场	3.2.1 能清理设备、工具、计量器具及辅助材料按规定位置摆放 3.2.2 能清洁生产现场,保持工作场所干净、整洁	3.2.1 现场管理要求
	3.3 填写记录	3.3.1 能填写原始记录和生产转移卡片 3.3.2 能完成交接班信息记录	3.3.1 原始记录的填写规范及要求 3.3.2 交接班记录的填写规范及要求
4. 设备使用与维护	4.1 设备使用及保养	4.1.1 能按规程操作本岗位常用设备 4.1.2 能保养本岗位的常用设备和仪器仪表	4.1.1 设备安全操作规程要求 4.1.2 一般设备的维护保养知识
	4.2 设备故障识别	4.2.1 能进行本岗位设备点检 4.2.2 能根据本岗位应急预案进行应急处置 4.2.3 能识别简单的设备故障	4.2.1 设备点检要求 4.2.2 岗位应急预案

2.2 四级/中级工

本等级工作内容 2.2 及 2.3 为选考项,硬质合金制品烧结工考核工作内容 2.2;钨钼制品烧结工考核工作内容 2.3。其余为公共考核项。

职业功能	工作内容	技能要求	相关知识要求
1. 操作准备	1.1 原辅材料准备	1.1.1 能根据产品的工艺指令选用原辅材料 1.1.2 能按工艺要求存放原辅材料	1.1.1 原辅材料的工艺性质 1.1.2 原辅材料的保存方法
	1.2 设备准备	1.2.1 能检查设备状态 1.2.2 能发现设备及仪表的常见故障	1.2.1 本岗位设备的基本原理 1.2.2 设备点检制度
2. 生产操作	2.1 成形剂脱除	2.1.1 能根据产品特征,选择合理的脱除成形剂的工艺曲线 2.1.2 能监控成形剂脱除过程与工艺曲线契合度	2.1.1 成形压坯成形剂脱除的工艺技术要求 2.1.2 温度、工艺气体流量的调整方法

续上表

职业功能	工作内容	技能要求	相关知识要求
2. 生产操作	2.2 硬质合金制品烧结	2.2.1 能按工艺要求配制涂料 2.2.2 能操作烧结炉及其辅助设备烧结合金产品 2.2.3 能按工艺要求选用烧结工艺曲线	2.2.1 涂料的配制及刷制方法 2.2.2 烧结炉及其辅助设备的结构与性能 2.2.3 炉温、炉压、真空度、冷却水、气体流量的监控方法
	2.3 钨钼制品烧结	2.3.1 能按工艺要求选用填料 2.3.2 能操作烧结炉及其辅助设备烧结钨钼制品 2.3.3 能按工艺要求选用烧结工艺曲线	2.3.1 填料的选用方法 2.3.2 钨钼烧结炉及其辅助设备的结构与性能 2.3.3 炉温、氢气流量和冷却水流量的监控方法
3. 操作后处理	3.1 质量检查	3.1.1 能识别区分产品型号 3.1.2 能从产品外观判定由烧结引起的氧化、欠烧、过烧、变形及明显脱碳、渗碳等不合格品	3.1.1 产品型号表示方法 3.1.2 不合格品的判别方法
	3.2 不合格品的处理	3.2.1 能按要求标识返修品、返烧品与不合格品 3.2.2 能按要求存放返修品、返烧品与不合格品	3.2.1 返修品、返烧品的标别依据 3.2.2 返修品、返烧品与不合格品的存放方法
4. 设备使用与维护	4.1 设备维护	4.1.1 能识读本岗位设备结构图和工作原理图 4.1.2 能进行添加润滑剂、更换真空油等简单设备维护	4.1.1 本岗位设备维护的相关知识
	4.2 设备故障处理	4.2.1 能判断本岗位设备运转中的异常现象 4.2.2 能处理所用烧结相关设备的简单故障	4.2.1 烧结相关设备的常见故障产生原因 4.2.2 烧结相关设备简单故障处理办法

3 权重表

3.1 理论知识权重表

单位：%

项目		五级/初级工	四级/中级工	三级/高级工	二级/技师	一级/高级技师
基本要求	职业道德	5	5	5	5	5
	基础知识	20	20	15	10	10

续上表

	项目	五级/初级工	四级/中级工	三级/高级工	二级/技师	一级/高级技师
相关知识	操作准备	15	10	10	5	—
	生产操作	35	35	35	20	20
	操作后处理	5	10	10	10	10
	设备使用与维护	20	20	20	15	15
	培训与指导	—	—	5	15	15
	技术管理与创新	—	—	—	20	25
	合计	100	100	100	100	100

3.2 技能要求权重表

单位：%

	项目	五级/初级工	四级/中级工	三级/高级工	二级/技师	一级/高级技师
技能要求	操作准备	20	15	15	5	—
	生产操作	40	40	40	20	20
	操作后处理	10	15	20	15	15
	设备使用与维护	30	30	20	15	15
	培训与指导	—	—	5	25	25
	技术管理与创新	—	—	—	20	25
	合计	100	100	100	100	100

附录9　硬质合金精加工工(2020年版)国家职业技能标准

1　基本要求

1.1　职业道德

1.1.1　职业道德基本知识

1.1.2　职业守则

(1)爱岗敬业，忠于职守。

(2)规范操作，安全生产。

(3)认真负责，诚实守信。

(4)遵规守纪，着装规范。

(5)团结协作，相互尊重。

(6)节约成本，降耗增效。

(7)爱护环境，文明生产。

(8)工匠精神,精益求精。

1.2 基础知识

1.2.1 机械基础知识

(1)机械识图基本知识。

(2)公差、配合与技术测量基本知识。

(3)液压、机械、电力、气压传动基本知识。

(4)量具基本知识。

(5)机床基本知识。

(6)常用设备及其零部件的名称与作用。

(7)机械加工基本知识。

1.2.2 硬质合金基础知识

(1)硬质合金的定义、性能及分类。

(2)硬质合金及其精加工工艺流程。

1.2.3 电工、仪器仪表知识

(1)用电基本知识。

(2)传感器、压力表等仪器、仪表的识别与作用。

1.2.4 质量管理知识

(1)质量基本概念。

(2)现场质量管理基本方法。

(3)质量管理体系基础知识。

(4)质量控制基础知识。

1.2.5 安全、消防与环境保护知识

(1)现场文明生产要求。

(2)消防和防爆知识。

(3)安全操作与劳动保护知识。

(4)环境保护与职业健康基础知识。

1.2.6 相关法律、法规知识

(1)《中华人民共和国劳动法》相关知识。

(2)《中华人民共和国劳动合同法》相关知识。

(3)《中华人民共和国环境保护法》相关知识。

(4)《中华人民共和国安全生产法》相关知识。

(5)《中华人民共和国质量法》相关知识。

(6)《中华人民共和国计量法》相关知识。

2 工作要求

本标准对五级/初级工、四级/中级工、三级/高级工、二级/技师、一级/高级技师的技能要求和相关知识要求依次递进,高级别涵盖低级别的要求。

2.1 五级/初级工

本等级第2项职业功能生产操作的工作内容2.1、2.2为选考项,硬质合金深度加工工考

核工作内容 2.1；硬质合金钝化涂层工考核工作内容 2.2；其余均为公共考核项。

职业功能	工作内容	技能要求	相关知识要求
1. 操作准备	1.1 上岗准备	1.1.1 能按要求穿戴劳保用品 1.1.2 能完成交接班工作 1.1.3 能根据本岗位工艺指令卡准备常用的工具和计量器具	1.1.1 劳保用品穿戴要求 1.1.2 交接班的有关规定 1.1.3 工艺指令要求 1.1.4 常用工具和计量器具的用途
	1.2 原辅材料准备	1.2.1 能按要求准备本岗位的原材料 1.2.2 能按要求准备本岗位的辅助材料	1.2.1 原辅材料的特性与分类 1.2.2 各牌号、型号规格硬质合金的表示方法
	1.3 设备检查	1.3.1 能按规程检查本岗位设备运转情况 1.3.2 能按规程检查本岗位仪器仪表运转情况 1.3.3 能按规程检查辅助设备运转情况	1.3.1 本岗位的安全操作规程 1.3.2 仪器仪表的使用知识 1.3.3 辅助设备的使用知识
2. 生产操作	2.1 深度加工（根据实际情况选择 2.1.4 或 2.1.5）	2.1.1 能使用通用夹具或组合夹具装夹工件 2.1.2 能选用加工工艺参数，可使用至少一种机械加工设备进行工件加工 2.1.3 能选用、修整砂轮等切削工具 2.1.4 能根据工艺指令卡，对轴、套、板状等工件进行加工，并达到以下要求： 表面粗糙度：$Ra\,0.8\;\mu m$ 公差等级 IT7 2.1.5 能根据工艺指令卡操作磨削设备加工 M 级刀具	2.1.1 夹具的种类、结构与使用方法 2.1.2 本岗位操作规程 2.1.3 刀具、砂轮的种类与用途 2.1.4 机械加工工艺知识 2.1.5 刀具的外观尺寸标准及刀具刃磨知识
	2.2 钝化涂层	2.2.1 能按工艺指令卡操作钝化设备 2.2.2 能按工艺指令装舟出入炉 2.2.3 能按规程操作涂层炉进行工件涂层 2.2.4 能按要求选择清洗液清洗刀具	2.2.1 刀具的外观尺寸标准及刀具钝化知识 2.2.2 装舟操作规程 2.2.3 涂层操作规程 2.2.4 清洗液的种类与用途

续上表

职业功能	工作内容	技能要求	相关知识要求
2. 生产操作	2.3 工件转移	2.3.1 能按工艺要求防护、存放工件 2.3.2 能按要求转移工件	2.3.1 工件防护、存放知识 2.3.2 工件转移方法、注意事项及现场管理规定
	2.4 质量检查	2.4.1 能按要求使用常规测量工具检测本岗位工件 2.4.2 能识别本岗位不合格品 2.4.3 能按工艺要求存放不合格品	2.4.1 量具的使用方法 2.4.2 工件质量标准 2.4.3 工艺指令要求
3. 操作后处理	3.1 现场清理	3.3.1 能按规定清理设备、工具及计量器具 3.3.2 能按要求排放和处理废液、废气、废渣	3.3.1 设备、工具及计量器具日常现场管理规定 3.3.2 "三废"处理知识
	3.2 记录填写	3.4.1 能填写原始记录和生产转移卡片 3.4.2 能填写交接班记录	3.4.1 原始记录的填写规范及要求 3.4.2 交接班记录填写规范及要求
4. 设备使用与维护	4.1 设备使用及保养	4.1.1 能按规程操作本岗位常用设备 4.1.2 能保养本岗位的常用设备和仪器仪表	4.1.1 设备安全操作规程要求 4.1.2 一般设备的维护保养知识
	4.2 设备故障识别	4.2.1 能进行本岗位设备点检 4.2.2 能按本岗位应急预案要求进行操作	4.2.1 设备点检要求 4.2.2 岗位应急预案

2.2 四级/中级工

本等级第 2 项职业功能生产操作的工作内容 2.1、2.2 为选考项，硬质合金深度加工工考核工作内容 2.1；硬质合金钝化涂层工考核工作内容 2.2；其余均为公共考核项。

职业功能	工作内容	技能要求	相关知识要求
1. 操作准备	1.1 原辅材料准备	1.1.1 能根据工件的工艺要求选择原辅材料 1.1.2 能按工艺要求存放原辅材料	1.1.1 原辅材料的质量要求 1.1.2 原辅材料的保存方法
	1.2 设备及工量具检查	1.2.1 能检查设备运行状态是否正常及工器具是否合格 1.2.2 能发现设备及仪器仪表的常见故障 1.2.3 能根据工件正确选择计量器具	1.2.1 本岗位设备的基本原理 1.2.2 设备点检制度 1.2.3 计量器具计量原理

续上表

职业功能	工作内容	技能要求	相关知识要求
2. 生产操作	2.1 深度加工（根据实际情况选择 2.1.2 或 2.1.3）	2.1.1 能进行形状复杂工件的装夹校正并合理选用加工参数 2.1.2 能根据工艺指令，加工轴、套、薄壁、细长、锥面、圆弧面的零件并达到以下要求： 公差等级 IT6 形位公差 5 级 表面粗糙度 Ra 0.4 μm 2.1.3 能按工艺要求操作磨削设备加工 G 级刀具、开槽刀具	2.1.1 机床夹具定位原理、工艺参数标准 2.1.2 复杂零件加工工艺知识 2.1.3 G 级刀具、开槽刀具加工方法
	2.2 钝化涂层	2.2.1 能按工艺要求对 G 级刀具、开槽刀具进行钝化处理 2.2.2 能根据涂层方式对待涂工件进行表面净化处理 2.2.3 能按工艺要求检查涂层参数 2.2.4 能按工艺指令调整工艺参数并进行涂层作业	2.2.1 G 级刀具、开槽刀具钝化处理方法 2.2.2 表面净化处理方法与洁净度的检查标准 2.2.3 本岗位的工艺标准 2.2.4 涂层气体的种类与特性、涂层气氛标准
	2.3 工件转移	2.3.1 能根据工件特征选择防护、存放工件方式 2.3.2 能根据工件特征选择转移方法进行工件转移	2.3.1 工件防护、存放知识 2.3.2 工件转移方法、注意事项及现场管理规定
3. 操作后处理	3.1 质量检查	3.1.1 能使用检测工具检查相应工件的外观质量、尺寸精度 3.1.2 能使用检测工具检查工件的形位公差	3.1.1 常用检测工具和仪器的使用方法 3.1.2 尺寸精度、形位公差测量方法
	3.2 质量分析	3.2.1 能分析设备、工具、磨具是否满足加工要求，并提出处理和改进建议 3.2.2 能分析常见质量缺陷产生的原因	3.2.1 影响精加工工件质量的因素 3.2.2 工件质量缺陷类别及成因
4. 设备使用与维护	4.1 设备维护	4.1.1 能识读本岗位设备结构图和工作原理图 4.1.2 能按要求进行添加、更换润滑油等简单设备维护	4.1.1 本岗位设备维护的相关知识
	4.2 设备故障处理	4.2.1 能判断本岗位设备运转中的异常现象 4.2.2 能排除所用设备的简单故障	4.2.1 本岗位设备的常见故障产生原因 4.2.2 本岗位设备简单故障排除办法

3 权重表

3.1 理论知识权重表

单位：%

项目		五级/初级工		四级/中级工		三级/高级工		二级/技师		一级/高级技师	
		深度加工工	钝化涂层工	深度加工工	钝化涂层工	深度加工工	钝化涂层工	深度加工工	钝化涂层工	深度加工工	钝化涂层工
基本要求	职业道德	5		5		5		5		5	
	基础知识	30		25		20		10		10	
相关知识要求	操作准备	20		15		15		5		5	
	生产操作	35		35		30		25		20	
	操作后处理	5		5		5		10		10	
	设备维护与保养	5		15		20		10		10	
	培训与指导	—		—		5		15		15	
	技术管理与创新	—		—		—		20		25	
合计		100		100		100		100		100	

3.2 技能要求权重表

单位：%

项目		五级/初级工		四级/中级工		三级/高级工		二级/技师		一级/高级技师	
		深度加工工	钝化涂层工	深度加工工	钝化涂层工	深度加工工	钝化涂层工	深度加工工	钝化涂层工	深度加工工	钝化涂层工
相关知识要求	操作准备	25		20		15		5		5	
	生产操作	50		50		50		30		20	
	操作后处理	10		15		15		15		15	
	设备维护与保养	15		15		15		15		15	
	培训与指导	—		—		5		10		15	
	技术管理与创新	—		—		—		25		30	
合计		100		100		100		100		100	

参考文献

［1］羊建高.硬质合金［M］.长沙：中南大学出版社，2012.

［2］周书助.硬质合金生产原理和质量控制［M］.北京：冶金工业出版社，2018.

［3］袁军堂.机械制造技术基础［M］.北京：机械工业出版社，2023.

［4］李玉青.特种加工技术［M］.北京：机械工业出版社，2017.

［5］万苏文.机械加工技术［M］.北京：机械工业出版社，2019.

图书在版编目(CIP)数据

硬质合金生产技术／谢圣中，徐尚志主编. --长沙：
中南大学出版社，2025.7. --ISBN 978-7-5487-6199-0

Ⅰ. TG135

中国国家版本馆 CIP 数据核字第 2025N5T230 号

硬质合金生产技术
YINGZHI HEJIN SHENGCHAN JISHU

谢圣中　徐尚志　主编

□出 版 人	林绵优
□责任编辑	胡　炜
□责任印制	李月腾
□出版发行	中南大学出版社
	社址：长沙市麓山南路　　　　邮编：410083
	发行科电话：0731-88876770　　传真：0731-88710482
□印　　装	长沙鸿和印务有限公司

□开　　本	787 mm×1092 mm 1/16	□印张 14	□字数 362 千字
□版　　次	2025 年 7 月第 1 版	□印次 2025 年 7 月第 1 次印刷	
□书　　号	ISBN 978-7-5487-6199-0		
□定　　价	45.00 元		